云南省"十二五"规划教材

职业教育·道路运输类专业教材

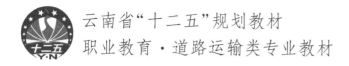

Gongcheng Yantu

工程岩土

（第2版）

赵梓伶　主　编

李从德　副主编

晏　杉　主　审

U0294186

人民交通出版社股份有限公司

北　京

内 容 提 要

本书为云南省"十二五"规划教材、职业教育道路运输类专业教材。工程岩土以岩体、土体为对象，以工程地质学、岩土力学基本理论和方法为指导，是研究岩土体的工程利用、整治和改造的一门综合性技术科学。本书在内容设计上结合学科自身的规律，分为工程岩土基础知识认知、岩土性质评价、岩土工程地质分析、道路工程岩土勘察 4 个学习模块，对岩石和土体基本原理、基本理论进行阐述，通过对工程实例的分析，使读者能举一反三、触类旁通，切实地掌握工程实践中碰到的工程岩土实际问题。

本书主要供高等职业教育道路桥梁工程技术专业、地下与隧道工程技术专业以及其他相关专业教学使用，亦可作为成人高校、中等职业技术学校及培训机构用书，也可供相关工程技术人员参考使用。

本书配套多媒体课件，教师可通过加入职教路桥教学研讨群（QQ561416324）获取。

图书在版编目（CIP）数据

工程岩土/赵梓伶主编. —2 版. —北京：人民
交通出版社股份有限公司，2020.8
ISBN 978-7-114-16516-0

Ⅰ. ①工… Ⅱ. ①赵… Ⅲ. ①岩土工程—高等职业教
育—教材 Ⅳ. ①TU4

中国版本图书馆 CIP 数据核字（2020）第 073756 号

云南省"十二五"规划教材
职业教育·道路运输类专业教材

书　　名：工程岩土（第 2 版）
著 作 者：赵梓伶
责任编辑：刘　倩
责任校对：孙国靖　扈　婕
责任印制：张　凯
出版发行：人民交通出版社股份有限公司
地　　址：（100011）北京市朝阳区安定门外外馆斜街 3 号
网　　址：http://www.ccpcl.com.cn
销售电话：（010）59757973
总 经 销：人民交通出版社股份有限公司发行部
经　　销：各地新华书店
印　　刷：北京地大彩印有限公司
开　　本：787×1092　1/16
印　　张：14.75
字　　数：320 千
版　　次：2014 年 8 月　第 1 版
　　　　　2020 年 8 月　第 2 版
印　　次：2023 年 12 月　第 2 版　第 3 次印刷　总第 8 次印刷
书　　号：ISBN 978-7-114-16516-0
定　　价：48.00 元
（有印刷、装订质量问题的图书由本公司负责调换）

第2版前言

本教材第 1 版被列为云南省"十二五"规划教材。其在编写体例上采用"模块—单元"式,打破了过往教材"章、节"编写模式,在内容组织安排上力求体现高职教育特点及课程改革的需求。每个单元前均有"教学目标、重点难点"等提示,将学生的能力结构与评价标准有机地衔接起来,使学生能够更好地掌握教学重点。每个单元结尾附有思考练习题,以加深学生对该单元任务知识点的理解。同时,教材中加入了大量的工程案例和图片,有利于引导学生理论联系实际,培养学生分析、解决实际问题的能力。

第 2 版教材主要做了以下修订:

1. 学习情境三的单元三(三)隧道围岩分级根据最新行业标准《公路隧道设计规范第一册 土建工程》(JTG 3370.1—2018)进行了修改,并更新了例题。

2. 更正了第 1 版中的一些疏漏,并对个别章节习题做了增删和调整。

本书由云南交通职业技术学院赵梓伶担任主编并负责统稿,由云南交通职业技术学院晏杉担任主审。参加本书编写的人员还有云南交通职业技术学院李从德、张丽。具体编写分工如下:模块一、模块二、模块三中的单元三、附录 A、附录 B 和附录 C 由赵梓伶编写;模块三中的单元一、单元二、附录 D 和附录 E 由李从德编写;模块四由张丽编写。

本教材在编写过程中,参阅了不少专家、学者的著作,在此深表感谢。由于编者水平有限,书中难免出现疏漏和不当之处,恳请专家、同行及广大读者批评指正。

编　者
2020 年 4 月

第1版前言

近年来高等职业院校广泛增设了"工程岩土"课程,该课程由"工程地质学""土质学""土力学"等课程整合而成,课程设置更好地满足了高等职业教育人才培养模式的需要。鉴于目前国内缺乏与该课程相配套的教材,我们在近年教学实践的基础上,编写了本教材。

本教材突出"必需""够用"和"实用"原则,内容新颖且难易适度,符合高等职业院校教学需求和学生的认知能力;培养目标明确,教材紧紧围绕培养高等技术应用性专门人才而开展;编写体例新活灵巧,打破了已往教材"章、节"编写模式。教材既紧密结合国家现行规范与技术标准,又保留传统实用技能的推广,以大量工程案例、图片为辅助,有效地帮助"做、学、教",对实际工作具有重要指导意义。

本教材模块一、模块二、模块三中的单元三、附录 A、附录 D 和附录 E 由云南交通职业技术学院赵梓伶编写;学习情景三中的单元一、单元二、附录 B 和附录 C 由云南交通职业技术学院李从德编写;模块四由云南交通职业技术学院张丽编写。本教材由赵梓伶担任主编,李从德担任副主编,由云南交通职业技术学院晏杉担任主审。赵梓伶负责全书统稿。

本教材在编写过程中,参阅了不少专家、学者的著作,在此深表感谢。由于编者水平有限,书中难免出现疏漏和不当之处,恳请专家、同行及广大读者批评指正。

编 者
2014 年 4 月

目录

模块一　工程岩土基础知识认知

单元一　矿物及岩石性质

一、概述

地球是太阳系行星家族中的一个壮年成员(约 50 亿岁,而恒星的寿命为 100 亿~150 亿年),是一个具有圈层结构并且扁率不大的梨状三轴旋转椭球体。由于地球椭球体的扁率很小,在一般计算时,常视地球为一个圆球体,取其平均半径值为 6371km。

(一)地球的圈层构造

地球由表及里可分为外部圈层和内部圈层(由外到内分别为地壳、地幔和地核),如图 1-1-1所示。

1. 外部圈层

(1)大气圈。它是围绕地球最外层的气态圈层,一般以海陆表面为其下限。大气圈按物理性质自下而上分为 4 层,即对流层、平流层、电离层和扩散层。大气圈主要是由氮、氧、二氧化碳和少量水汽等多种气体组成的混合物。由于受地心引力作用,3/4 的大气质量集中在对流层。平流层中存在大量臭氧,它对太阳辐射紫外线的强

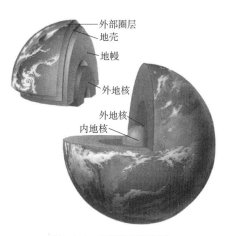

图 1-1-1　地球圈层示意图

烈吸收构成了对地球生物的有效天然保护。

(2)水圈。地球表面上的海洋面积约占71%,通常人们把地球表面的海洋、河流、湖泊及地下水等看成是包围地球表面的闭合圈。在自然界水分的循环过程中,大陆降水量只占总降水量的20.6%,然而这一降水量却是改变地貌的强大动力因素。河流、冰川、地下水等水体在其流动过程中,不断改造地表,塑造出各种地表形态。同时水圈对生命的生存、演化提供了必不可少的条件,因此,水圈是外动力地质作用的主要动力来源。

(3)生物圈。地球表面凡是有生命活动的范围称为生物圈。生物包括动物、植物和微生物。生物在其生命活动中,通过光合作用、新陈代谢等方式,形成一系列生物地质作用,从而改变地壳表层的物质成分和结构。生物活动成为改造大自然的一个积极因素。同时,生物的繁殖和生物遗体的堆积,为形成矿产提供了物质基础。

2. 内部圈层

(1)地壳。地壳指地球外表的一层薄壳,平均厚度为33km,主要由固体岩石组成。根据岩石的物质组成,地壳可分为硅铝层和硅镁层两层。地壳的下表面是莫霍面,地壳最薄处约1.6km(在海底海沟沟底处),海底部分厚为6~10km。

(2)地幔。地幔是地球的莫霍面以下、古登堡面以上部分,其体积约占地球总体积的83%,质量约占68.1%,是地球的主体部分,主要由固态物质组成。以984km为界分上地幔和下地幔两个次级圈层。

(3)地核。地幔下界至地心部分称为地核,包括外核、过渡层和内核3个部分。地表以下2900~4642km的范围为外地核,主要由熔融状态的铁、镍混合物及少量Si、S等轻元素组成。内地核厚度约1216km,成分是铁、镍等重金属,物质呈固体状态。位于外、内核之间的过渡层厚约515km,物质状态从液态过渡为固态。地核的总质量约占整个地球质量的31.5%,体积约占16.2%。

(二)地质作用

地球一直处于不停的运动和变化之中,因而引起地壳构造和地表形态不断地发生演变。在地质历史发展的过程中,促使地壳的组成物质、构造和地表形态不断变化的作用,统称为地质作用。地质作用按其能源的不同,可分为内力地质作用(以下简称"内力作用")和外力地质作用(以下简称"外力作用")两类。

1. 内力作用

内力作用是由地球的转动能、重力能和放射性元素蜕变产生的热能所引起的,主要在地壳或地幔内部产生。内力作用的种类与特征见表1-1-1。

内力作用的种类与特征 表1-1-1

内力作用的种类	特　征
地壳运动	地壳运动引起海陆变迁,产生各种地质构造,因此,在一定意义上又把地壳运动称为构造运动。发生在晚第三纪末和第四纪的构造运动,在地质学上称为新构造运动。地壳运动常常伴随地震作用、岩浆作用和变质作用

续上表

内力作用的种类	特　征
变质作用	由于地壳运动、岩浆作用等引起物理和化学条件发生变化,促使岩石在固体状态下改变其成分、结构和构造的作用,称为变质作用。变质作用形成各种不同的变质岩
岩浆作用	地壳内部的岩浆,在地壳运动的影响下,向外部压力减小的方向移动,上升侵入地壳或喷出地面,冷却凝固成为岩石的全过程,称为岩浆作用。岩浆作用形成岩浆岩,并使围岩发生变质现象,同时引起地形改变
地震作用	地震是地壳快速震动的现象,是地壳运动的一种表现形式。地壳运动和岩浆作用都能引起地震

内力作用总的趋势是形成地壳表层的基本构造形态和地壳表面大型的高低起伏。它一方面起着改变外力地质过程的作用,另一方面又为外力作用的不断发展提供新的条件。

2. 外力作用

外力作用是由地球外部的动力引起的。它的能源主要来自太阳的热能、太阳和月球的引力能及地球的重力能等。外力作用的种类与特征见表1-1-2。

外力作用的种类与特征　　　　　　　　　　　　　表1-1-2

外力作用的种类	特　征	亚　类	
风化作用	风化作用是在温度变化、气体、水及生物等因素的综合影响下,促使组成地壳表层的岩石发生破碎、分解的一种破坏作用。风化作用使岩石强度和稳定性大为降低	物理风化作用	因膨胀、收缩不平衡而产生的分裂剥离作用
			裂隙中结冰而产生的扩大作用
		化学风化作用	盐分潮解再结晶而产生的撑胀作用
			氧化作用、碳酸化作用、水化作用、溶解作用、水解作用
		生物风化作用	植物根生长而产生的劈裂作用
			穴居动物的钻凿作用
			动、植物新陈代谢的产物与岩石的化学作用
			动、植物遗体腐败后产物与岩石的化学作用
剥蚀作用	剥蚀作用是将岩石风化破坏的产物从原地剥离下来的作用。它包括除风化作用以外的所有方式的破坏作用,如河流、大气降水、地下水、海洋、湖泊、风等的破坏作用	吹蚀作用	
		磨蚀作用	砂及小石块在风力搬运途中所产生的磨、刷、擦、刮等作用
		侵蚀作用	地面水冲刷作用
			地下水潜蚀作用
		冲蚀作用	风浪对海岸的冲击磨刷作用
			潮汐对海岸及海底的摧毁作用
			海流对海岸及海底的冲蚀作用
		刨刮作用	冰川运动时与接触的岩石相挤压摩擦、接触的作用

外力作用的种类	特征	亚类	
搬运作用	岩石经风化、剥蚀破坏后的产物,被流水、风、冰川等介质搬运到其他地方的作用	风力搬运作用	
		河流搬运作用	
		海洋搬运作用	
		冰川搬运作用	
堆积作用	被搬运的物质,由于搬运介质的搬运能力减弱,搬运介质的物理化学条件发生变化,或者由于生物的作用,从搬运介质中分离出来的产物形成堆积的过程,称为堆积作用	机械堆积作用	大陆的堆积作用和海洋的堆积作用
		化学堆积作用	
		生物堆积作用	
成岩作用	沉积下来的各种松散堆积物,在一定条件下,由于压力增大、温度升高及受到某些化学溶液的影响,发生压缩、胶结及重结晶等物理化学变化,使之固结成为坚硬岩石的作用,称为成岩作用	—	

外力作用,一方面通过风化和剥蚀作用不断地破坏出露地面的岩石;另一方面又把高处剥蚀下来的风化产物通过流水等介质,搬运到低洼的地方沉积下来,重新形成新的岩石。外力作用总的趋势是切削地壳表面隆起的部分,填平地壳表面低洼的部分,不断地使地壳的面貌发生变化。

内力作用与外力作用紧密关联、互相影响,始终处于既对立又统一的发展过程中,成为促使地壳不断运动、变化和发展的基本力量。

二、造岩矿物

矿物是组成岩石的细胞,它是地壳中具有一定化学成分和物理性质的自然元素或化合物。目前已发现的矿物有 3000 多种。岩石的特性在很大程度上取决于它的矿物成分。组成岩石的矿物称为造岩矿物,常见的主要造岩矿物见附录 D。

(一)矿物的种类

矿物按矿物成分划分有原生矿物和次生矿物两类。

(1)原生矿物。原生矿物由岩浆冷凝而成,如石英、长石、角闪石、辉石、云母等。

(2)次生矿物。次生矿物通常由原生矿物风化产生,如长石风化产生高岭石、辉石或角闪石风化产成绿泥石。次生矿物也有从水溶液中析出生成的,如方解石与石膏等。

（二）矿物的主要物理性质

1. 形态

结晶体常呈规则的几何形状,如石英、方解石、正长石、斜长石、辉石、角闪石等。常见矿物的形态有粒状(石英)、板状(长石)、片状(云母)和柱状(角闪石)等。

2. 颜色

矿物新鲜表面的颜色,取决于矿物的化学成分与所含杂质。例如,纯石英为无色透明,又称为水晶,石英中含锰便为紫色,含碳呈黑色。矿物的颜色,按深浅分为浅色矿物和深色矿物。浅色矿物多呈现白色、浅灰色、粉红色、红色与黄色等颜色,如石英、方解石、长石等;深色矿物多呈现深灰、深绿、灰黑、黑色等颜色,如角闪石、辉石等。

3. 光泽

根据矿物表面反射光线的强弱程度,矿物光泽可分为金属光泽(如黄铁矿)和非金属光泽。其中,非金属光泽又包括玻璃光泽(如石英、长石)、油脂光泽(如石英)、蜡状光泽(如滑石)、珍珠光泽(如云母)、丝绢光泽(如绢云母)、金刚光泽(如金刚石)和土状光泽(如高岭土)。

4. 硬度

矿物抵抗外力刻划的能力。矿物的硬度由软至硬可分为 10 个等级(注:括号内的物品为代用品),分别为滑石(软铅笔)、石膏(指甲,略大于石膏)、方解石(铜钥匙)、萤石(铁钉,略小于萤石)、磷灰石(玻璃)、正长石(钢刀刃)、石英、黄玉、刚玉、金刚石。

矿物硬度 7 度及以上难以找到代用品。

5. 解理

当矿物受外力作用时,能沿着一定方向裂开成光滑平面,所裂开的光滑平面称为解理面。

6. 断口

矿物受外力打击后断裂成不规则的形态。常见的断口有平坦状、参差状、贝壳状与锯齿状。

（三）矿物的鉴定方法

1. 肉眼鉴定法

一般矿物可用小刀、放大镜和 10% 浓度的稀盐酸等简单物品,根据上述矿物的各项物理性质进行鉴定。例如,鉴定甲、乙两种矿物,颜色都是白色,光泽都是玻璃光泽;硬度不同:甲矿物为 3 度,乙矿物为 7 度;解理不同:甲矿物为完全解理,乙矿物无解理;将稀盐酸滴在矿物上,甲矿物起泡,乙矿物无反应。根据以上情况,可得出甲矿物为方解石,乙矿物为石英。

2. 偏光显微镜法

精密鉴定时采用此方法。

三、岩石

岩石由矿物组成。其中,由一种矿物组成的岩石称为单矿岩,如石灰岩是由方解石组成的单矿岩;由两种或两种以上的矿物组成的岩石称为复矿岩,如花岗岩是由石英、正长石和云母等矿物组成的复矿岩。

自然界中有各种各样的岩石,它们都是地质作用的产物。按成因,岩石可分为岩浆岩、沉积岩和变质岩三大类。其中,沉积岩是地壳表面分布最广的一种岩石,虽然它的体积只占地壳的5%,但其出露面积却占陆地表面积的75%,而岩浆岩和变质岩的出露面积仅占陆地表面积的25%。下面介绍岩浆岩、沉积岩和变质岩的主要特征。岩石图片见附录 D。

1. 岩浆岩(火成岩)

岩浆岩(火成岩)是由地球内部的岩浆侵入地壳或喷出地面冷凝而成的。

(1)矿物成分。浅色矿物,如石英、正长石、斜长石、白云母等;深色矿物,如黑云母、角闪石、辉石等。

(2)结构。岩石结构是指组成岩石的矿物的结晶程度、晶粒大小、形态及晶粒之间或晶粒与玻璃质间的相互结合方式。岩浆岩的结构分为全晶质结构、半晶质结构、非晶质结构、显晶质结构、隐晶质结构和玻璃质结构等。

(3)构造。岩浆岩的构造有块状构造、流纹状构造、气孔状构造和杏仁状构造。

(4)分类。岩浆岩分类见表1-1-3。

岩 浆 岩 分 类　　　　　　　　　　表 1-1-3

化学成分		含 Si、Al 为主		含 Fe、Mg 为主		产状
酸基性		酸性	中性	基性	超基性	
颜色		浅色的(浅灰、浅红、红色、黄色)		深色的(深灰、绿色、黑色)		
矿物成分　　　成因及结构		含正长石		含斜长石	不含长石	
		石英、云母、角闪石	黑云母、角闪石、辉石	角闪石、辉石、黑云母	辉石、角闪石、橄榄石	辉石、橄榄石、角闪石	
深成的	等粒状,有时为斑状,所有矿物皆能用肉眼鉴别	花岗岩	正长石	闪长石	辉长石	橄榄岩辉岩	岩基、岩株
浅成的	斑状(斑晶较大且可分辨出矿物名称)	花岗斑岩	正长斑石	玢岩	辉绿岩	苦橄玢岩(少见)	岩脉、岩枝、岩盘
喷出的	玻璃状,有时为细粒斑状,矿物难于用肉眼鉴别	流纹岩	粗面岩	安山岩	玄武岩	苦橄岩(少见)金伯利岩	熔岩流
	玻璃状或碎屑状	黑曜岩、浮石、火山凝灰岩、火山碎屑岩、火山玻璃				火山喷出的堆积物

2. 沉积岩(水成岩)

岩石经风化、剥蚀成碎屑,经流水、风或冰川搬运至低浅处沉积,再经压密或化学作用胶结成沉积岩。

(1)矿物成分。原生矿物,如石英、长石与云母等;次生矿物,如方解石、白云石、石膏、黏土矿物等。

（2）胶结物。胶结物是碎屑岩在沉积、成岩阶段，以化学沉淀方式从胶体或真溶液中沉淀出来，充填在碎屑颗粒之间的各种次生矿物。常见的胶结物类型包括：硅质胶结物，如玉髓；碳酸盐胶结物，如白云岩；铁质胶结物，如赤铁矿；其他胶结物，如石膏等。

（3）结构。按成因和组成物质不同，沉积岩分为碎屑结构、泥质结构、化学结构和生物结构 4 种。

（4）构造。沉积岩最显著的构造特征是具有层理构造。

（5）分类。沉积岩按成因和组成成分可分为碎屑沉积、化学沉积和生物沉积 3 类。具体见表 1-1-4。

沉积岩的分类   表 1-1-4

成　　因	硅　质　的	泥　质　的	灰　质　的	其他成分
碎屑沉积	石英砾岩、石英角砾岩、燧石角砾岩、砂岩、石英岩	泥岩、页岩、黏土岩	石灰砾岩、石灰角砾岩、多种石灰岩	集块岩
化学沉积	硅华、燧石、石髓岩	泥铁岩	石笋、石钟乳、石灰华、白云岩、石灰岩、泥灰岩	岩盐、石膏、硬石膏、硝石
生物沉积	硅藻土	油页岩	白垩、白云岩、珊瑚石灰岩	煤炭、油砂、某种磷酸盐岩石

3. 变质岩

顾名思义，变质岩是原岩变了性质的一类岩石。变质的原因是：在高温、高压和化学性活泼的物质作用下，由于地壳运动和岩浆活动，改变了原岩的结构、构造和成分，形成一种新的岩石。

（1）矿物成分。除石英、长石、云母、方解石等常见岩浆岩或沉积岩中的矿物外，还包括由变质作用形成的特殊矿物，如滑石、绿泥石、蛇纹石和石榴石等。

（2）结构。变质岩的结构是指变质岩中矿物的粒度、形态及晶体之间的相互关系。变质岩的结构可分为变余结构、变晶机构、交代结构和碎裂结构 4 种。

（3）构造。变质岩的构造是指变质岩中各种矿物的空间分布和排列方式。变质岩主要有块状构造和定向构造两大类型。所谓块状构造，是指矿物或矿物集合体在岩石中排列无顺序，呈均匀分布。所谓定向构造，是指片状、柱状或者纤维状有延长性的矿物，平行排列形成的一种特突构造。

（4）分类。变质岩既有块状的大理岩和石英岩，也有片状的板岩、云母片岩、绿泥石片岩、滑石片岩、角闪石片岩和片麻岩等。具体见表 1-1-5。

变质岩的分类   表 1-1-5

岩石类别	岩石名称	主要矿物成分	鉴定特征
片状的岩石类	片麻岩	石英、长石、云母	片麻状构造，浅色长石带和深色云母带互相交错，结晶粒状或斑状结构

续上表

岩石类别	岩石名称	主要矿物成分	鉴定特征
片状的岩石类	云母片岩	云母、石英	具有薄片理,片理面上有强的丝绢光泽,石英凭肉眼常看不到
	绿泥石片岩	绿泥石	绿色,常为鳞片状或叶片状的绿泥石块
	滑石片岩	滑石	鳞片状或叶片状的滑石块,用指甲可刻画,有滑感
	角闪石片岩	普通角闪石、石英	片理常常表现不明显,坚硬
	千枚岩、板岩	云母、石英等	具有片理,肉眼不易识别矿物,锤击有清脆声,并具有丝绢光泽,千枚岩表现得很明显
块状的岩石类	大理岩	方解石、少量白云石	结晶粒状结构,遇盐酸起泡
	石英岩	石英	致密的、细粒的块体,坚硬,莫氏硬度为7,玻璃光泽、断口贝壳状或次贝壳状

 思考练习题

1. 什么是地质作用?试对内、外力地质作用所包括的具体内容做简要说明。

2. 什么是矿物?矿物有哪些主要物理性质?常见的造岩矿物有哪几种?

3. 常见矿物的鉴定方法有哪几种?试做简要说明。

4. 试说明三大岩类常见岩石的类型和主要特征。

单元二　地　质　构　造

教学目标

　　了解地质年代的含义,熟悉地质年代表;熟悉地层的接触关系;掌握岩层产状三要素的意义;熟悉岩层产状的表示方法;了解岩层产状的测定方法;熟悉各种常见地质构造的含义、组成要素、分类及其特征;正确认识研究和学习这些地质构造对工程建设的重要意义。

重点难点

　　岩层产状及产状要素的含义;各种常见地质构造的含义及特征。

一、地质年代

　　地壳自形成以来经历了30亿~46亿年的历史,在这漫长的地质历史发展过程中,地壳经历了多个发展阶段并产生了巨大的变化。

　　地壳发展演变的历史,简称地史;研究地壳的发展和变化历史的科学,称为地史学。

探讨地壳发展历史及其演化规律,是地史学的任务。在此,我们只能粗略地了解一下有关地层系统和地质年代的基本内容,从而建立地史年表的概念。

(一)地层及其接触关系

由两个平行或近于平行的界面(岩层面)所限制的同一岩性组成的层状岩石,称为岩层。岩层是沉积岩的基本单位且没有时代意义。地层和岩层不同,在地质学中,把某一地质时期形成的一套岩层及其上覆堆积物统称为那个时代的地层。

不同地区的地层发育情况常常不一样,一个地区内也很少有自古至今所有时代从不缺失的地层。这是由于地壳升降运动的影响,使地壳表层出现某些地区上升为剥蚀区,而另一些地区下降为沉积区。在某一地质时代里,上升区不仅停止了沉积构造,反而将已形成的岩层暴露在大气、日照下,遭到外力作用的风化剥蚀而出现地层缺失的现象;或者在沉积过程中出现一个小的或者比较短期的沉积中断现象,即所谓的沉积间断,或简称"间断"。

在同一地区,上下地层的接触关系最能反映出地壳运动的特征,故对地层接触关系的研究有助于推测地壳运动的发展史,为划分地质时代的界限提供可靠的佐证。常见的地层接触关系有整合接触和不整合接触。

1. 整合接触

当地壳处于相对稳定下降之中时,即可形成连续沉积的岩层,老岩层沉积在下面,新岩层依次沉积在上面,这种接触关系称为整合接触,如图1-2-1a)所示。其特点是岩层面相互平行,时代连续,岩性和古生物特征属递变过程。这种接触关系说明,在一定时间内沉积地区地壳的运动方向没有发生显著改变。

2. 不整合接触

若沉积作用不连续,地层和生物演化有间断,并形成明显的剥蚀面(不整合面),新、老地层之间的这种接触关系称为不整合接触。

根据不整合面上、下地层的产状及其所反映的地壳运动特征,不整合接触又可分为平行不整合接触和角度不整合接触。

(1)平行不整合接触,又称为假整合接触。其特点是不整合面上、下两套岩层的产状彼此平行,但两套岩层之间的沉积作用是不连续的,有较长时间的间断。两套岩层的岩性和所含化石也有显著不同,在不整合面上往往保存着古风化剥蚀面的痕迹,如图1-2-1b)所示。

(2)角度不整合接触。其特点是不整合面上、下两套岩层成角度相交,上覆岩层覆盖于倾斜岩层风化剥蚀面之上或者褶皱岩层剥蚀面之上,两套岩层时代不连续;岩性和所含化石有突变;不整合面上往往保存着古风化剥蚀面,如图1-2-1c)所示。

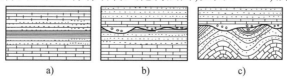

图1-2-1　地层接触关系示意图

a)整合接触;b)平行不整合接触;c)角度不整合接触

(二)地质年代单位和地层单位

根据地壳运动及生物演化阶段等特征,可以将地质历史划分为许多大小不同的年代单位,地质年代是指一个地层单位的形成时代或年代。地质年代单位又称地质时间单位,简称"时间单位"。地质年代单位根据生物演化的不可逆的阶段性,按级别大小分为宙、代、纪、世、期、时等阶段,其相应年代的地层单位是宇、界、系、统、阶、带。其中,宙、代、纪、世是国际性的地质年代单位,期和时是区域性的地质年代单位。具体见表1-2-1。

地质年代单位与地层单位对比   表1-2-1

地质年代单位	地层单位	使用范围
宙 代 纪 世	宇 界 系 统	国际性的
期 时	阶 带	全国或大区域性的

(三)地质年代表

把地质年代单位和地层单位由老到新按顺序排列,就形成了目前国际上大致通用的地质年代表,见表1-2-2。

地 质 年 代 表   表1-2-2

地质时代			距今年数 (百万年)		我国地史特征	生　物
			中国	世界		
新生代/ Kz	第四纪		Q	3	2	地球发展成现代形势,冰川广泛,岩层多为疏松砂、砾、黄土	人类
	第三纪 R	新第三纪	N	70	67	地球表面具现代轮廓,喜马拉雅山系形成,岩层多为陆相沉积和火山岩,常见的是砂砾、红土、砂页岩、褐煤、玄武岩、流纹岩等	高等哺乳动物,如马、象、类人猿等;显花植物繁盛
		老第三纪	E				
中生代/ Mz	白垩纪		K	140	137	岩浆活动强烈,岩层为火山喷出岩及砂砾岩	恐龙;植物茂盛
	侏罗纪		J	195	195	除西藏等地外,其他地区上升为陆地,岩层以砂页岩、煤层为主	
	三叠纪		T	250	230	华北为陆地,岩层为沉积砂页岩;华南为浅海,岩层为沉积石灰岩	

续上表

地质时代			距今年数（百万年）		我国地史特征	生　物
			中国	世界		
古生代 Pz	晚古生代	二叠纪	P	285	285	地壳运动强烈，海陆变迁频繁。华北为海陆交互相沉积，岩层为夹煤层；华南以灰岩为主，岩层为有煤层	裸子植物；两栖动物
		石炭纪	C	330	350		
		泥盆纪	D	400	405	华北为陆地，受风化剥蚀，极少沉积；华南为浅海，有砂页岩、灰岩	鱼类
	早古生代	志留纪	S	440	440	地壳运动强烈，华北上升为陆地，华南为浅海，岩层为沉积砂页岩	节蕨、石松、真蕨
		奥陶纪	O	520	500	地势低平，海水入侵广泛，以海相沉积灰岩为主，有页岩，华北在中奥陶纪后上升为陆地	无脊椎动物
		寒武纪	∈	615	570		
元古代 Pt	晚元古代	震旦纪	Z	1700±		开始有沉积岩覆盖。下部为砂砾岩、中部有冰碛层、上部为海相石灰岩，后期地壳运动强烈，岩石轻微变质	低等植物
	早元古代		P_{tl}	2050±			
太古代			A_r	>2500		地壳运动普遍强烈，变质作用显著	无生物
远太古代			—				

二、地质构造

地壳中存在着很大的应力，组成地壳的岩层在地应力的长期作用下就会发生变形，形成构造变动的形迹。我们把构造运动在岩层和岩体中遗留下来的各种构造形迹称为地质构造。地质构造分为水平构造、倾斜构造、褶皱构造和断裂构造等 4 种基本类型。它们可以构成不同规模、不同类型的复杂的构造体系。

(一)岩层的产状

两个平行的或近于平行的界面所限制的、由同一岩性组成的地质体称为岩层。由于地壳的影响，可能使原始水平岩层的位置发生倾斜、褶皱及断裂。岩层在空间的位置称为岩层的产状，通常用岩层层面的走向、倾向和倾角 3 个产状要素来表示，如图 1-2-2 所示。

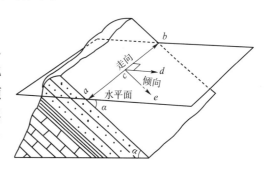

图 1-2-2　岩层的产状要素

ab-走向；*cd*-倾向；*α*-倾角

1. 岩层产状的 3 个要素

(1)走向。岩层层面与水平面交线的方

位角称为岩层的走向。岩层的走向表示岩层在空间延伸的方向,如图 1-2-2 中的 ab 线。

(2)倾向。垂直走向顺倾斜面向下引出一条直线,该直线在水平面上的投影所指的方位角称为岩层的倾向,如图 1-2-2 中的 cd 线。岩层的倾向表示岩层在空间的倾斜方向。岩层的走向和倾向相差 90°。

(3)倾角。岩层层面与水平面所夹的锐角称为岩层的倾角,如图 1-2-2 中的 α 角。岩层的倾角表示岩层在空间倾斜角度的大小。

由此可见,通过岩层产状的 3 个要素,可以反映出经过构造变动后的构造形态在空间的位置。

2. 岩层产状的表示方法

(1)方位角表示法。方位角表示法只记倾向和倾角,如 SW210°、∠25°。前者是倾向的方位角,后者是倾角,分别读为倾向南西 210°,倾角 25°。

(2)象限角表示法。以北或南方向为准(0°),一般记走向、倾角和倾斜象限。例如,N65°W/25°S,读为走向北偏西 65°,倾角 25°,向南倾斜;N30°E/27°SE,读为走向北偏东 30°,倾角 27°,向南东倾斜。

3. 岩层产状的测定

(1)岩层走向的测定。测走向时,先将罗盘上平行于刻度盘南北方向的长边贴于层面,然后放平,使圆水准泡居中,这时指北针(或指南针)所指刻度盘的读数就是岩层走向的方位。走向线两端的延伸方向均是岩层的走向,所以同一岩层的走向有两个数值,相差 180°。

(2)岩层倾向的测定。测倾向时,将罗盘上平行于刻度盘东西方向的短边与走向线平行,同时将罗盘的北端指向岩层的倾斜方向,调整水平,使圆水准泡居中后,这时指北针所指的度数就是岩层倾向的方位。倾向只有一个方向,同一岩层面的倾向与走向相差 90°。

(3)岩层倾角的测定。测倾角时,将罗盘上平行于刻度盘南北方向的长边竖直贴在倾斜线上,紧贴层面使长边与岩层走向垂直,转动罗盘背面的倾斜器,使长管水准泡居中后,倾角指示针所指刻度盘读数就是岩层的倾角。

(二)水平构造与倾斜构造

1. 水平构造

未经构造变动的沉积岩层,其形成时的原始产状是水平的,先沉积的老岩层在下,后沉积的新岩层在上,形成产状近于水平的构造称为水平构造,或称为水平岩层。水平构造多分布在大范围内均匀抬升或下降的地区,如陕西省北部的中生界地层等。

2. 倾斜构造

由于地壳运动使原始水平的岩层发生倾斜,岩层层面与水平面之间有一定夹角的岩层,称为倾斜构造,或称为倾斜岩层。它常常是褶皱的一翼或断层的一翼,也可以是大区域内的不均匀抬升或下降所形成的。在一定地区内向同一方向倾斜与倾角基本一致的岩层又称为单斜构造。倾斜构造的产状可以用岩层层面的走向、倾向和倾角 3 个产状要素来表示。

(三) 褶皱构造

岩层在构造运动的作用下,产生的一系列连续波状弯曲,称为褶皱。绝大多数褶皱是在水平压力作用下形成的;有的褶皱是在垂直作用力下形成;还有一些褶皱是在力偶的作用下形成的,此类褶皱多发育在夹于两个坚硬岩层间的较弱岩层中或断层带附近。褶皱是地壳中常见的地质构造之一,它的规模大小相差悬殊,巨大的褶皱可延伸达数十公里至数百公里,而微小的褶皱则可在手标本上见到。褶皱的形态也是多种多样的,但其基本形式只有两种,如图 1-2-3a) 所示。其中,岩层向上弯曲,核心部分岩层较老的称为背斜;岩层向下弯曲,核心部分岩层较新的称为向斜。

褶皱形成后,由于地表长期受风化剥蚀作用的破坏,其外形也可改变,如图 1-2-3b) 所示。"高山为谷,深谷为陵"就是这个道理。褶皱揭示了一个地区的地质构造规律,不同程度地影响着水文地质及工程地质条件。因此,研究褶皱的产状、形态、类型、成因及分布特点,对于查明区域地质构造、工程地质及水文地质条件,具有重要意义。

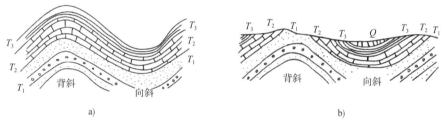

图 1-2-3　褶皱的基本形式
a) 外力作用破坏前;b) 外力作用破坏后

1. 褶曲要素

褶曲是褶皱构造中的一个弯曲,是褶皱构造的组成单位。为了描述和表示褶曲在空间的形态特征,对褶曲各个组成部分给予一定的名称。每一个褶曲都有核部、翼部、轴面、轴及枢纽等几个组成部分,一般称为褶曲要素,如图 1-2-4 所示。

(1)核部。位于褶曲中心部位的岩层称为褶曲的核部。

(2)翼部。位于核部两侧向不同方向倾斜的部分称为褶曲的翼部。

(3)轴面。从褶曲顶平分两翼的假想面称为轴面。它可以是平面也可以是曲面,可以是直立的、倾斜的或近似于水平的。

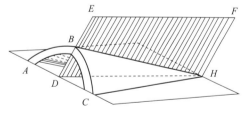

图 1-2-4　褶曲要素
ABH、CBH-翼部;$DEFH$-轴面;DH-轴;BH-枢纽;ABC 所包围的内部岩层-核部

(4)轴。轴面与水平面的交线称为轴。轴的长度表示褶曲延伸的规模。

(5)枢纽。轴面与褶曲同一岩层层面的交线,称为褶曲的枢纽。它有水平的、倾伏的,也有波状起伏的。

2. 褶曲的基本类型及特征

褶曲构造由背斜和向斜两种基本形态组成,见表1-2-3。

褶曲的基本类型及特征　　　　　　　　　　表1-2-3

基本类型	岩层形态	岩层的新老关系	地形表现
背斜	岩层向上拱起,岩层自中心向外倾斜	核心部分岩层较老,两翼岩层较新	有时背斜成为山岭(年轻、顺地貌,外力侵蚀小于褶皱构造作用速度),(长期外力侵蚀)常被侵蚀成谷地(逆地貌、倒置地形,再长期剥蚀破坏,恢复一致,再顺地貌)
向斜	岩层向下弯曲,层自两翼向中心倾斜	核心部分岩层较新,两翼岩层较老	有时向斜成为谷地,也有时成为山岭

3. 褶曲的形态分类

(1)按轴面和两翼岩层的产状分类。

①直立褶曲:轴面近于垂直,两翼岩层向两侧倾斜,倾角近于相等,如图1-2-5a)所示。

②倾斜褶曲:轴面倾斜,两翼岩层向两侧倾斜,倾角不等,如图1-2-5b)所示。

③倒转褶曲:轴面倾斜,两翼岩层向同一方向倾斜,其中一翼层位倒转,如图1-2-5c)所示。

④平卧褶曲:轴面水平或近于水平,一翼岩层层位正常,另一翼层位倒转,如图1-2-5d)所示。

⑤翻卷褶曲:轴面翻转向下弯曲,通常是由平卧褶曲转折端部分翻卷而成。

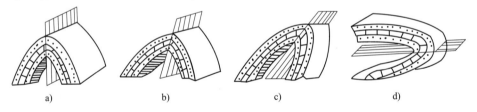

a)　　　　　　b)　　　　　　c)　　　　　　d)

图1-2-5　褶曲按轴面和两翼岩层的产状分类示意图

a)直立褶曲;b)倾斜褶曲;c)倒转褶曲;d)平卧褶曲

(2)按枢纽产状分类。

①水平褶曲:枢纽水平,两翼同一岩层的走向基本平行,如图1-2-6a)所示。

②倾伏褶曲:枢纽倾斜,两翼同一岩层的走向不平行,如图1-2-6b)所示。

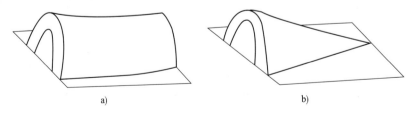

a)　　　　　　　　　　　　b)

图1-2-6　褶曲按枢纽产状分类示意图

a)水平褶曲;b)倾伏褶曲

4.褶曲构造对工程建设的影响

（1）褶曲构造影响着建筑物地基岩体的稳定性及渗透性。选择桥址时,应尽量考虑避开褶曲轴部地段。因为轴部张应力集中、节理发育、岩石破碎、易受风化、岩体强度低以及渗透性强,所以工程地质条件较差。当桥址选在褶曲翼部时,若桥轴线平行于岩层走向,则桥基岩性较均一。再从岩层产状考虑,当岩层倾向上游,倾角较陡时,对桥基岩体的抗滑稳定最有利,但当倾角平缓时,桥基岩体易于滑动;当岩层倾向下游,倾角又缓时,岩层的抗滑稳定性最差。

当桥轴线与褶曲岩层走向垂直时,桥基往往置于不同性质的岩层上。在这种情况下,如果岩层软硬相差较大,桥基就可能产生不均匀沉降;如果岩层倾向河谷的一侧,岩体就可能产生顺层滑动。

（2）岩层产状对隧道的影响。在强烈褶皱区或岩层产状变化复杂的地区,往往在很小范围内岩性及地下水会有极大的变化,这常给施工带来很多不便。在水平岩层地区修筑地下隧道是有利的,因为可以选择在同一较好的岩层中通过,不仅施工简单,而且易于保证安全。如果是在倾斜岩层地区修建隧道,洞轴线与岩层走向的交角应该大一些比较好,岩层倾角也是越大越好。如果洞轴线与岩层走向交角较小或平行,洞顶将产生偏压。

（四）断裂构造

组成地壳的岩体,在构造应力作用下发生变形,当应力超过岩石的强度时,岩体的完整性受到破坏而产生大小不一的断裂,称为断裂构造。断裂构造是地壳中常见的地质构造,断裂构造发育地区,常成群分布,形成断裂带。根据岩体断裂后两侧岩块相对位移的情况,断裂构造可分为节理(裂隙)和断层。

断裂构造在地壳中广泛分布,是主要的地质构造类型,它对建筑地区岩体的稳定性影响很大,且常对建筑物地基的工程地质评价和规划选址、设计和施工方案的选择起控制作用。

1.节理的分类

节理,又称为裂隙,指存在于岩体中的裂缝,是破裂面两侧的岩石未发生明显相对位移的小型断裂构造。节理的形态分类如图1-2-7所示。

节理按成因划分可分为两类:一类是由于构造运动产生的节理,称为构造节理;另一类是由成岩作用、外力和重力等非构造因素形成的节理,称为非构造节理。它们分布的规律性不明显,常常出现在小范围内。

（1）构造节理。构造节理按形成时的力学性质可分为张节理和剪节理。

①张节理。当岩石所受张拉应力超过其抗拉强度后岩石破裂而产生的裂隙,称为张节

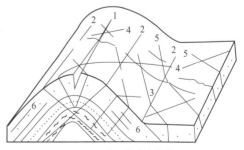

图1-2-7　节理的形态分类

1,2-走向节理或纵向节理;3-倾向节理或横节理;

4,5-斜向节理或斜节理;6-顺层节理

理。其主要特征是:裂口是张开的,呈上宽下窄的楔形;多发育于脆性岩石中,尤其在褶曲转折端等拉应力集中的部位;张节理面粗糙不平,沿走向和倾向都延伸不远。当其发育于砾岩中时,常绕过砾石,其裂面明显凹凸不平。

②剪节理。当岩石所受剪应力超过岩石的抗剪强度后,岩石破裂而产生的裂隙,称为剪节理。因此,剪节理往往与最大剪应力作用方向一致,且常成对出现,称为共轭"X"节理。剪节理的主要特征:裂口一般是闭合的,节理面平坦,常有滑动擦痕和擦光面;剪节理的产状稳定,沿走向和倾向延伸较远;在砾岩中,剪节理能较平整地切割砾石。

(2)非构造节理(裂隙)。非构造节理(裂隙)主要包括成岩裂隙和次生裂隙等。其中,成岩裂隙是岩石在成岩过程中形成的裂隙,如玄武岩的柱状节理等。次生裂隙是由于岩石风化、岩坡变形破坏及人工爆破等外力作用形成的裂隙。次生裂隙一般仅局限于地表,规模不大,分布也不规则。

2. 断层

在构造应力作用下,岩层所受应力超过其本身的强度,使其连续性和完整性遭到破坏,并且沿断裂面两侧的岩体产生明显位移时,称为断层。由于构造应力大小和性质的不同,断层规模差别很大,小的可见于一块很小的手标本上,大的可延伸数百甚至上千公里,如我国的郯庐大断裂,在1/1000000的卫星图像上都显示得很清楚。

(1)断层要素。断层的基本组成部分称为断层要素,它包括断层面、断层线、断层带、断盘及断距等,如图1-2-8所示。

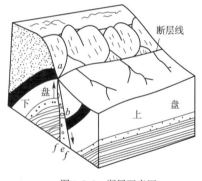

①断层面。岩层断裂错开,其中发生相对位移的破裂面,称为断层面。断层面可以是直立的或倾斜的平面,也可以是波状起伏的曲面。断层面的空间位置用产状要素来表示。

②断层线。断层面与地面的交线,称为断层线。断层线表示断层延伸的方向,其形状取决于断层面及地表形态,可以是直线,也可以是各种曲线。

③断层带。断层带包括断层破碎带和断层影响带,是指断层面之间的岩石发生错动破坏后,形成的

图 1-2-8 断层要素图

ab-总断距;e-断层破碎带;f-断层影响带

破碎部分,以及受断层影响使岩层裂隙发育或产生牵引弯曲的部分。

④断盘。断层面两侧岩体,称为断盘。当断层面倾斜时,位于断层面以上的岩体,称为上盘;位于断层面以下的岩体,称为下盘。当断层面直立时,则按方向可分为东盘、西盘或南盘、北盘。

⑤断距。断层两盘岩体沿断层面相对移动的距离,称为断距。断距可分为总断距、铅直断距、水平断距、走向断距和倾向断距等。

(2)断层的基本类型。断层的分类方法很多,所以会有各种不同的类型。根据断层两盘相对位移的情况,可以将断层分为以下 3 种:

①正断层。如图 1-2-9a)所示,上盘沿断层面相对下降,下盘相对上升的断层。正断

层一般是由于岩体受到水平张力及重力的作用,使上盘沿断层面向下错动而成。其断层线较平直,断层面倾角较大,一般大于45°。

②逆断层。如图1-2-9b)所示,上盘沿断层面相对上升,下盘相对下降的断层。逆断层一般是由于岩体受到水平方向强烈挤压力作用,使上盘沿断层面向上错动而成。断层线的方向常与岩层走向或褶皱轴的方向近于一致,和压应力作用的方向垂直。

③平推断层。如图1-2-9c)所示,又称为平移断层。它是由于岩体受水平扭应力作用,使两盘沿断层面走向发生相对水平位移的断层。其断层面倾角很陡,常近于直立,断层线平直延伸远,断层面上常有近于水平的擦痕。

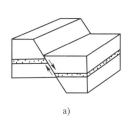 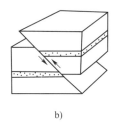 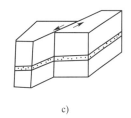

a)　　　　　　　　　　b)　　　　　　　　　　c)

图1-2-9　断层按上、下盘相对位移分类

a)正断层;b)逆断层;c)平推断层

(3)断层的组合形态。断层很少孤立地出现,往往由一些正断层和逆断层有规律地组合成一定形式,形成不同形式的断层带。断层带也称为断裂带,它是一定区域内一系列方向大致平行的断层组合,如阶梯状断层、地堑、地垒(图1-2-10)和叠瓦式构造(图1-2-11)等,这是分布较广泛的几种断层的组合形态。

图1-2-10　地堑、地垒及阶梯状断层　　　　　图1-2-11　叠瓦式构造

(4)断层的工程地质评价。由于断层的存在,破坏了岩体的完整性,加速了风化作用、地下水的活动及岩溶发育,在以下几个方面对工程建筑产生影响:

①降低了地基的强度和稳定性。断层破碎带力学强度低、压缩性大,建于其上的建筑物由于地基的较大沉陷,易造成开裂或倾斜。断裂面对岩质边坡、桥基的稳定常有重要影响。

②跨越断裂带的建筑物,由于断裂带及其两侧上、下盘的岩性均可能不同,易产生不均匀沉降。

③隧洞工程通过断裂破碎带时易发生坍塌。

④断裂带在新的地壳运动的影响下,可能发生新的移动,从而影响建筑物的稳定。

因此,在选择工程建筑物地址时,应查明断层的类型、分布、断层面产状、破碎带宽度、填充物的物理力学性质、透水性和溶解性等。为了防止断层对工程的不利影响,要尽量避开大的断层破碎带。若确实无法避开,则必须采取有效的处理措施。

思考练习题

1. 简述地层与岩层的区别。
2. 如何判断岩层之间的接触关系?
3. 什么是岩层的产状要素?
4. 如何认识褶曲的基本形态?如何对褶曲进行分类?
5. 节理按成因可分为几种类型?
6. 试绘图说明断层的基本类型及其组合形式的特征。
7. 简述褶皱构造及断裂构造对工程的影响。

单元三　地貌及第四纪地质

教学目标

　　了解地貌的形成、发展、分类和分级;掌握第四纪沉积物的主要成因类型及其主要工程地质特征。

重点难点

　　地貌的分类;沉积物类型及其工程地质特征。

一、地貌

(一)地貌概述

　　地貌是指在各种地质营力作用下形成的地球表面各种形态外貌的总称。地貌形态大小不等、千姿万态、成因复杂。总的来说,地貌形态是内外地质营力相互作用的结果。大如大陆、洋盆、山岳、平原,其形成主要与地球内力地质作用有关;小如冲沟、洪积扇、溶洞和岩溶漏斗,主要由外力地质作用塑造而成。现代地表上不同规模、不同成因的地貌,处于不同的发展阶段,且按不同规律分布于不同地段,使大地呈现一幅极其复杂的"镶嵌"图案。

　　地貌学是研究地表起伏形态及其发生、发展与分布规律的一门学科。地貌学的研究是不平衡的。一般说来,陆地地貌(包括沿岸地带)要比海洋地貌研究程度高;外营力地貌要比内营力地貌研究得详细;应用地貌则正在兴起。

(二)地貌类型

地球的表面是高低不平的,而且差距较大。总的来说,它可分为大陆和海洋两部分。

大陆的平均海拔超过800m。按高程和起伏状况,大陆表面可分为山地(33%)、丘陵(10%)、平原(12%)、高原(26%)和盆地(19%)等地貌形态(见附录E)。

海洋的面积约占地壳总面积的71%,其平均深度约为3700m。海洋地形的半数为表面平坦且无明显起伏的大洋盆地。海底的山脉称为海岭;而海底长条形的洼地,则称为海沟,一般深度大于6km,可谓地球表面最低洼地区,如西太平洋马里亚纳海沟深度11034m、菲律宾海沟深度10540m。地壳厚度为1.6km。与陆地连接的浅海平台,则称为大陆架。大陆架外缘的斜坡,称为大陆坡。

1.地貌的形态分类

地貌的形态可按地貌绝对高度和地形起伏的相对高度大小来进行划分和命名,见表1-3-1。

大陆地貌的形态分类　　　　　　　　　　　　　　　　表1-3-1

形态类型		绝对高度(m)	相对高度(m)	平均坡度(°)	示例
山地	高山	>3500	>1000	>25	喜马拉雅山
	中山	3500~1000	1000~500	10~25	庐山、大别山
	低山	1000~500	500~200	5~10	川东平行岭谷
平原	丘陵	<500	<200	—	闽东沿海丘陵
	高原	>600	>200	—	青藏高原、内蒙古高原、黄土高原、云贵高原
	高平原	>200	—	—	成都平原
	低平原	0~200	—	—	东北、华北、长江中下游平原
洼地		<海平面高度	—		吐鲁番盆地

(1)山地。陆地上海拔在500m以上且由山顶、山坡和山麓组成的隆起高地,称为山或山地。按山地的外貌特征、海拔、相对高度和坡度,并结合我国的具体情况,山地又分为高山、中山和低山3类。

①高山。海拔为3500~5000m、相对高度大于1000m、山坡坡度大于25°的山地,称为高山。高山的大部分山脊或山顶位于雪线以上,山上终年冰雪皑皑,冰川和寒冻风化作用成为塑造地貌形态的主要外力。

②中山。海拔为1000~3500m、相对高度为500~1000m、山坡坡度为10°~25°的山地,称为中山。中山的外貌特征多种多样,有的显得和缓,有的显得陡峭,还有的由于冰川作用而具有尖锐的角峰和锯齿形山脊等。

③低山。海拔为500~1000m、相对高度为200~500m、山坡坡度一般在5°~10°的山地,称为低山。有些切割较深的低山,坡度较大(常大于10°)。

(2)高原。陆地表面海拔在600m以上、相对高度在200m以上、面积较大、顶面平坦或略有起伏且耸立于周围地面之上的广阔高地,称为高原。规模较大的高原,顶部常形成丘陵与盆地相间的复杂地形。世界上最高的高原是我国的青藏高原,平均海拔超过4000m。我国的内蒙古高原、云贵高原以及华北、西北地区的黄土高原等,规模也都十分可观。

(3)平原。陆地表面宽广平坦或切割微弱、略有起伏并与高地毗连或为高地围限的平地,称为平原。平原按海拔分为低平原和高平原两种。

①低平原是指海拔低于200m、地势平缓的沿海平原。例如,我国的华北大平原就是典型的低平原,它是在巨型盆地长期缓慢下降且不断为堆积物补偿的条件下形成的广阔平原,堆积物成分复杂,有冲积、洪积、湖积和海积物等。

②高平原是指海拔高于200m、切割微弱而平坦的平地。例如,我国的河套平原、银川平原和成都平原都是高平原,它们是在不同规模的盆地长期下降且不断为堆积物补偿的条件下形成的堆积平原,堆积物的成分主要有冲积、洪积和湖积物。

(4)盆地。陆地上中间低平或略有起伏、四周被高地或高原所围限的盆状地形,称为盆地。盆地的海拔和相对高度一般较大,如我国四川盆地中部的平均海拔为500m,青海柴达木盆地平均海拔为2700m。盆地规模大小不一,但按其成因分为构造盆地和侵蚀盆地两种。构造盆地常常是地下水富集的场所,蕴藏有丰富的地下水资源;侵蚀盆地中的河谷盆地,即山区中河谷的开阔地段或河流交汇处的开阔地段,往往是修建水库的理想库盆。

(5)丘陵。丘陵是指一种起伏不大、海拔一般不超过500m、相对高度在200m以下的低矮山丘。丘陵多半由山地、高原经长期外力侵蚀作用而成。丘陵形态个体低矮、顶部浑圆、坡度平缓、分布零乱以及无明显的延伸规律,如我国东南沿海一带的丘陵。

在公路工程中,丘陵可进一步分为重丘和微丘。其中,相对高度大于100m的为重丘,小于100m的为微丘。

2.地貌的成因分类

按地貌形成的地质作用因素可将地貌划分为内力地貌和外力地貌两大类;根据内、外力地质作用中的不同性质,两大类地貌又可分为若干类型。

(1)内力地貌。

①构造地貌。构造地貌是由地壳的构造运动所造成的地貌,其形态能充分反映原来的地质构造形态,如高地常见于构造隆起和以上升运动为主的地区,盆地则常见于构造坳陷和以下降运动为主的地区。褶皱构造山、断层断块山和褶皱断块山等皆为构造地貌。

a.褶皱构造山是指岩层受构造作用发生褶皱而形成的山。根据褶皱构造形态及褶皱山发育的部位不同,褶皱构造山又可分为背斜山(图1-3-1)、向斜山、单面山和方山。

b.断层断块山是指因断层使岩层发生错断并相对抬升而形成的山。断层断块山垂直位移越大,山势也就越陡,如陕西境内的秦岭就是典型的断层断块山。

c.褶皱断块山是指由褶皱与断层两种作用组合而形成的山地。褶皱断块山的基本地貌特征由断层形式决定,具有高大而明显的外貌。

②火山地貌。由火山喷发出来的熔岩和碎屑物质堆积所形成的地貌为火山地貌,如熔岩盖和火山锥等。

（2）外力地貌。以外力作用为主所形成的地貌称为外力地貌,如图 1-3-2 所示。

图 1-3-1　背斜山

图 1-3-2　外力地貌

根据外力的不同,外力地貌又分为以下类型:

①水成地貌。水成地貌以水的作用为地貌形成和发展的基本因素。水成地貌又可分为面状洗刷地貌、线状冲刷地貌、河流地貌、湖泊地貌与海洋地貌等。

②冰川地貌。冰川地貌以冰雪的作用为地貌形成和发展的基本因素。冰川地貌可分为冰川剥蚀地貌与冰川堆积地貌,前者如冰斗和冰川槽谷等,后者如侧碛和终碛等。

③风成地貌。风成地貌以风的作用为地貌形成和发展的基本因素。风成地貌又可分为风蚀地貌与风积地貌,前者如风蚀洼地和蘑菇石等,后者如新月形沙丘和沙垄等。

④岩溶地貌。岩溶地貌以地表水与地下水的溶蚀作用为地貌形成和发展的基本因素。岩溶地貌所形成的地貌如溶沟、石芽、溶洞、峰林和地下暗河等。

⑤重力地貌。重力地貌以重力作用为地貌形成和发展的基本因素。重力地貌所形成的地貌如崩塌和滑坡等。

⑥其他地貌。如黄土地貌和冻土地貌等。

二、第四纪地质

第四纪是地球发展历史最近的一个时期,它包括更新世和全新世。地球发展历史有 45 亿年以上,而第四纪却非常短促,至今约 200 万年。但在第四纪时期内,地球上进行着各种地质作用,显著的有气候波动、人类的发展以及哺乳动物的兴盛等,不仅与人类的过去有着密不可分的关系,而且与人类的现在和将来都有着直接的关系。任何一种外力地质作用,在塑造地貌形态的同时,也形成第四纪沉积物。因此,在研究地貌的同时,必须研究有关第四纪沉积物。第四纪松散沉积物也是地下水主要赋存的场所,人类的工程活动对第四纪自然地理条件的变化有重要影响。因此,研究第四纪沉积物的类型和特征,对人类合理地开发地质环境,使工程活动和地质环境协调发展,都是极其重要的。

（一）第四纪沉积物的基本特征

第四纪沉积物的基本特征如下:

（1）主要是陆相沉积。在大陆上所见到的第四纪沉积物中,除了少数是海相和过渡相以外,主要是陆相沉积,同时一般未受到变质作用的影响。

（2）松散性。因其具有松散性,故习惯上往往称它们为松散沉积物。

（3）岩相的多变性。由于第四纪沉积物的沉积环境极为复杂，因而沉积物的物质成分、结构、厚度在水平方向和垂直方向上都有很大的差异性。

（4）移动性。由于它们未胶结成岩，所以在内外营力的作用下，经常处于再搬运沉积的过程中，在成分、结构和厚度上不断发生变化，大多数难以找到其原始产状，因而第四纪地层的对比是比较困难的。

（5）第四纪沉积物常构成各种堆积地貌形态，并在各地貌单元中呈现规律性的分布。如山区的残积物经常分布在起伏平缓的山顶面、剥蚀面或较平坦的地段；坡积物多分布于山坡至坡麓地段；洪积物多以洪积扇的形态分布于山麓、沟口地段，甚至可由几个洪积扇连接而成洪积扇裙或洪积平原；冲积物分布在河谷地带和山前冲积平原。

（二）第四纪堆积物的主要成因及其特征

第四纪堆积物成因类型的划分是根据其形成最后的主要地质作用，一般是搬运营力和沉积条件。若未经搬运，则以岩石破坏阶段的地质作用来划分。第四纪堆积物常见的几种成因类型及特征，见表1-3-2。

第四纪堆积物常见的几种成因类型及特征   表1-3-2

成因类型	堆积方式及条件	堆积物特征
残积	岩石经风化作用而残留在原地的碎屑堆积物	碎屑物由表部向深处逐渐由细变粗，其成分与母岩有关，一般不具层理，碎块多呈棱角状，土质不均，具有较大孔隙；厚度在山丘顶部较薄，低洼处较厚，厚度变化较大
坡积或崩积	风化碎屑物由雨水或融雪水沿斜坡搬运，或者由本身的重力作用堆积在斜坡上或坡脚处而成	碎屑物岩性成分复杂，与高处的岩性组成有直接关系，从坡上往下逐渐变细，分选性差，层理不明显；厚度变化较大，厚度在斜坡较陡处较薄，坡脚地段较厚
洪积	由暂时性洪流将山区或高地的大量风化碎屑物挟带至沟口或平缓地带堆积而成	颗粒具有一定的分选性，但往往大小混杂，碎屑多呈亚棱角状，洪积扇顶部颗粒较粗，层理紊乱呈交错状，透镜体及夹层较多，边缘处颗粒细，层理清楚；其厚度分布一般是高山区或高地处较大，远处较小
冲积	由长期的地表水流搬运，在河流阶地，冲积平原和三角洲地带堆积而成	颗粒在河流上游较粗，向下游逐渐变细；分选性及磨圆度均好，层理清楚；除牛轭湖及某些河床相沉积外，厚度较稳定
冰积	由冰川融化挟带的碎屑物堆积或沉积而成	粒度相差较大，无分选性，一般不具层理，因冰川形态和规模的差异；厚度变化大
淤积	在静水或缓慢的流水环境中沉积，并伴有生物、化学作用而成	颗粒以粉粒、黏粒为主，且含有一定数量的有机质或盐类，一般土质松软，有时为淤泥质黏性土、粉土与粉砂互层，具有清晰的薄层理
风积	在干旱气候条件下，碎屑物被风吹扬，降落堆积而成	颗粒主要由粉粒或砂粒组成，土质均匀、质纯、孔隙大、结构松散

思考练习题

1. 简述地貌的概念。
2. 简述地貌类型的划分情况。
3. 简述第四纪地质概况。
4. 简述第四纪沉积物的基本特征。
5. 简述残积物、坡积物、洪积物和冲积物的特征。

单元四　地　下　水

教学目标

掌握地下水的概念和类型；了解地下水的物理性质和化学成分；掌握包气带水、潜水、承压水的形成条件及主要工程特征；理解地下水对工程的不良作用。

重点难点

地下水的分类及主要特征；地下水对工程的不良作用。

埋藏在地表以下的土层及岩石的空隙(包括孔隙、裂隙和空洞等)中的水称为地下水。它主要由大气降水和地表水渗入地下形成。在干旱地区，水蒸气可以直接在土层及岩石的空隙中凝成地下水。

地下水是自然界水资源的重要组成部分。一方面，地下水常成为人们生活和生产用水的水源，在干旱、半干旱地区则是主要的可靠水源甚至是唯一的可靠水源。另一方面，地下水与岩土相互作用，会使岩体及土体的强度与稳定性降低，产生各种不良的自然地质现象和工程地质现象(如滑坡、岩溶、潜蚀、地基的沉陷与冻胀等)，对工程建筑造成危害。在公路工程的设计与施工中，当考虑路基及隧道围岩的强度与稳定性、桥梁基础的埋置深度、施工开挖中的涌水等问题时，均必须研究地下水的问题、研究地下水的埋藏条件和类型等，以便采取相应措施，保证结构物的稳定和正常使用。此外，在某些情况下，地下水还会对工程建筑材料(如水泥混凝土等)产生腐蚀作用，使结构物遭到破坏。因此，工程上对地下水问题向来是十分重视的。

一、地下水的物理性质和化学性质

(一)地下水的物理性质

1.温度

受各地区的地温条件所控制，常随埋藏深度不同而异，埋藏得越深的，水温越高。

2. 颜色

无色透明。当水中含有有色离子或悬浮质时,便会带有各种颜色和显得混浊。如高含铁的水为黄褐色,含腐殖质的水为淡黄色。

3. 味

无嗅、无味。当水中含硫化氢时,为臭鸡蛋味;含氯化钠的水味咸;含镁离子的水味苦。

4. 导电性

导电性取决于各种离子的含量与离子价,含量越多,离子价越高,则水的导电性越强。

(二)地下水的化学成分

地下水中常见的气体有 O_2、N_2、H_2S 和 CO_2 等。一般情况下,地下水中气体含量不高,但是气体分子能够很好地反映地球化学环境。地下水中分布最广、含量较多的离子共有 7 种,即 Cl^-、SO_4^{2-}、HCO_3^-、Na^+、K^+、Ca^{2+}、Mg^{2+}。地下水矿化类型不同,地下水中占主要地位的离子或分子也随之发生变化。地下水中的化合物有 Fe_2O_3、Al_2O_3、H_2SiO_3 等。

水的矿化度、pH 值、硬度等因素对水泥混凝土的强度等级有影响(表1-4-1),还有水中的侵蚀性成分(如 CO_2、SO_4^{2-}、Mg^{2+} 等)也决定着地下水对混凝土的腐蚀性。

地下水的化学成分   表 1-4-1

影响因素	类 别						
硬度(mg/L)	极软水		软水	微硬水	硬水		极硬水
	<42		42~84	84~168	168~252		>252
矿化度(g/L)	淡水		低矿化水	中矿化水	高矿化水		卤水
	<1		1~3	3~10	10~50		>50
pH 值	强酸性水	酸性水	弱酸性水	中性水	弱碱性水	碱性水	强碱性水
	<4.0	4.0~5.0	5.0~6.0	6.0~7.5	7.5~9.0	9.0~10.0	>10.0

二、地下水的类型及特征

(一)地下水的存在形式

岩土空隙中存在着各种形式的水,按其物理性质的不同,可以分为气态水、液态水(吸着水、薄膜水、毛细水和重力水)和固态水。

1. 气态水

气态水以水蒸气形式存在于未被水饱和的岩土空隙中,它可以从水汽压力大的地方向水汽压力小的地方运移。当温度降低到零点时,气态水便会凝结成液态水。

2. 液态水

(1)吸着水。土颗粒表面及岩石空隙壁面均带有电荷,由于水是偶极体,在静电引力作用下,岩土颗粒或隙壁表面可吸附水分子而形成一层极薄的水膜,称为吸着水。

(2)薄膜水。在吸着水膜的外层,还能吸附水分子而使水膜加厚,这部分水称为薄膜水。

（3）毛细水。充满于岩土毛管空隙中的水，称为毛细水也称为毛细管水。

（4）重力水。岩石的空隙全部被水充满时，在重力作用下能自由运动的水，称为重力水。井中抽取的和泉眼流出的地下水，都是重力水。重力水是水文地质研究的主要对象。

3. 固态水

当岩土中温度低于 0℃ 时，空隙中的液态水就结冰转化为固态水。因为水冻结时体积膨胀，所以冬季在许多地方都会有冻胀现象。在东北北部和青藏高原等高寒地区，有一部分地下水多年保持固态，形成多年冻土区。

（二）地下水的分类及特征

为了有效地利用地下水和对地下水的某些特征进行深入的研究，必须进行地下水分类。地下水按埋藏条件可划分为包气带水、潜水和承压水 3 类。

1. 包气带水

在地表往下不深的地带，土、石的孔隙未被水充满，而是含有相当数量的气体，称为包气带。包气带中的水以气态水、吸着水、薄膜水和毛细水等形式为主，也有重力水，即上层滞水。所谓上层滞水是指埋藏在包气带中，局部隔水层之上的重力水，如图 1-4-1 所示。

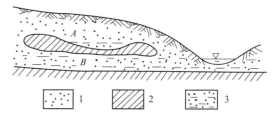

图 1-4-1　包气带中上层滞水示意图

A-上层滞水；B-潜水；1-透水砂层；2-隔水层；3-含水层

上层滞水因是雨季出现、干季消失，水量一般不大，且分布范围有相当的局限性。但由于它接近地表，能使土、石强度降低，造成道路翻浆和导致路基稳定性的破坏。因此，在设计施工时应予以查明并用适当的方法予以处理。

在包气带中，除上层滞水外，还应注意毛细水。毛细水可对地基产生毛细水压力，引起基础的附加下沉。毛细水的存在能引起路面冻胀、翻浆病害，在公路工程中可采用降低地下水位的方法克服毛细水的危害。

2. 潜水

由地下透水性岩石或砂砾等堆积物构成，其间隙完全由水充满的那部分岩石圈称为

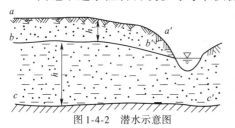

图 1-4-2　潜水示意图

aa'-地表面；bb'-潜水面；cc'-隔水层；h_1-潜水埋藏深度；h-含水层厚度

饱和带。饱和带中第一个稳定隔水层之上、具有自由水面的含水层中的重力水，称为潜水。一般多储存在第四纪松散沉积物中，也可形成于裂隙性或可溶性基岩中。潜水没有隔水层顶板，潜水的自由表面，称为潜水面。潜水面上任一点的高程称为该点的潜水位。从潜水面到地表的铅直距离为潜水埋藏深度，潜水面到隔水层底板的铅直距离称为

潜水含水层的厚度,如图1-4-2所示。潜水含水层的分布范围称为潜水的分布区,大气降水或地表水渗入补给潜水的地区称为潜水补给区,潜水出流的地方称为潜水排泄区。

潜水含水层自外界获得水量的过程称为补给。潜水通过包气带接受大气降水和地表水等补给,一般情况下潜水分布区与补给区一致。潜水的水位、水量和水质随季节不同而有明显的变化。在雨季,潜水补给充沛,潜水位上升,含水层厚度增大,埋藏深度变小;而枯水季节正好相反,所以潜水的动态具有明显的季节变化特征。

潜水含水层失去水量的过程称为排泄。潜水的排泄通常有两种方式:一种是水平排泄,以泉的方式排泄或流入地表水等;另一种是垂直排泄,通过包气带蒸发进入大气,在干旱、半干旱地区,由于地下水的蒸发使地表土易于盐渍化。

3. 承压水

充满于两个稳定隔水层之间、含水层中具有承压性质的地下水,称为承压水。承压水有上下两个稳定的隔水层,上面的称为隔水层顶板,下面的称为隔水层底板,隔水层顶、底板之间的距离为含水层厚度。由于承压含水层上下都有稳定的隔水层顶板存在,所以它可以明显地划分出补给区、承压区和排泄区3个部分,如图1-4-3所示。

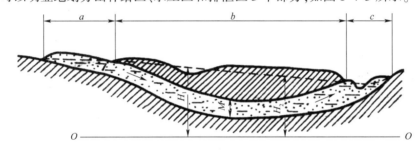

图1-4-3 承压水剖面图

a-承压水补给区;b-承压水承压区;c-承压水排泄区;M-承压水含水层厚度;H_1-正水头;H_2-负水头

承压性是承压水的一个重要特征,当承压水受地质构造影响或钻孔穿透隔水层时,地下水会受到水头压力而自动上升,甚至喷出地表形成自流水。

在承压水地区开挖隧道、桥基时,应注意的是,如果隔水层顶板的预留厚度不足时,会被承压水将隔水层顶板冲破成为"涌水"。在实际设计和施工时,应注意承压水的存在,预先做好防水工作和排水施工。

三、地下水的不良作用

地下水的存在,对建筑工程有着不可忽视的影响,尤其是地下水位的变化、水的侵蚀性和流砂、潜蚀(管涌)、地下水的浮托以及基坑突涌等不良地质作用,都将对建筑工程的稳定性、施工及正常使用造成很大的影响。

(一)地基沉降

地下水位下降,往往会引起地表塌陷、地面沉降等。就建筑物本身而言,在基础底面以下的压缩层内,随着地下水位的下降,岩土的自重压力增加,可能引起地基基础的附加沉降。如果土质不均匀或地下水位突然下降,也可能使建筑物产生变形破坏。

通常地下水位的变化是由于施工中抽水和排水引起的,若在松散第四纪沉积层中进行深基础施工时,往往需要采用抽水的办法人工降低地下水位。若降水不当,会使周围地基土层产生固结沉降,轻者造成邻近建筑物或地下管线的不均匀沉降,严重者使建筑物基础下的土体颗粒流失或掏空从而导致建筑物开裂和危及安全等。因此,施工场地应注意抽水和排水对工程的影响。

(二)地下水的侵蚀性

地下水侵蚀性的影响主要体现为水对混凝土、可溶性石材、管道以及金属材料的侵蚀危害。土木工程建筑物,如桥梁基础、地下洞室衬砌和边坡支挡建筑物等,都要长期与地下水相接触,地下水中各种化学成分与建筑物中的混凝土、钢筋等产生化学反应,使其中某些物质被溶蚀,强度降低,影响着建筑物的稳定性。

(三)流砂

流砂是指在向上渗流作用下局部土体表面的隆起、顶穿或粗颗粒群同时浮动而流失的现象。前者多发生于表层由黏性土与其他细粒土组成的土体或较均匀的粉细砂层中;后者多发生在不均匀的砂土层中。流砂多发生在颗粒级配均匀而细的粉、细砂中,有时在粉土中也会发生,其表现形式是所有颗粒同时从一近似于管状通道被渗透水流冲走,流砂的发展结果是使基础发生滑移或不均匀下沉、基坑坍塌、基础悬浮等,如图1-4-4 所示。流砂通常是由于工程活动而引起的。但是,在有地下水出露的斜坡、岸边或有地下水溢出的地表面也会发生。流砂破坏一般是突发性的,对岩土工程危害很大。

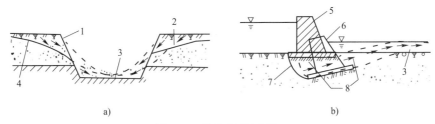

图 1-4-4 流砂破坏示意图

a)斜坡条件时;b)地基条件时

1-原坡面;2-流砂后坡面;3-流砂堆积物;4-地下水位;5-建筑物原位置;6-流砂后建筑物位置;7-滑动面;8-流砂发生区

(四)管涌

管涌是指在渗流作用下土体中的细颗粒在粗颗粒形成的孔隙孔道中发生移动并被带出,逐渐形成管形通道,从而掏空地基或坝体,使地基或斜坡变形、失稳的现象,如图1-4-5所示。管涌通常是由于工程活动而引起的,但是在有地下水出露的斜坡、岸边或有地下水溢出的地带也有发生。

(五)地下水的浮托作用

当建筑物基础底面位于地下水位以下时,地下水对其将产生浮力作用。如果基础位于透水性强的岩土层,如粉性土、砂性土、碎石土和节理发育的岩石地基,则按地下水

100%计算浮托力;如果基础位于节理不发育的岩石地基上,则按地下水50%计算浮托力;如果基础位于黏性土地基上,其浮托力较难准确地确定,应结合地区的实际经验考虑。

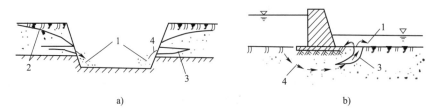

图1-4-5 管涌破坏示意图

a)斜坡条件时;b)地基条件时

1-管涌堆积颗粒;2-地下水位;3-管涌通道;4-渗流方向

(六)基坑突涌

当基坑下有承压水的存在,开挖基坑减小了含水层上覆不透水层的厚度,在厚度减小到一定程度时,承压水的水头压力能顶裂或冲毁基坑底板,造成突涌现象。基坑突涌将会破坏地基强度,给施工带来很大困难。

1.基坑突涌的形式

(1)基底顶裂,出现网状或树枝状裂缝,地下水从裂缝中涌出来并带出下部土颗粒。

(2)基坑底发生流砂现象,从而造成边坡失稳和整个地基悬浮流动。

(3)基底发生类似于"沸腾"的喷水冒砂现象,使基坑积水,地基土扰动。

2.基坑突涌产生条件

需验算基坑底不透水层厚度与承压水水头压力,按式(1-4-1)进行计算,即

$$\gamma H = \gamma_w h \qquad (1\text{-}4\text{-}1)$$

要求基坑开挖后不透水层的厚度按式(1-4-2)计算,即

$$H \geqslant (\gamma_w/\gamma)h \qquad (1\text{-}4\text{-}2)$$

式中:H——基坑开挖后不透水层的厚度(m),如图1-4-6所示;

γ——土的重度;

γ_w——水的重度;

h——承压水头高于含水层顶板的高度(m)。

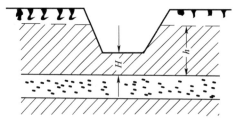

图1-4-6 基坑底部最小不透水层的厚度

以上公式中,当$H \geqslant (\gamma_w/\gamma)h$时,基坑不产生突涌;当$H < (\gamma_w/\gamma)h$时,基坑产生突

涌;当 $H = (\gamma_w/\gamma)h$ 时,处在极限平衡状态。在工程实践中,应有一定的安全度,可根据实际工程经验确定。

3. 基坑突涌的防止

首先应查明基坑范围内不透水层的厚度、岩性、强度及其承压水水头的高度,承压水含水层顶板的埋深等,然后按式(1-4-2)验算基坑开挖到预计深度时基底能否发生突涌。若能发生突涌,应在基坑位置的外围先设置抽水孔(或井),采用人工的方法局部降低承压水水位,直到把承压水位降低到基坑底以下某一许可值,方可动工开挖基坑,这样就能防止产生基坑突涌的现象。

 思考练习题

1. 地下水中包含有哪些化学成分?
2. 什么是潜水?潜水主要埋藏在哪些岩土层中?
3. 简述潜水的主要特征。
4. 什么是承压水?承压水有哪些主要特征?
5. 地下水对公路工程有哪些影响?

模块二 岩土性质评价

单元一 岩石的工程性质及分类

教学目标

掌握岩石的物理性质、水理性质及力学性质;能根据单轴饱和抗压强度对岩石的坚硬程度进行划分;能根据波速比和风化系数对岩石的风化程度进行划分。

重点难点

对岩石的物理、水理和力学性质的学习;岩石工程性质的分类。

岩石不仅是地形、地貌、地质构造的基础,而且还是人类工程建筑物的载体和原料,它的工程性质对建筑物有极大的影响。过去常将岩石和岩体统称为岩石,实际上从工程地质的角度来看,岩石是矿物的集合体,而岩体则是由岩石所组成的,并在后期经历了不同性质的构造运动的改造、被各种结构面分割后的综合地质体。就大多数的岩土工程问题而言,岩体的工程性质,主要取决于岩体内部裂隙系统的性质及其分布情况,但是岩石本身的性质也起着重要的作用。

岩石的工程性质是研究岩体工程地质的基础,所以必须对岩石的工程性质有一个较概括的认识。岩石的工程性质包括岩石的物理性质、水理性质及力学性质3个主要方面。这里主要介绍有关岩石工程性质的一些常用指标和岩石工程分类。

一、岩石的物理性质

岩石的物理性质是由岩石结构中矿物颗粒的排列形式及颗粒间孔隙的连通情况所反映出来的特性。岩石的物理性质通常从岩石的相对密度、密度和孔隙性3个方面来分析。

(一)岩石的相对密度

岩石固体部分的质量与同体积4℃水的质量的比值称为岩石的相对密度。岩石相对密度的大小取决于组成岩石矿物的相对密度及其在岩石中的相对含量,如超基性、基性岩含铁、镁矿物较多,其相对密度较大,酸性岩相反。岩石的相对密度为2.50~3.30,测定其数值常采用比重瓶法(试验方法见附录 A-6)。

(二)岩石的密度

岩石的密度是指岩石单位体积的质量,即

$$\rho = \frac{M}{V} \tag{2-1-1}$$

式中:ρ——岩石的密度(g/cm^3);

M——岩石的总质量(g);

V——岩石的总体积(cm^3)。

(三)岩石的孔隙率

岩石中孔隙和裂隙的体积与岩石总体积的比值,称为岩石的孔隙率,常用百分数表示,即

$$n = \frac{V_v}{V} \times 100 \tag{2-1-2}$$

式中:n——岩石的孔隙率(%);

V_v——岩石中孔隙和裂隙的体积(cm^3);

V——岩石的总体积(cm^3)。

岩石孔隙率的大小主要取决于岩石的结构和构造,同时也受到外力因素的影响。由于岩石中孔隙、裂隙发育程度变化很大,其孔隙率的变化也很大。坚硬岩石的孔隙率一般小于2%,而砾岩和砂岩等多孔岩石的孔隙率较大。

二、岩石的水理性质

岩石的水理性质是指岩石和水相互作用时所表现的性质,包括吸水性、透水性、软化性和抗冻性。

(一)岩石的吸水性

岩石在一定试验条件下的吸水性能称为岩石的吸水性。它取决于岩石孔隙数量、大小、开闭程度、连通与否等情况。表征岩石吸水性的指标有吸水率、饱水率和饱水系数等。

1.吸水率

岩石试件在常压下(1 标准大气压)所吸入水分的质量与干燥岩石质量的比值称为岩石的吸水率。

$$w_a = \frac{m_{w1}}{m_s} \times 100 \tag{2-1-3}$$

式中:w_a——岩石的吸水率(%);

m_{w1}——吸水质量(g);

m_s——干燥岩石的质量(g)。

岩石的吸水率越大,则水对岩石的侵蚀和软化作用就越强。

2. 饱水率

岩石试件在高压和真空条件下所吸入水分的质量与干燥岩石质量的比值称为岩石的饱水率。

$$w_{sa} = \frac{m_{w2}}{m_s} \times 100 \tag{2-1-4}$$

式中：w_{sa}——岩石的饱水率(%)；

m_{w2}——吸水质量(g)；

m_s——干燥岩石的质量(g)。

3. 饱水系数

饱水系数指岩石吸水率与饱水率的比值，即

$$K_w = \frac{w_a}{w_{sa}} \tag{2-1-5}$$

式中：K_w——饱水系数；

其他符号含义同前。

饱水系数反映了岩石大开型孔隙与小开型孔隙的相对数量，饱水系数越大，表明岩石的吸水能力越强，受水作用越显著。一般认为，饱水系数 $K_w < 0.8$ 的岩石抗冻性较高，一般岩石的饱水系数在 $0.5 \sim 0.8$ 范围内。

(二)岩石的透水性

岩石允许水通过的能力称为岩石的透水性。它主要决定于岩石孔隙的大小、数量、方向及其相互连通的情况。岩石的透水性用渗透系数表示。

(三)岩石的软化性

岩石受水的浸泡作用后，其力学强度和稳定性趋于降低的性能，称为岩石的软化性。软化性的大小取决于岩石的孔隙性、矿物成分及岩石结构、构造等因素。凡孔隙大、含亲水性或可溶性矿物多、吸水率高的岩石，受水浸泡后，岩石内部颗粒间的联结强度降低，导致岩石软化。

岩石软化性的大小常用软化系数来衡量，即

$$K_P = \frac{R_w}{R_d} \tag{2-1-6}$$

式中：K_P——岩石的软化系数；

R_w——饱和极限抗压强度；

R_d——干极限抗压强度。

软化系数是判定岩石耐风化、耐水浸能力的指标之一。软化系数值越大，则岩石的软化性越小。当 $K_P > 0.75$ 时，岩石工程地质性质较好。

(四)岩石的抗冻性

当岩石孔隙中的水结冰时，其体积膨胀会产生巨大的压力而使岩石的强度和稳定性破坏。岩石抵抗这种冰冻作用的能力称为岩石的抗冻性。它是冰冻地区评价岩石工程地质性质的一个主要指标,一般用岩石在抗冻试验前后抗压强度的降低率来表示。抗压强度降低率小于25%的岩石,一般认为是抗冻的。

常见岩石的物理、水理性质经验数据归纳总结见表2-1-1。

常见岩石的物理性质和水理性质指标 表2-1-1

岩石名称	相对密度	天然密度(g/cm³)	孔隙率(%)	吸水率(%)	饱和系数 K_w
花岗岩	2.50~2.84	2.30~2.80	0.04~2.80	0.10~0.70	0.55
正长岩		2.50~3.00		0.47~1.94	
闪长岩	2.60~3.10	2.52~2.96	0.25 左右	0.30~0.38	0.59
辉长岩	2.70~3.20	2.55~2.98	0.29~1.13		
斑岩	2.30~2.80		0.29~2.75		0.82
玢岩	2.60~2.90	2.40~2.86		0.07~0.65	
辉绿岩	2.60~3.10	2.53~2.97	0.29~1.13	0.80~5.00	
玄武岩	2.50~3.30	2.60~3.10	0.30~21.80	0.30 左右	0.69
砾岩		1.90~2.30		1.00~5.00	
砂岩	1.80~2.75	2.20~2.60	1.60~28.30	0.20~7.00	0.60
页岩	2.63~2.73	2.40~2.70	0.70~1.87		
石灰岩	2.48~2.76	1.80~2.60	0.53~27.00	0.10~4.45	0.35
泥灰岩	2.70~2.80	2.30~2.50	16.00~52.00	2.14~8.16	
白云岩	2.80 左右	2.10~2.70	0.30~25.00		0.80
凝灰岩	2.6 左右	0.75~1.40	25.00		
片麻岩	2.60~3.10	2.60~2.90	0.30~2.40	0.10~0.70	
片岩	2.60~2.90	2.30~2.60	0.02~1.85	0.10~0.20	0.92
板岩	2.70~2.84	2.60~2.70	0.45 左右	0.10~0.30	
大理岩	2.70~2.87	2.70 左右	0.10~6.00	0.10~0.80	
石英岩	2.63~2.84	2.80~3.30	0.80 左右	0.10~1.45	
蛇纹岩	2.40~2.80	2.60 左右	0.56 左右		

三、岩石的力学性质

岩石的力学性质指岩石在各种静力、动力作用下所表现的性质,主要包括变形和强度。岩石在外力作用下首先变形,当外力继续增加,达到或超过某一极限时,便开始破坏。岩石的变形与破坏是岩石受力后发生变化的两个阶段。

岩石抵抗荷载作用而不被破坏的能力称为岩石强度,荷载过大并超过岩石能承受的能力时,便造成破坏,岩石开始破坏时所能承受的极限荷载称为岩石的极限强度,简称强度。

按外力作用方式的不同将岩石强度分为抗压强度、抗拉强度和抗剪强度。

(一)抗压强度

当岩石单向受压时,抵抗压碎破坏的最大轴向压应力称为岩石的极限抗压强度,简称抗压强度(R),即

$$R = \frac{P}{A} \tag{2-1-7}$$

式中:R——岩石的抗压强度(MPa);

$\quad\quad P$——试件破坏时的总压力(N);

$\quad\quad A$——试件的受压截面积(mm^2)。

抗压强度通常在室内用压力机对岩样进行加压试验确定(试验方法见附录 A-3)。抗压强度的主要影响因素包括:岩石的矿物成分、颗粒大小、结构、构造,岩石的风化程度,试验条件等。

(二)抗拉强度

岩石在单向拉伸破坏时的最大拉应力,称为抗拉强度(σ_L),即

$$\sigma_L = \frac{P}{A} \tag{2-1-8}$$

式中:σ_L——岩石的抗拉强度(MPa);

$\quad\quad P$——试件破坏时的总拉力(N);

$\quad\quad A$——试件的受拉截面积(mm^2)。

抗拉强度试验一般有轴向拉伸法和劈裂法,实际上常利用其与抗压强度关系间接确定。抗拉强度主要取决于岩石中矿物组成之间的黏聚力的大小。由于岩石的抗拉强度很小,所以当岩层受到挤压形成褶皱时,常在弯曲变形较大的部位受拉破坏,产生张性裂隙。常见岩石的抗压、抗拉强度经验数据见表 2-1-2。

常见岩石的抗压、抗拉强度经验数据 表 2-1-2

岩　类	岩石名称	密度 ρ(g/cm³)	抗压强度 R(MPa)	抗拉强度 σ_L(MPa)
岩浆岩	花岗岩	2.63 ~ 2.73	75 ~ 110	2.1 ~ 3.3
		2.80 ~ 3.10	120 ~ 180	3.4 ~ 5.1
		3.10 ~ 3.30	180 ~ 200	5.1 ~ 5.7
	正长岩	2.5	80 ~ 100	2.3 ~ 2.8
		2.7 ~ 2.8	120 ~ 180	3.4 ~ 5.1
		2.8 ~ 3.3	180 ~ 250	5.1 ~ 5.7
	闪长岩	2.5 ~ 2.9	120 ~ 200	3.4 ~ 5.7
		2.9 ~ 3.3	200 ~ 250	5.7 ~ 7.1

岩　类	岩石名称	密度 ρ(g/cm³)	抗压强度 R(MPa)	抗拉强度 $\sigma_{\rm L}$(MPa)
岩浆岩	斑岩	2.8	160	5.4
	玄武岩	2.7~3.3	160~250	4.5~7.1
	辉绿岩	2.7	160~180	4.5~5.1
		2.9	200~250	5.7~7.1
变质岩	片麻岩	2.5	80~100	2.2~2.8
		2.6~2.8	140~180	4.0~5.1
	石英岩	2.61	87	2.5
		2.8~3.0	200~360	5.7~10.2
	大理岩	2.5~3.3	70~140	2.0~4.0
	板岩	2.5~3.3	120~140	3.4~4.0
沉积岩	凝灰岩	2.5~3.3	120~250	3.4~7.1
	砾岩	2.2~2.5	40~100	1.1~2.8
		2.8~2.9	120~160	3.4~4.5
		2.9~3.3	160~250	4.5~7.1
	砂岩	1.2~1.5	4.5~10	0.2~0.3
		2.2~3.0	47~180	1.4~5.2
	页岩	2.0~2.7	20~40	1.4~2.8
	泥灰岩	2.3~2.35	3.5~20	0.3~1.4
		2.5	40~60	2.8~4.2
	石灰岩	1.7~2.2	10~17	0.6~1.0
		2.2~2.5	25~55	1.5~3.3
		2.5~2.75	70~128	4.3~7.6
		3.1	180~200	10.7~11.8
	白云岩	2.2~2.7	40~120	1.1~3.4
		2.7~3.0	120~140	3.4~4.0

(三)抗剪强度

岩石抵抗剪切破坏的能力称为岩石的抗剪强度。它又可分为抗剪断强度、抗剪强度和抗切强度。

1.抗剪断强度

抗剪断强度是指在岩石剪断面上有一定垂直压应力作用,被剪断时的最大剪应力值。

$$\tau = \sigma\tan\varphi + c \tag{2-1-9}$$

式中:τ——岩石抗剪断强度(kPa);

σ——破裂面上的法向应力(kPa);

φ——岩石的内摩擦角($^\circ$）；

c——岩石的黏聚力(kPa)。

坚硬岩石因结晶联结或胶结联结牢固,因此其抗剪断强度较高。

2. 抗剪强度

抗剪强度是指沿已有的破裂面剪切滑动时的最大剪切力,测试该指标的目的在于求出抗剪系数值,为坝基、桥基和隧道等基底滑动和稳定验算提供试验数据。

$$\tau = \sigma \tan\varphi \tag{2-1-10}$$

式中:符号物理意义同前。

3. 抗切强度

抗切强度是指压应力等于零时的抗剪断强度,它是测定岩石黏聚力的一种方法。

$$\tau = c \tag{2-1-11}$$

四、岩石的工程分类

1. 按岩石强度分类

在工程上,根据岩石单轴饱和抗压强度对岩石的坚硬程度进行划分,见表2-1-3。

岩石坚硬程度划分   表2-1-3

岩石单轴饱和抗压强度 R_c(MPa)	$R_c > 60$	$60 \geqslant R_c > 30$	$30 \geqslant R_c > 15$	$15 \geqslant R_c > 5$	$R_c \leqslant 5$
坚硬程度	坚硬岩	较硬岩	较软岩	软岩	极软岩

2. 按风化程度分类

根据岩石的风化程度进行划分,见表2-1-4。

岩石风化程度划分   表2-1-4

风化程度	野外特征	风化程度参数指标	
		波速比 K_v	风化系数 K_f
未风化	岩质新鲜,偶见风化痕迹	0.9~1.0	0.9~1.0
微风化	结构基本未变,仅节理面有渲染或略有变色,有少量风化裂隙	0.8~0.9	0.8~0.9
中风化	结构部分破坏,沿节理面有次生矿物,风化裂隙发育,岩体被切割成岩块,用镐难挖,岩芯钻方可钻进	0.6~0.8	0.4~0.8
强风化	结构大部分破坏,矿物成分已显著变化,风化裂隙很发育,岩体破碎,可用镐挖,干钻不易钻进	0.4~0.6	<0.4
全风化	结构基本破坏,但尚可辨认,有残余结构强度,可用镐挖,干钻可钻进	0.2~0.4	—

注:波速比 K_v 为风化岩石弹性纵波速度与新鲜岩石弹性纵波速度之比;风化系数 K_f 为风化岩石与新鲜岩石的单轴饱和抗压强度之比。

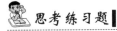 思考练习题

1. 表征岩石物理性质的指标有哪些?

2.岩石的相对密度和密度有何区别？

3.岩石的孔隙性对岩石的工程性质有何影响？

4.岩石的吸水率和饱水率有何区别？是吸水率大还是饱水率大？

5.什么是岩石的软化性？其指标是什么？研究它有何意义？

6.什么是岩石的抗剪强度？试比较3种抗剪表达式的含义。

7.岩石的坚硬程度如何划分？

8.岩石的风化程度如何划分？

单元二　土的工程性质及分类

教学目标

　　熟悉土的基本组成；掌握土的物理性质指标和物理状态指标的定义，能够利用绘制土的三相草图，进行指标换算；明确毛细水产生的原因和对工程的影响；掌握土的层流渗透定律——达西定律的应用；熟悉成层土渗透系数的计算方法；熟悉土的工程分类；通过土工试验，具备主要指标测定、工程应用和工程分类的能力。

重点难点

　　土的物理性质指标；土的物理状态指标；土的层流渗透定律；土的工程分类。

　　土是由岩石经过物理与化学风化作用后的产物，它是由各种大小不同的土粒按各种比例组成的集合体，这些土粒间的联结是比较微弱的。在外力作用下，土体并不显示出一般固体的特性，土粒间的联结也并不如胶体那样易于产生相对滑移，也不表现出一般液体的特性。因此，在研究土的工程性质时，既有别于固体力学，也有别于流体力学。土是一种分散体，可以把土体看作为颗粒性的多孔材料，在孔隙中，除空气外，还存在部分水，或孔隙中完全为水所充满。当土是由土粒、空气和水组成时，土为固相、气相和液相组成的三相体系。当土是由土粒和空气，或土粒和水组成时，土为二相体系。由于空气易被压缩，水能从土体流出或流进，土的三相的相对比例会随时间和荷载条件的变化而改变，土的一系列性质也随之而改变。

一、土的组成

(一) 土的三相组成

土中的三相(固相、液相和气相)物质组成是很复杂的。

1.土的固相

土的固相物质分无机矿物颗粒和有机质，形成土的骨架。矿物颗粒由原生矿物和次生矿物组成。

原生矿物是指岩浆在冷凝过程中形成的矿物,如石英、长石和云母等。原生矿物经化学风化作用后发生化学变化而形成新的次生矿物,如三氧化二铁、三氧化二铝、次生二氧化硅、黏土矿物和碳酸盐等。次生矿物按其与水的作用可分为可溶的或不可溶的。其中,可溶的按其溶解难易程度又可分为易溶的、中溶的和难溶的。次生矿物的成分和性质均较复杂,对土的工程性质影响也较大。

在风化过程中,往往有微生物的参与,在土中产生有机质成分,如多种复杂的腐殖质矿物。此外,在土中还会有动植物残骸体等有机残余物,如泥炭等。有机质对土的工程性质影响很大。但目前对土的有机质组成的研究还很不够。

2. 土的液相

土的液相是指土孔隙中存在的水。一般把土中的水看成是中性的,无色、无味、无嗅,其密度为 $1g/cm^3$,重度为 $9.81kN/m^3$,在 $0℃$ 时冻结,在 $100℃$ 时沸腾。但实质上,土中水是成分复杂的电解质水溶液,它与土粒间有着复杂的相互作用。按照土与水相互作用程度的强弱,可将土中水分为结合水和自由水两大类。

(1)结合水是指处于土颗粒表面水膜中的水,受到表面引力的控制而不服从静水力学规律,其冰点低于 $0℃$。结合水又可分为强结合水和弱结合水。强结合水存在于最靠近土颗粒表面处,水分子和水化离子排列得非常紧密,以致其密度大于1,并有过冷现象(温度降到零度以下而不发生冻结的现象)。在距土粒表面较远地方的结合水称为弱结合水。由于引力降低,弱结合水的水分子的排列不如强结合水紧密,弱结合水可能从较厚水膜或浓度较低处缓慢地迁移到较薄的水膜或浓度较高处,或者从一个土粒周围迁移到另一个土粒的周围,这种运动与重力无关。这层不能传递静水压力的水定义为弱结合水。

(2)自由水包括毛细水和重力水。毛细水不仅受到重力的作用,还受到表面张力的支配,能沿着土的细孔隙从潜水面上升到一定的高度。毛细水上升对于公路路基土的干湿状态及建筑物的防潮等方面有重要影响。重力水在重力或压力差作用下能在土中渗流,对于土颗粒和结构物都有浮力作用,在土力学计算中应当考虑这种渗流及浮力的作用。

3. 土的气相

土的气相主要指土孔隙中充填的空气。土的含气量与含水率有着密切的关系。土孔隙中占优势的是气体还是水,对土的性质来说有很大的不同。

土中的气体可分为与大气连通的和与大气不连通的两类。与大气连通的气体对土的工程性质影响不大,在受到外力作用时,这种气体能很快地从孔隙中被挤出。而与大气不连通的密封气体对土的工程性质影响较大,在受到外力作用时,随着压力的增大,这种气泡可被压缩或溶解于水中,随着压力的减小,气泡会恢复原状或重新游离出来。这种含气体的土称为非饱和土。对非饱和土的工程性质研究已形成土力学的一个新分支。

(二)土的颗粒特征

1. 土粒大小及粒组的划分

自然界中土的颗粒大小十分不均匀,性质各异。土颗粒的大小,通常以颗粒直径大小来表示,简称粒径,单位为毫米(mm);土粒并非理想的球体,通常为椭球状、针片状和棱角状等不规则形状。因此,粒径只是一个相对的、近似的概念。

自然界中的土一般都是由大小不等的土粒混合而组成的,即不同大小的土颗粒按不同的比例搭配关系构成某一类土,比例搭配(级配)不一样,则土的性质各异。因此,研究土的颗粒大小组合情况,也就是研究土的工程性质一个很重要的方面。所谓土的颗粒大小组合情况在工程上就是按土颗粒(粒径)大小分组,称为粒组。每个粒组都以土粒直径的两个数值作为其上下限,并给以适当的名称,简而言之,粒组就是认为划分的一定的粒径区间,以毫米(mm)表示。目前,我国现行《公路土工试验规程》(JTG E40—2007)对粒组划分方案,见表2-2-1。

土的粒组划分方案 表2-2-1

粒组统称	粒 组 名 称		粒径 d 范围(mm)	分 析 方 法	主 要 特 征
巨粒	漂石(块石)粒		$d > 200$	直接测定	
	卵石(小块石)粒		$60 < d \leqslant 200$		透水性很大,压缩性极小,颗粒间无黏结,无毛细性
粗粒	砾粒	粗砾	$20 < d \leqslant 60$	筛分法	
		中砾	$5 < d \leqslant 20$		
		细砾	$2 < d \leqslant 5$		
	砂粒	粗砂	$0.5 < d \leqslant 2$		透水性大,压缩性小,无黏性,有一定毛细性
		中砂	$0.25 < d \leqslant 0.5$		
		细砂	$0.075 < d \leqslant 0.25$		
细粒	粉粒		$0.002 < d \leqslant 0.075$	静水沉降法	透水性小,压缩性中等,微黏性,毛细上升高度大
	黏粒		$d \leqslant 0.002$		透水性极弱,压缩性变化大,具黏性和可塑性

关于划分粒组的名称,已被我国目前工程地质学界广泛采用。对于粒组划分的粒径界限值,至今尚无完全统一的标准。各个国家,甚至一个国家的各个部门也有不同的规定,但总的来说,仍可认为是大同小异的。

2. 粒度成分及其确定方法

土的粒度成分是指干土中各种不同粒组的相对含量(以干土质量的百分比表示),它可用来描述土的各种不同粒径的分布特征。它是通过土的颗粒分析试验测定的,在土的分类和评价土的工程性质时,常需测定土的粒度成分。目前,颗粒分析的试验方法可分为筛分法和静水沉降法两大类。

筛分法是指将风干、分散的代表性土样通过一套筛孔直径与土中各粒组界限值相等的标准筛,称出经过充分过筛后留在各筛盘上的土粒质量,即可求得各粒组的相对百分含量。目前我国采用的标准筛的最小孔径为0.075mm(或0.1mm)。

静水沉降法应先将土中集合体分散制成悬液,然后根据不同粒径的土粒在静水中的沉降速度不同的原理,测定细粒组的颗粒级配。土粒在静水中沉降时受到土粒的重力和液体水的阻力两种力的作用,斯托克斯(Stokes)根据这两种力的平衡条件建立了土粒直径与沉降速度的关系,即

$$v = \frac{g(\rho_s - \rho_w)}{1800\eta}d^2 \qquad (2\text{-}2\text{-}1)$$

式中:v——土粒在静水中的沉降速度(cm/s);

$\quad d$——土粒直径(mm);

$\quad g$——重力加速度(cm/s^2);

$\quad \rho_s$——土粒密度(g/cm^3);

$\quad \rho_w$——水的密度(g/cm^3);

$\quad \eta$——水的动力黏滞系数(10^{-6}kPa·s)。

式(2-2-1)中水的密度与水的动力黏滞系数随液体的温度而变化,对于某一种土的悬液来说,当悬液温度不变时,公式中g、ρ_s、ρ_w 和 η 均为定值,故$g(\rho_s - \rho_w)/(1800\eta)$为一常数,用 A 表示,则式(2-2-1)变为

$$v = A \cdot d^2 \quad \text{或} \quad d = \sqrt{\frac{v}{A}} = \sqrt{\frac{h}{At}} \qquad (2\text{-}2\text{-}2)$$

斯托克斯公式反映的是土粒直径(d)、时间(t)和深度(h)之间的关系,土粒沉降速度与其直径的平方成正比,即大颗粒比小颗粒下沉快得多,利用该公式进行细粒组的测定,其测定方法是将制备好的悬液(土粒与水)经充分搅拌、停止搅拌后,可测得经某一时间,土粒至悬液表面下沉至某一深度处所对应的颗粒直径,这样就可以将大小不同的土粒分离开来或求得小于某粒径 d 的颗粒在土中的百分含量。

静水沉降法是根据土粒在悬液中沉降的速度与粒径的平方成正比来确定各粒组相对含量的方法。但实际上,土粒并不是球形颗粒,因此用上述公式计算出的并不是实际土粒的尺寸,而是与实际土粒有相同沉降速度的理想球体的直径,简称水力直径。

目前,测定土的粒度成分的方法有比重计法、虹吸比重瓶法和移液管法。各种方法的仪器设备有其自身特点,但它们的测试原理均建立在斯托克斯公式的基础上。

3.粒度成分表示方法

常用的粒度成分的表示方法有表格法、累计曲线法和三角坐标法。

(1)表格法。以列表形式直接表达各粒组的百分含量。它用于进行粒度成分的分类是十分方便的,见表2-2-2、表2-2-3。

粒度成分的累计百分含量表示法 表 2-2-2

粒径 d_i (mm)	粒径小于或等于 d_i 的累计百分含量 p_i (%)			粒径 d_i (mm)	粒径小于或等于 d_i 的累计百分含量 p_i (%)		
	土样 a	土样 b	土样 c		土样 a	土样 b	土样 c
10	—	100.0	—	0.10	9.0	23.6	92.0
5	100.0	75.0	—	0.075	—	21.0	89.6
2	98.9	55.0	—	0.010	—	10.9	40.0
1	92.9	42.7	—	0.005	—	6.7	28.9
0.5	76.5	34.7	—	0.001	—	1.5	10.0
0.25	35.0	28.5	100.0				

粒度成分分析结果 表 2-2-3

粒组	土样 a	土样 b	土样 c	粒组	土样 a	土样 b	土样 c
10 ~ 5	—	25.0	—	0.10 ~ 0.075	9.0	2.6	2.4
5 ~ 2	1.1	20.0	—	0.075 ~ 0.010	—	10.1	49.6
2 ~ 1	6.0	12.3	—	0.010 ~ 0.005	—	4.2	11.1
1 ~ 0.5	16.4	8.0	—	0.005 ~ 0.001	—	5.2	18.9
0.5 ~ 0.25	41.5	6.2	—	<0.001	—	1.5	10.0
0.25 ~ 0.10	26.0	4.9	8.0				

（2）累计曲线法。累计曲线法是一种比较完善的图示方法。它通常用半对数纸绘制,其横坐标(按对数比例尺)表示某一粒径 d;纵坐标表示小于某一粒径的土粒累计百分含量。采用半对数纸,可以把细粒的含量更好地表达清楚。累计曲线法可以直观地判断土中各粒组的分布情况。当曲线平缓时,说明土颗粒大小相差悬殊,土粒不均匀,分选差,级配良好;当曲线较陡时,则说明土颗粒大小相差不多,土粒较均匀,分选性较好,级配不良。如图 2-2-1 所示,曲线 a 表示该土绝大部分是由比较均匀的砂粒组成的;曲线 b 表示该土是由各种粒组的土粒组成,土粒是极不均匀的,而曲线 c 表示该土是由细砂、粉粒和黏粒组成的。

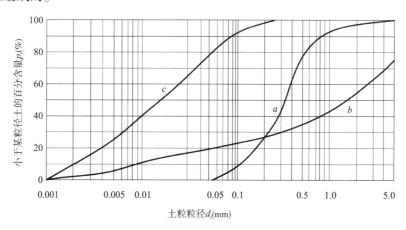

图 2-2-1 粒度成分累计曲线

由累计曲线,可确定两个土粒的级配指标,即

不均匀系数:

$$C_{u} = \frac{d_{60}}{d_{10}} \qquad (2\text{-}2\text{-}3)$$

曲率系数(或称为级配系数):

$$C_{c} = \frac{d_{30}^{2}}{d_{10}d_{60}} \qquad (2\text{-}2\text{-}4)$$

式中:d_{10}、d_{30}、d_{60}——相当于累计百分含量为10%、30%和60%的粒径,其中d_{10}称为有效粒径,d_{60}称为限制粒径。

不均匀系数C_{u}反映大小不同粒组的分布情况。C_{u}越大,表示土粒大小分布范围越广。一般认为,当不均匀系数$C_{u} < 5$时,称为匀粒土,其级配不好;当$C_{u} > 10$时,称为级配良好的土。但实际上仅用单独一个指标C_{u}来确定土的级配情况是不够的,还必须同时考虑累计曲线的整体形状,故需兼顾曲率系数C_{c}的值。曲率系数C_{c}描述累计曲线的分布范围,可以反映累计曲线的整体形状。当同时满足不均匀系数$C_{u} > 5$和曲率系数$C_{c} = 1 \sim 3$这两个条件时,土为级配良好;如不能同时满足上述两个条件时,土为级配不良的土。如图2-2-1所示,a曲线的$d_{60} = 0.40\text{mm}$、$d_{30} = 0.21\text{mm}$、$d_{10} = 0.11\text{mm}$,则可得$C_{u} = 3.64$,$C_{c} = 1.00$,即a土样的级配不良或称级配均匀。

(3)三角坐标法。三角坐标法是一种图示法,它是利用等边三角形内任意一点至3个边(h_{1}、h_{2}、h_{3})的垂直距离的总和恒等于三角形之高H的原理,用表示组成土的3个粒组的相对含量,即图中的3个垂直距离可以确定一点的位置。三角坐标法只适用于划分为3个粒组的情况。例如,当把黏性土划分为砂土、粉土和黏土粒组时,就可以用如图2-2-2所示的三角坐标图来表示。图中m点的坐标分别为:黏粒含量28.9%;粉粒含量48.7%;砂粒含量22.4%。对照表2-2-3的数据可以发现,此土样即表中的土样c。

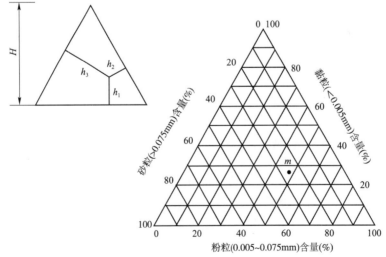

图 2-2-2 三角坐标图

表格法能很清楚地用数量说明土样的各粒组含量,但对于大量土样之间的比较就显得过于冗长,且无直观概念,使用比较困难。

累计曲线法不仅能用一条曲线表示一种土的粒度成分,而且可以在一张图上同时表示多种土的粒度成分,能直观地比较其级配状况。

三角坐标法能用一点表示一种土的粒度成分,在一张图上能同时表示许多种土的粒度成分,便于进行土料的级配设计。三角坐标图中不同的区域表示土的不同组成,因而还可以用来确定按粒度成分分类的土名。

上述 3 种方法各有特点和适用条件。在工程上可根据使用要求选用适合的表示方法,也可以在不同的场合选用不同的方法。

二、土的物理性质及其物理状态

(一)土的三相图

土是由固相(土粒)、液相(水溶液)和气相(空气)组成的三相分散体系。从物理的角度,可利用三相在体积上和重力上的比例关系来反映土的干湿程度和紧密程度。反映三相比例关系的指标称为基本物理性质指标,它们是工程地质勘查报告中不可缺少的部分。利用物理性质指标可间接地评定土的工程性质。

为了导出三相比例指标,可以把土体中实际上是分散的 3 个相抽象地分别集合在一起,构成理想的三相图,如图2-2-3 所示。图2-2-3c)的右边注明各相的体积,左边注明各相的质量或重力,土样的体积 V 可由式(2-2-5)表示,即

$$V = V_s + V_w + V_a \qquad (2\text{-}2\text{-}5)$$

式中:V_s、V_w、V_a——土粒、水、空气的体积。

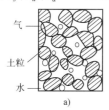 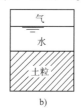 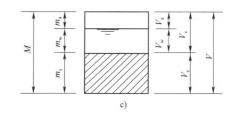

图 2-2-3　土的三相图

a)实际土体;b)土的三相图;c)各相的体积与质量

土样的质量 M 可由式(2-2-6)表示,即

$$M = m_s + m_w + m_a$$

或

$$M \approx m_s + m_w \qquad m_a \approx 0 \qquad (2\text{-}2\text{-}6)$$

式中:m_s、m_w、m_a——分别为土粒、水、空气的质量。

(二)土的物理性质指标

土的物理性质指标可以用各相之间的比例关系表示,主要有下述几种:

(1)土的重度 γ(kN/m^3)。土体单位体积的重力称为重力密度,简称土的重度。从

图 2-2-3 中可知:

$$\gamma = \frac{M}{V} \tag{2-2-7}$$

重度通常是用环刀法在试验室测定(试验方法见附录 A-4),一般土的重度为 16 ~ 22kN/m³。当用国际单位制计算质量 m 时,由单位体积土的质量称为密度;重力等于质量乘以重力加速度,则质量由重度除以重力加速度求得,其单位是 g/cm³,但在工程上为简化计算,常用其密度乘以 10,即 $\gamma = \rho g = 10\rho (\text{kN/m}^3)$。

对天然土求得的重度称为天然重度,相应的密度称为天然密度,以区别于其他条件下的指标,如下面将要讲到的干密度和干重度、饱和密度和饱和重度等。

(2)土粒重度 γ_s (kN/m³)或土粒密度 ρ_s (g/cm³,t/m³)。土固体颗粒单位体积的重力,即

$$\gamma_s = \frac{m_s}{V_s} \tag{2-2-8a}$$

$$\rho_s = \frac{m_s}{V_s} \tag{2-2-8b}$$

一般土的土粒重度(土粒密度)变化幅度不大,通常可按表 2-2-4 经验数值选用。土粒相对密度 G_s 是指土的质量与 4℃时同体积水的质量之比,其数值与土粒密度相同,但没有单位,在做土的三相指标计算时必须乘以水的密度值才能平衡量纲。在试验室可通过比重瓶法(试验方法见附录 A-6)、浮力法、浮称法或虹吸筒法确定土的相对密度。

土粒密度的一般数值　　　　　　　　　　　　表 2-2-4

土名	砂土	砂质粉土	黏质粉土	粉质黏土	黏土
土粒密度 ρ_s (g/m³)	2.65 ~ 2.69	2.70	2.71	2.72 ~ 2.73	2.74 ~ 2.76

$$G_s = \frac{m_s}{V_s \rho_{w4℃}} = \frac{\rho_s}{\rho_{w4℃}} \tag{2-2-8c}$$

式中:$\rho_{w4℃}$——纯水在 4℃ 时的密度,等于 1g/cm³ 或 1t/m³。

(3)土的含水率 w。土中水重与固体颗粒之比,通常以百分率(%)表示。

$$w = \frac{m_w}{m_s} \times 100 \tag{2-2-9}$$

含水率是表示土湿度的指标。土的天然含水率变化范围很大,从干砂接近于零,一直到饱和黏土的百分之几百。在试验室可通过烘干法(试验方法见附录 A-5)、酒精燃烧法或比重法确定。

(4)干重度 γ_d (kN/m³)。土的固体颗粒重力与土的总体积之比,即

$$\gamma_d = \frac{m_s}{V} \tag{2-2-10}$$

土的干重度越大,土越密实,所以干重度常用做填土夯实的控制指标。

(5)饱和重度 γ_{sat} (kN/m³)。土孔隙中全部被水充满时的重度,即

$$\gamma_{sat} = \frac{m_s + V_v \gamma_w}{V} \qquad (2\text{-}2\text{-}11)$$

式中：γ_w——水的重度，纯水在 4℃时的重度为 9.81kN/m^3，在工程上化整为 10 kN/m^3。

（6）浮重度（或称浸水重度）$\gamma'(\text{kN/m}^3)$。土浸没在水中受到浮力作用时的重度。

$$\gamma' = \gamma_{sat} - \gamma_w \qquad (2\text{-}2\text{-}12)$$

（7）孔隙比 e。土中孔隙的体积与固体颗粒的体积之比，即

$$e = \frac{V_v}{V_s} \qquad (2\text{-}2\text{-}13)$$

孔隙比是一个应用十分广泛的指标，可用来评价土的紧密程度。

（8）孔隙率 n。土中孔隙体积与总体积之比，通常以百分率（%）表示，即

$$n = \frac{V_v}{V} \times 100 \qquad (2\text{-}2\text{-}14)$$

（9）饱和度 S_r。孔隙中水的体积与孔隙体积之比，即

$$S_r = \frac{V_w}{V_v} \qquad (2\text{-}2\text{-}15)$$

饱和度是用来描述土中水充满孔隙的程度，$S_r = 0$ 为完全干燥的土；$S_r = 100\%$ 为完全饱和的土。按饱和度可以把砂土划分为 3 种状态：

当 $0 < S_r \leqslant 50\%$ 时为稍湿的土；当 $50\% < S_r \leqslant 80\%$ 时为潮湿的土；当 $80\% < S_r \leqslant 100\%$ 时为饱和的土。

（三）三相指标的互相换算

土的三相指标中，土的重度 γ、土粒重度 γ_s 和天然含水率 w 是由试验测定的，称为试验指标，其余的指标可以从 3 个试验指标计算得到。

但作为工程技术人员，只要求掌握每个指标的物理意义。令土粒体积 $V_s = 1$，运用三相图，按定义得到各个部分的体积或重力，依次为：孔隙体积 $V_v = e$、土粒的重力 $m_s = \gamma_s$、孔隙中水的重力 $m_w = w\gamma_s$、孔隙中水的体积 $V_w = w\gamma_s / \gamma_w$ 和孔隙中空气的体积 $V_a = e - (w\gamma_s / \gamma_w)$，这样就可换算其他指标，这种换算关系见表 2-2-5。

三相比例指标的换算关系

表 2-2-5

换 算 指 标	用试验指标计算的公式	用其他指标计算的公式
孔隙比	$e = \dfrac{\gamma_s(1+w)}{\gamma} - 1$	$e = \dfrac{\gamma_s}{\gamma_d} - 1$ $e = \dfrac{w\gamma_s}{S_r \gamma_w}$
孔隙率	$n = 1 - \dfrac{\gamma}{\gamma_s(1+w)}$	$n = \dfrac{e}{1+e}$
干重度	$\gamma_d = \dfrac{\gamma}{1+w}$	$\gamma_d = \dfrac{\gamma_s}{1+e}$

续上表

换算指标	用试验指标计算的公式	用其他指标计算的公式
饱和重度	$\gamma_{sat} = \dfrac{\gamma(\gamma_s - \gamma_w)}{\gamma_s(1+w)} + \gamma_w$	$\gamma_{sat} = \dfrac{\gamma_s + e\gamma_w}{1+e}$ $\gamma_{sat} = \gamma' + \gamma_w$
浮重度	$\gamma' = \dfrac{\gamma(\gamma_s - \gamma_w)}{\gamma_s(1+w)}$	$\gamma' = \gamma_{sat} - \gamma_w$
饱和度	$S_r = \dfrac{\gamma\gamma_s w}{\gamma_w[\gamma_s(1+w) - \gamma]}$	$S_r = \dfrac{w\gamma_s}{e\gamma_w}$

【例题 2-2-1】 已知某原状土样,经试验测得土的密度 $\rho = 1.8\text{g/cm}^3$,土粒密度 $\rho_s = 2.70\text{g/cm}^3$,天然含水率 $w = 18.0\%$,求其余 6 个物理性质指标。三相计算草图见图 2-2-4。

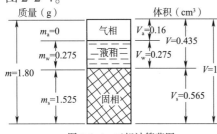

图 2-2-4 三相计算草图

解: 令 $V = 1\text{cm}^3$,已知 $\rho = \dfrac{m}{V} = 1.80\text{g/cm}^3$,故 $m = 1.80\text{g}$。

已知 $w = \dfrac{m_w}{m_s} = 0.18$,所以 $m_w = 0.18 m_s$。

又知 $m_w + m_s = 1.80\text{g}$,所以 $m_s = \dfrac{1.80}{1.18} = 1.525(\text{g})$。

故有:$m_w = m - m_s = 1.80 - 1.525 = 0.275(\text{g})$,$V_w = 0.275\text{cm}^3$。

已知 $\rho_s = \dfrac{m_s}{V_s} = 2.70\text{g/cm}^3$,所以 $V_s = \dfrac{m_s}{2.70} = \dfrac{1.525}{2.70} = 0.565(\text{cm}^3)$。

孔隙体积:$V_v = V - V_s = 1 - 0.565 = 0.435(\text{cm}^3)$

气相体积:$V_a = V_v - V_v = 0.435 - 0.275 = 0.16(\text{cm}^3)$

至此,三相草图中 8 个未知量全部计算出了数值。

据所求物理性质指标的表达式可得:

孔隙比:$e = \dfrac{V_v}{V_s} = \dfrac{0.435}{0.565} = 0.77$

孔隙率:$n = \dfrac{V_v}{V} = 0.435 = 43.5\%$

饱和度:$S_r = \dfrac{V_w}{V_v} = \dfrac{0.275}{0.435} = 0.632$

干密度：$\rho_d = \dfrac{m_s}{V} \approx 1.53\,(\text{g/cm}^3)$

干重度：$\gamma_d = 15.3\,\text{kN/m}^3$

饱和密度：$\rho_{sat} = \dfrac{m_s + V_v \rho_w}{V} = 1.525 + 0.435 = 1.96\,(\text{g/cm}^3)$

饱和重度：$\gamma_{sat} = 19.6\,\text{kN/m}^3$

有效密度：$\rho' = \rho_{sat} - \rho_w = 1.96 - 1 = 0.96\,(\text{g/cm}^3)$

有效重度：$\gamma' = \gamma_{sat} - \gamma_w = 19.6 - 10 = 9.6\,(\text{kN/m}^3)$

例题解析

①令 $V = 1$，画三相比例图是解题的关键。

②由物理性质指标的定义式即可得到相应指标的数值。

③读者也可按令 $V_s = 1$，画图进行计算，计算结果也是相同的。

【例题 2-2-2】 已知土的试验指标为 $\rho = 1.7\,\text{g/cm}^3$，$\rho_s = 2.72\,\text{g/cm}^3$ 和 $w = 10\%$，求 e、S_r 和 ρ_d。

解：$e = \dfrac{\rho_s(1+w)}{\rho} - 1 = \dfrac{2.72(1+0.10)}{1.7} - 1 = 0.76$

$S_r = \dfrac{w\rho_s}{e\rho_w} = \dfrac{0.10 \times 2.72}{0.76 \times 1} = 0.36$

$\rho_d = \dfrac{\rho}{1+w} = \dfrac{1.7}{1+0.10} = 1.55\,(\text{g/cm}^3)$

例题解析

①可以直接套用换算公式计算指标。

②注意各指标的单位。

(四) 土的物理状态

所谓土的物理状态，对于粗粒土，是指土的密实程度；对于细粒土，是指土的软硬程度或黏性土的稠度。

1. 粗粒土（无黏性土）的密实度

无黏性土（如砂、卵石）均为单粒结构，它们最主要的物理状态指标为密实度。在工程中常用孔隙比 e、相对密度 D_r 和标准贯入试验 N 作为划分其密实度的标准。

砂土土粒间的联结是极微弱的。土粒排列的紧密程度对砂土的工程性质有着重要的影响。当砂土样以最疏松状态制备时，其孔隙比达最大值 e_{max}；当砂土样受振动或捣实时，砂粒相互靠拢压紧，孔隙比达最小值 e_{min}。砂土在天然状态的孔隙比为 e，则砂土在天然状态的紧密程度，可用相对密度 D_r 来表示，即

$$D_r = \frac{e_{max} - e}{e_{max} - e_{min}} \tag{2-2-16}$$

D_r 一般用小数表示。当 $D_r = 0$，即 $e = e_{max}$ 时，表示砂土处于最松散状态；当 $D_r = 1.0$，

即 $e = e_{min}$ 时,表示砂土处于最密实状态。

《公路桥涵地基与基础设计规范》(JTG 3363—2019)中规定用相对密度 D_r 来确定砂土的紧密程度,见表2-2-6。

砂 土 密 实 度 表2-2-6

分　级	相 对 密 度	标准贯入锤击数 N
密实	$D_r \geq 0.67$	> 30
中密	$0.67 > D_r \geq 0.33$	$15 < N \leq 30$
稍密	$0.33 > D_r \geq 0.20$	$10 < N \leq 15$
松散	$D_r < 0.20$	$N \leq 10$

从理论上来讲,用 D_r 划分砂土的紧密程度是合理的,但是测定 e_{max}、e_{min} 的试验方法目前尚缺乏统一的标准,测定结果往往离散性较大。同时,采取砂土原状土样也有很大困难,特别是在地下水位以下,要采取砂土的原状土样几乎是不成功的,因此砂土的天然孔隙比也是难以测定的。由于上述原因,砂土的 D_r 的测定误差是很大的。

在实际工程中,鉴于上述因素,往往利用标准贯入试验或静力触探试验等原位测试手段来评定砂土的密实度。标准贯入试验是用标准的锤重(63.5kg),以一定的落距(76cm)自由下落所提供的锤击能,把一标准贯入器打入土中,记录贯入器贯入土中30cm的锤击数 N(或 $N_{63.5}$),贯入击数 N 反映了天然土层的密实程度。表2-2-6中列出了按 $N_{63.5}$ 值划分砂土密实程度的界限值。

钻孔钻进对土层的扰动程度、孔底清孔的质量、试验的深度(杆长的影响、上覆压力的影响)等对标准贯入击数 N 均有影响,使标准贯入试验实际上难以达到"标准",它也只能粗略地评定砂土的密实程度。

2. 黏性土的稠度

该内容将在下面土的水理性质中进行讲解。

三、土的水理性质

土的水理性质是指土中固体颗粒与水相互作用所表现的一系列的性质,如土的毛细性、透水性以及黏性土的稠度和塑性等特性。

(一) 土的毛细性

土的毛细性是指土中的毛细孔隙能使水产生毛细现象的性质。毛细现象是指土中水受毛细力作用沿着毛细孔隙(孔径为 0.002 ~ 0.5mm)向上及向其他方向运移的现象。

毛细水的上升可能引起道路翻浆、盐渍化和冻害等,导致路基失稳。因此,了解和认识土的毛细性,对公路工程的勘测、设计有着重要的意义。

1. 毛细水上升的高度

为了了解土中毛细水上升的高度,可借助于水在毛细管内上升的现象来说明。若将一根毛细管插入水中,就可看到水会沿毛细管上升。其原因有两个:

（1）水与空气的分界面上存在着表面张力,而液体总是力图缩小自己的表面积,以使表面自由能变得最小,这也就是一滴水珠总是成为球状的原因。

（2）毛细管管壁的分子和水分子之间有引力作用,这个引力使得与管壁接触部分的水面呈向上的弯曲状,这种现象称为浸润现象。毛细管的直径较细,浸润现象使毛细管内水面的弯液面互相连接,形成了内凹的弯液面状(图2-2-5),增大了水柱的表面积。由于管壁与水分子之间的引力很大,它又会促使管内的水柱升高,从而改变弯液面形状,缩小表面积,降低表面自由能。当水柱升高而改变了弯液面的形状时,管壁与水之间的浸润现象又会使水柱面恢复为内凹的弯液面状。这样周而复始,毛细管内的水柱上升,一直到升高的水柱重力和管壁与水分子间的引力所产生的上举力平衡为止。

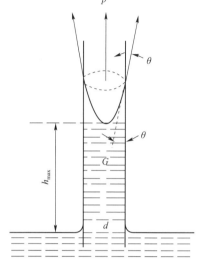

图 2-2-5　表面张力对毛细管内液体的作用

毛细管内水柱上升到最大高度 h_{max} 可用公式(2-2-17)表示,即

$$h_{max} = \frac{2\sigma}{r\gamma_w} = \frac{4\sigma}{d\gamma_w} \tag{2-2-17}$$

式中:σ——水的表面张力;

　　　r——毛细管的半径;

　　　d——毛细管的直径;

　　　γ_w——水的重度。

从式(2-2-17)中可以看出,毛细水上升高度是与毛细管直径成反比的。毛细管直径越细,毛细水上升高度越大。但是,在天然土层中,由于土中的孔隙是不规则的,与圆柱状毛细管根本不同,特别是土颗粒与水之间的物理化学作用,使天然土层中的毛细现象比毛细管的情况要复杂得多。

在实际工程中,常采用经验公式来估算毛细水上升的高度,如海森(A. Hazen)经验公式,即

$$h_c = \frac{C}{ed_{10}} \tag{2-2-18}$$

式中:h_c——毛细水上升高度(m);

　　　e——孔隙比;

　　　d_{10}——有效粒径(mm);

　　　C——土粒表面光净系数,$C = 1 \times 10^{-5} \sim 5 \times 10^{-5}$(m²)。

在黏性土中,由于黏粒或胶粒周围存在着结合水膜,它影响着毛细水弯液面的形成,减小土中孔隙的有效直径,使毛细水的活动受到很大的阻滞力,毛细水上升速度很慢,上

升高度也受影响;当土粒间全被结合水充满时,虽有毛细现象,但毛细水已无法存在。

2. 土层中毛细水的分布

在工程上不仅要计算土层中毛细水上升的高度,而且要调查了解毛细水在土层中的分布状况。把土层中被毛细水所润湿的范围,称为毛细水带。按毛细水带的形成及分布特征,可将土层中的毛细水划分成3个毛细水带(图2-2-6)。

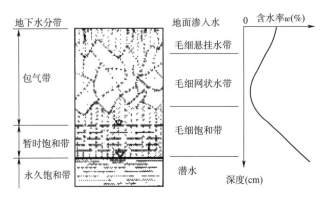

图 2-2-6 土层中毛细水的分布

(1)毛细饱和带(又称为正常毛细水带)。它位于包气带下部及潜水永久饱和带上部,其分布范围大致与潜水饱和带相同,并稍偏其上;受地下水位季节性升降变化的影响很大。这一毛细水带主要由潜水面直接上升而形成的,毛细水几乎充满了全部孔隙。

(2)毛细网状水带。它位于土层包气带的中部、毛细饱和带之上。当重力水下渗时,有一部分被局部毛细孔隙所"俘获"而成毛细水;或者因地下水位下降时,残留于毛细孔隙中而成毛细水。但在土层的超毛细孔隙中,除土粒表面有结合水外,毛细水随重力水下渗,在孔隙中留下空气泡。在这一带内,分布于局部毛细孔隙中的毛细水,被大量的空气泡所隔离,使之呈网状。毛细网状水带中的水,可以在表面张力和重力作用下向各个方向移动。

(3)毛细悬挂水带(又称为上层毛细水带)。它位于土层包气带的上部。这一带的毛细水是由地表水渗入而形成的,受毛细力的牵引,悬挂于包气带的最上层,它不与中部或下部的毛细水相连。上层毛细水带受地面温度和湿度的影响很大,常发生蒸发与渗透的"对流"作用,使土的表层结构遭到破坏。当地表有大气降水补给时,上层毛细水在重力作用下向下移动。

上述3个毛细水带不一定同时存在,当地下水位很高时,可能只有正常毛细水带,而没有毛细悬挂水带和毛细网状水带;反之,当地下水位较低时,则可能同时出现3个毛细水带。总之,土层中毛细水呈带状分布的特征,完全取决于当地的水文地质条件。

还应指出的是,由于土层中毛细水呈带状分布的特征,决定了包气带中土层含水率的变化。如图2-2-6所示右侧含水率分布曲线表明:自上而下含水率逐渐减小,但到毛细饱和带后,含水率又随深度的增加而加大。调查了解土层中毛细水含水率的变化,对土质路基、地基的稳定分析有着重要的意义。

(二) 土的渗透性

土中的自由液态水在重力作用下沿孔隙发生运动的现象,称为渗透。土能使水透过孔隙的性能,称为土的渗透性。

土的渗透性强弱,主要取决于土的粒度成分及其孔隙特征,即孔隙的大小、形状、数量及连通情况等。粗碎屑土和砂土都是透水性良好的土,细粒土为透水性不良的土,而黏土因有较强的结合水膜,若再加上有机质的存在,自由水不易透过,则可视为不透水层。

土的透水性是实际工程中不可忽视的工程地质问题。例如,路基土的疏干、桥墩基坑出水量的计算以及饱和黏性土地基稳定时间的计算等。

1. 土的层流渗透定律

水在孔隙中渗透或渗流,其运动状态常随水流的速度不同而分为层流和紊流两种。在细小孔隙中运动着的水,水流质点彼此不相混杂、干扰,流线大致呈互相平行方式运动,称为层流。土中水的层流不同于管道或沟壑中的层流,它不可能是顺直、有规律的流线,而是曲折的甚至是迂回地运动着。图 2-2-7 所示为水在土孔隙中的运动轨迹,图 2-2-8 所示为理想化的渗流。

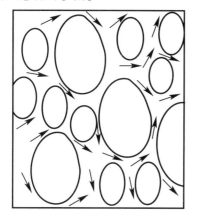

图 2-2-7　水在土孔隙中的运动轨迹

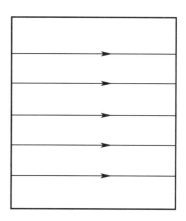

图 2-2-8　理想化的渗流

1856 年,法国学者达西(Darcy)用均质砂土进行了渗透试验,试验装置如图 2-2-9 所示。在试验筒左侧向水箱内注水,并使水位保持稳定,在试验筒的中部装满砂土(砂土截面面积为 A),在砂土试样的两端各安装一支测压管,测压管之间的距离为 L,在试验筒右侧的水箱底部设一排水孔,下接盛水的容器。

试验开始后,待两测压管水头(所谓水头,实际上就是单位质量水体所具有的能量)保持稳定,观测到的水头分别为 h_1、h_2,并测得 Δt 时段内流

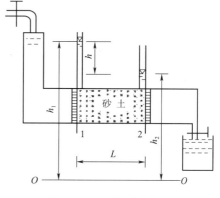

图 2-2-9　达西渗透试验

经砂土试样的渗流量($q = V/\Delta t$,V 为 Δt 时段容器所接水的体积)。

通过大量的试验,得出下列规律,即

$$v = \frac{q}{A} \tag{2-2-19}$$

式中:v——渗透速度(cm/s);

　　q——单位时间内的渗流量(cm^2/s);

　　A——渗流过水截面积(cm^2)。

$$q = k\frac{h_1 - h_2}{L}A = kiA \tag{2-2-20}$$

或

$$v = k\frac{h_1 - h_2}{L} = ki \tag{2-2-21}$$

式中:k——渗透系数(cm/s);

　　i——水力坡降,或称为水头梯度、水力比降;

　　其余符号意义同前。

式(2-2-19)称为达西定律。式(2-2-21)是达西定律的另一种表示形式,该式说明了渗透速度 v 与水头梯度 i 的一次方成正比,即渗透速度与水头梯度之间的关系是直线。

2.达西定律的适用范围

达西定律是由均质砂土试验得到的,其他土的渗流并不完全符合达西定律,因此在解决实际问题时,必须考虑达西定律的适用范围。

对于砂性较重及密实度较低的黏土,其渗透规律与达西定律相符,如图2-2-10所示中的 Ⅰ 线。对于密实的黏土,土颗粒表面存在结合水膜,其孔隙通道主要为结合水所充填,由于结合水膜的黏滞作用,增大了水流阻力,所以当水头梯度很小时,地下水不会流动,当水头梯度 i 大于 i_0 时,黏土才具有透水性,但这时水流的渗流规律尚不符合达西定律;只有当水头梯度 i 大于 i_0'(i_0' 称为起始水头梯度)时,黏土的渗流规律才符合达西定律,如图2-2-10所示中的 Ⅱ 线,即

$$v = k(i - i_0') \tag{2-2-22}$$

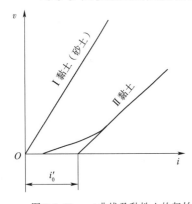

图 2-2-10　$v\text{-}i$ 曲线及黏性土的起始水头梯度

应该指出的是,达西定律渗流速度并不是地下水在岩土孔隙中的实际速度,而是将水流看成是通过整个横断面(包括颗粒面积和孔隙面积在内),实际过水断面小于土体全断面,因此达西定律中的渗透速度小于地下水的实际流速。

3.渗透系数的测定

由式(2-2-21)可知,渗透系数是指水头梯度为1时的渗透速度,渗透系数是用来表示岩土渗透性大小的指标。渗透系数除可用于计算渗透流量、渗透变形外,还可作为选

择填土材料的依据。

渗透系数的大小与土及水的性质有关,一般通过试验来测定。测定土的渗透系数的方法有常水头渗透试验(适用于透水性较强的粗粒土)、变水头渗透试验(适用于粉土、黏性土等细粒土)和现场抽水试验等。在无实测资料时,可参考经验值选用。

4.成层土的渗透系数

天然地基往往由不同的土层组成,其各向渗透性也不尽相同,对于与层面平行或垂直的情况,可分别测定各层土的渗透系数,然后求出整个土层与层面平行或垂直的平均渗透系数。

(1)与层面平行的渗透系数。如图2-2-11所示,假如各层土的渗透系数各向同性,分别为k_1、k_2、$\cdots$、k_n,厚度分别为H_1、H_2、$\cdots$、H_n,总厚度为H。与层面平行的渗流,流经各层土单位宽度的渗流量分别为q_1、q_2、$\cdots$、q_n,则总的单宽渗流量q_x为$q_x = q_1 + q_2 \cdots + q_n$。

根据达西定律,与层面平行的平均渗透系数k_x为

$$k_x = \frac{1}{H}(k_1 H_1 + k_2 H_2 + \cdots + k_n H_n) \tag{2-2-23}$$

(2)与层面垂直的渗透系数。如图2-2-12所示,各层土的渗透系数各向同性,分别为k_1、k_2、$\cdots$、k_n,与层面垂直的渗流,流经各层土单位宽度渗流量分别为q_1、q_2、$\cdots$、q_n,总的单宽渗流量q_y为$q_y = q_1 = q_2 = \cdots = q_n$。根据达西定律,与层面垂直的平均渗透系数$k_y$为

$$k_y = \frac{H}{\dfrac{H_1}{k_1} + \dfrac{H_2}{k_2} + \cdots + \dfrac{H_n}{k_n}} \tag{2-2-24}$$

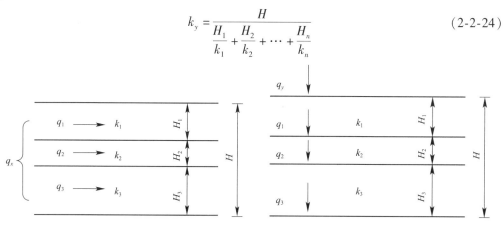

图2-2-11 与层面平行的渗透系数　　　　图2-2-12 与层面垂直的渗透系数

5.影响土的渗透性因素

(1)土颗粒级配和矿物成分。土的颗粒大小、形状及级配,影响土中孔隙大小及形状,因而影响土的渗透性。土粒越粗、越浑圆、越均匀,土的渗透性就越大。当砂土中含有较多粉土或黏土颗粒时,其渗透系数就会大大降低。土中含有亲水性较大的黏土矿物或有机质时,也会大大降低土的渗透性。

(2)孔隙比。由$e = V_v/V_s$可知,孔隙比e越小,土的密实度越大,土的渗透性随之越小。因此,在测定渗透系数时,必须考虑天然土的密实状态,并控制试样孔隙比与实际相

同,或者在不同孔隙比下测定土的渗透系数,绘出孔隙比与渗透系数的关系曲线,从中查出所需孔隙比的渗透系数。

(3)土的结构构造。天然土层通常是各向异性的,土壤在不同方向渗透性差别很大。如黄土,特别是湿陷性黄土,其竖直方向的渗透系数要比水平方向大得多。

(4)土中水的温度。水在土中渗流的速度与水的密度及动力黏滞系数有关。一般情况下,水的密度随温度的变化很小,可忽略不计,但水的动力黏滞系数随温度变化明显。因此,在室内渗流试验时,同一种土在不同的温度下会得到不同的渗透系数。在工程上常以水温20℃时的渗透系数作为标准,在任一温度 $T(℃)$ 下测定的渗透系数,换算成20℃时的渗透系数,即

$$k_{20} = k_{T} \frac{\eta_{T}}{\eta_{20}} \qquad (2\text{-}2\text{-}25)$$

式中:k_{20}——温度20℃时的渗透系数;

k_{T}——温度 T 时的渗透系数;

η_{20}——温度20℃时的黏滞系数(参考土工试验规范);

η_{T}——温度 T 时的黏滞系数(参考土工试验规范)。

(5)土中封闭气体的含量。土中的封闭气体减小了渗透水流的过水面积,从而阻塞水流。因此,当土中封闭气体的含量增加时,渗透系数随之减小。

(三)黏性土的稠度和塑性

黏性土是指具有可塑状态的土。含水率对黏性土的工程性质有较大的影响。随着含水率的增加,黏性土逐渐变软,最终形成会流动的泥浆,土的承载力也逐渐降低。

1.黏性土的界限含水率

黏性土从一种状态转变为另一种状态的分界含水率称为界限含水率,如图2-2-13所示。

图2-2-13 黏性土的界限含水率

土由可塑状态转变到流动状态的界限含水率称为液限,用 w_{L} 表示;土由半固态转到可塑状态的界限含水率称为塑限,用 w_{P} 表示。黏性土的液限、塑限的测定详见附录A-7。

2.黏性土的塑性指数和液性指数

塑性指数是指液限和塑限之差,用 I_{P} 表示,即

$$I_{P} = w_{L} - w_{P} \qquad (2\text{-}2\text{-}26)$$

I_{P} 越大,土中黏粒越多,含水率变化范围越大,土的黏性和可塑性越好。工程上常以 I_{P} 作为黏性土分类的依据,$I_{P} > 17$ 的土为黏土;$10 < I_{P} \leqslant 17$ 为粉质黏土。

液性指数是表示黏性土软硬程度的指标,用 I_{L} 表示,即

$$I_L = \frac{w - w_P}{I_P} \qquad (2-2-27)$$

当 $I_L \leqslant 0$（$w \leqslant w_P$）时,土处于坚硬状态;当 $I_L \geqslant 1$（$w > w_L$）时,土处于流动状态。规范规定:黏性土根据 I_L 可划分为坚硬、硬塑、可塑、软塑及流塑状态,见表 2-2-7。

黏 性 土 的 状 态 表 2-2-7

状态	坚硬	硬塑	可塑	软塑	流塑
液性指数 I_L	$I_L \leqslant 0$	$0 < I_L \leqslant 0.25$	$0.25 < I_L \leqslant 0.75$	$0.75 < I_L \leqslant 1.0$	$I_L > 1.0$

【例题 2-2-3】 某工程的土工试验成果见表 2-2-8,表中给出了同一土层 3 个土样的各项物理指标,试分别求出 3 个土样的液性指数,以判别土所处的物理状态。

土 工 试 验 成 果 表 2-2-8

土样编号	土的天然含水率 w(%)	密度 ρ(g/cm³)	相对密实度 D_r	孔隙比 e	饱和度 S_r(%)	液限 w_L(%)	塑限 w_P(%)
1-1	29.5	1.97	2.73	0.79	100	34.8	20.9
2-1	30.1	2.01	2.74	0.78	100	37.3	25.8
3-1	27.5	2.00	2.74	0.75	100	35.6	23.8

解:(1)土样 1-1: $I_P = (w_L - w_P) \times 100 = 34.8 - 20.9 = 13.9$

$$I_L = (w - w_P)/I_P = (29.5 - 20.9) \div 13.9 = 0.62$$

由表 2-2-7 可知,土处于可塑性状态。

(2)土样 2-1: $I_P = (w_L - w_P) \times 100 = 37.3 - 25.8 = 11.5$

$$I_L = (w - w_P)/I_P = (30.1 - 25.8) \div 11.5 = 0.37$$

由表 2-2-7 可知,土处于可塑性状态。

(3)土样 3-1: $I_P = (w_L - w_P) \times 100 = 35.6 - 23.8 = 11.8$

$$I_L = (w - w_P)/I_P = (27.5 - 23.8) \div 11.8 = 0.31$$

由表 2-2-7 可知,土处于可塑性状态。

综上可知,该土层处于可塑状态。

例题解析

黏性土的稠度状态依据液性指数进行划分,划分时注意不同的行业规范规定的界限值是不同的。

四、土的力学性质

土的力学性质是指土在外力作用下所表现的特性,主要包括在静荷载压力作用下的压缩性和抗剪性以及在动荷载作用下的压实性。

(一)土的压缩性和抗剪性

关于土在静荷载压力作用下的压缩性和抗剪性等问题,将在模块二的单元四和单元五中进行讲解,此处不再赘述。

(二)在动荷载作用下的压实性

土的压实性是指采用人工或机械对土施以夯实、振动作用,使土在短时间内压实变密,获得最佳结构,以改善和提高土的力学强度的性能,或者称为土的击实性。土的击实过程,既不是静荷载作用下排水固结过程,也不是一般压缩过程,而是在不排水条件下迫使土的颗粒重新排列,其固相密度增加,气相体积减小的过程。

在对黏性土进行压实时,土过湿或过干都不能被较好的压实,只有当含水率控制为某一适宜值时,压实效果才能达到最佳。为了既经济又可靠地对土体进行碾压或夯实,必须要研究土的这种压实特性,即土的击实性。

1. 击实试验和击实曲线

击实试验分轻型和重型两种(试验方法见附录 A-10)。轻型击实试验适用于粒径小于 5mm 的黏性土,重型击实试验适用于粒径小于 20mm 的土。试验时,将某一含水率的扰动土样分层装入击实筒中,每层按规定的落距和击数夯实土样,直至装满击实筒。根据试验的结果,经计算整理,可绘制出干密度与含水率之间的关系曲线,即击实曲线,如图 2-2-14 所示。

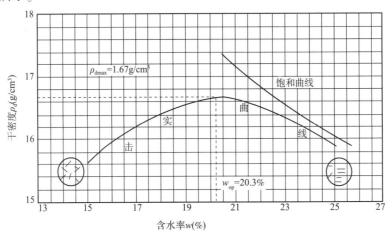

图 2-2-14 击实曲线

击实曲线反映出土的击实特性如下:

(1)对于某一土样,在一定的击实功能作用下,只有当土的含水率为某一适宜值时,土样才能达到最密实。因此,在击实曲线上就反映出有一峰值,峰点所对应的纵坐标值为最大干密度 ρ_{max},对应的横坐标值为最优含水率 w_{op}。据研究,黏性土的最优含水率与塑限有关,大致为 $w_{op} = w_p \pm 2\%$。

(2)土在击实过程中,通过土粒的相互位移,很容易将土中气体挤出。但要挤出土中水分来达到击实的效果,对于黏性土来说,不是短时间的加载所能办到的。因此,人工击实不是挤出土中水分而是挤出土中气体来达到击实的目的。同时,当土的含水率接近或大于最优含水率时,土孔隙中的气体越来越处于与大气不连通的状态,击实作用已不能将其排出土体之外。所以,击实土不可能被击实到完全饱和状态,击实曲线必然位于饱和曲线的左侧而不可能与饱和曲线相交。试验证明,一般黏性土在其最佳击实状态下(击实曲线峰值),其饱和度约为80%,如图 2-2-15 所示。

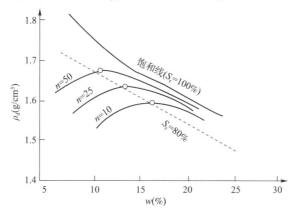

图 2-2-15 土的含水率、干密度和击实功关系曲线

当土的含水率低于最优含水率时,干密度受含水率变化的影响较大,即含水率变化对于密度的影响在偏干时比偏湿时更加明显,因此击实曲线的左段(低于最优含水率)比右段的坡度陡(图 2-2-15)。

2.影响土击实效果的因素

影响击实效果的因素很多,但最重要的是含水率、击实功能和土的性质。

(1)含水率。实践表明,当压实土达到最大干密度时,其强度并非最大。当含水率小于最优含水率时,土的抗剪强度均比最优含水率时的高,但将其浸水饱和后,则强度损失很大,只有在最优含水率时浸水饱和后的强度损失最小,压实土的稳定性最好。

(2)击实功能。夯击的击实功能与夯锤的质量、落高和夯击次数等有关。碾压的压实功能则与碾压机具的质量、接触面积和碾压遍数等有关。

对于同一土料,击实功能小,则所能达到的最大干密度也小;击实功能大,所能达到的最大干密度也大。而最优含水率正好相反,即击实功能小,最优含水率大;击实功能大,则最优含水率小(图 2-2-15)。

(3)土粒级配和土的类别。在相同的击实功能条件下,级配不同的土,击实效果也不同。一般地,粗粒含量多、级配良好的土,最大干密度较大,最优含水率较小。

粗粒土的击实性与黏性土不同。在完全干燥或充分洒水饱和的状态下,粗粒土容易击实得到较大的干密度;而在潮湿状态下,由于毛细水的作用,粗粒土不易被击实。所以,粗粒土一般不做击实试验,在压实时,只要对其充分洒水使土料接近饱和,就可得到较大的干密度。

五、土的工程分类

自然界的土类众多,工程性质各异。土的分类体系就是根据土的工程性质差异将土划分成一定的类别,其目的在于通过一种通用的鉴别标准,将自然界错综复杂的情况予以系统地归纳,以便于在不同土类间做有价值的比较、评价、积累以及学术与经验的交流。不同部门研究问题的出发点不同,使用分类方法各异,目前国内各部门根据各自的用途特点和实践经验,制定了各自的分类方法。在我国,为了统一工程用土的鉴别、定名和描述,同时也便于对土性状做出一般定性的评价,制定了国标《土的工程分类标准》(GB/T 50145)。

目前,国内外有两大类土的工程分类体系:一类是建筑工程系统的分类体系,它侧重于把土作为建筑地基和环境,故以原状土为基本对象。因此,对土的分类除考虑土的组成外,很注重土的天然结构性,即土粒联结与空间排列特征,如《建筑地基基础设计规范》(GB 50007—2011)地基土的分类。另一类是工程材料系统的分类体系,它侧重于把土作为建筑材料,用于路堤、土坝和填土地基等工程。故以扰动土为基本对象,注重土的组成,不考虑土的天然结构性,如《土的工程分类标准》(GB/T 50145)工程用土的分类和《公路土工试验规程》(JTG E40)的工程分类。本书主要介绍第二种分类体系。

(一)土的工程分类依据

交通部颁布的《公路土工试验规程》(JTG E40)所列的分类标准,其分类依据如下:

(1)土颗粒组成特征。

(2)土的塑性指标:液限 w_L、塑限 w_P 和塑性指数 I_P。

(3)土中有机质的存在情况。

(二)土的工程分类

1.土的基本代码

在介绍公路系统及其他有关土质分类方法之前,先应认识和熟悉国内外已基本上通用的、表示土类名称的文字代号,具体内容见表2-2-9。

土 的 成 分 代 号

表2-2-9

名　　称	代　号	名　　称	代　号	名　　称	代　　号
漂石	B	级配良好砂	SW	含砾低液限黏土	CLG
块石	B_a	级配不良砂	SP	含砂高液限黏土	CHS
卵石	C_b	粉土质砂	SM	含砂低液限黏土	CLS
小块石	Cb_a	黏土质砂	SC	有机质高液限黏土	CHO
漂石夹土	BSl	高液限粉土	MH	有机质低液限黏土	CLO
卵石夹土	CbSl	低液限粉土	ML	有机质高液限粉土	MHO
漂石质土	SlB	含砾高液限粉土	MHG	有机质低液限粉土	MLO
卵石质土	SlCb	含砾低液限粉土	MLG	黄土(低液限黏土)	CLY
级配良好砾	GW	含砂高液限粉土	MHS	膨胀土(高液限黏土)	CHE
级配不良砾	GP	含砂低液限粉土	MLS	红土(高液限粉土)	MHR
细粒质砾	GF	高液限黏土	CH	红黏土	R
粉土质砾	GM	低液限黏土	CL	盐渍土	St
黏土质砾	GC	含砾高液限黏土	CHG	冻土	Ft

（1）土类名称可用一个基本代号表示。

（2）当土类名称由两个基本代号构成时，第一个代号为土的主成分，第二个代号为土的副成分级配或液限。例如，GP 为级配不良砾；ML 为低液限粉土；SC 为黏土质砂。

（3）当土类名称由 3 个基本代号构成时，第 1 个代号表示土的主成分，第 2 个代号表示液限的高低（或级配的好坏），第 3 个代号表示土中所含次要成分。例如，CHG 为含砾高液限黏土；CLS 含砂高液限黏土。

2.《公路土工试验规程》(JTG E40) 的分类标准

《公路土工试验规程》(JTG E40) 的分类是根据上述原则，吸收国内外分类体系的优点，结合本系统的工程实践中所取得的试验研究成果，提出了土质统一分类体系，如图 2-2-16 所示。

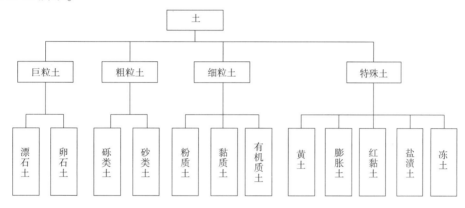

图 2-2-16　土质统一分类体系

现将《公路土工试验规程》(JTG E40) 中的巨粒土、粗粒土和细粒土等的分类标准简介如下：

（1）巨粒土分类。试样中巨粒组质量多于总质量 50% 的土称为巨粒土，其分类体系如图 2-2-17 所示。巨粒组质量多于总质量 75% 的土称为漂（卵）石；巨粒组质量为总质量75% ~ 50%（含 75%）的土称为漂（卵）石夹土；巨粒组质量为总质量 50% ~ 15%（含50%）的土称为漂（卵）石质土；巨粒组质量少于总质量 15% 的土，可扣除巨粒，按粗粒土或细粒土的相应规定分类定名。

（2）粗粒土分类。

①试样中巨粒组土粒质量少于或等于总质量 15%，且巨粒组与粗粒组质量之和多于总质量 50% 的土称为粗粒土。

粗粒土中砾粒组质量多于砂粒组质量的土称为砾类土。砾类土应根据其中细粒含量和类别以及粗粒组的级配进行分类，分类体系如图 2-2-18 所示。

A. 砾类土中细粒组质量少于总质量 5% 的土称为砾，按下列级配指标定名：

a. 当 $C_u \geqslant 5$、$C_c = 1 \sim 3$ 时，称为级配良好砾，记为 GW。

b. 不同时满足条件 a. 时，称为级配不良砾，记为 GP。

砾类土中细粒组质量为总质量 5% ~ 15% 的土称为含细粒土砾，记为 GF。

B. 砾类土中细粒组质量大于总质量的 15% ,并小于或等于总质量的 50% 时,按细粒土在塑性图中的位置定名:

a. 当细粒土位于塑性图 A 线以下时,称为粉土质砾,记为 GM。

b. 当细粒土位于塑性图 A 线以上时,称为黏土质砾,记为 GC。

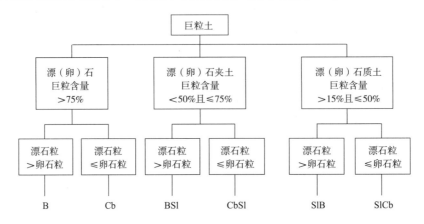

图 2-2-17 巨粒土分类体系

注:1.巨粒土分类体系中的漂石换成块石,B 换成 Ba,即构成相应的块石分类体系;

2.巨粒土分类体系中的卵石换成小块石,Cb 换成 Cba,即构成相应的小块石分类体系。

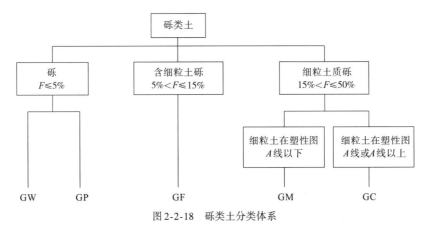

图 2-2-18 砾类土分类体系

注:砾类土分类体系中的砾石换成角砾,G 换成 Ga,即构成相应的角砾土分类体系。

②粗粒土中砾粒组质量少于或等于砂粒组质量的土称为砂类土。砂类土应根据其中细粒含量和类别以及粗粒组的级配进行分类,分类体系如图 2-2-19 所示。

根据粒径分组由大到小,以首先符合者命名。

A. 砂类土中细粒组质量少于总质量 5% 的土称为砂,按下列级配指标定名:

a. 当 $C_u \geq 5$、$C_c = 1 \sim 3$ 时,称为级配良好砂,记为 SW。

b. 不同时满足上一条件时,称为级配不良砂,记为 SP。

砂类土中细粒组质量为总质量 5% ~15%(含 15%)的土称为含细粒土砂,记为 SF。

B. 砂类土中细粒组质量大于总质量的 15% 并小于或等于总质量的 50% 时,按细粒土在塑性图中的位置定名：

a. 当细粒土位于塑性图 A 线以下时，称为粉土质砂，记为 SM。

b. 当细粒土位于塑性图 A 线或 A 线以上时，称为黏土质砂，记为 SC。

（3）细粒土分类。试样中细粒组质量多于总质量 50% 的土称为细粒土，分类体系如图 2-2-20 所示。

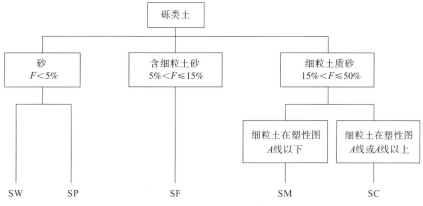

图 2-2-19　砂类土分类体系

注：需要时，砂可进一步细分为粗砂、中砂和细砂。

　　　粗砂——粒径大于 0.5mm 颗粒多于总质量 50%；

　　　中砂——粒径大于 0.25mm 颗粒多于总质量 50%；

　　　细砂——粒径大于 0.075mm 颗粒多于总质量 75%。

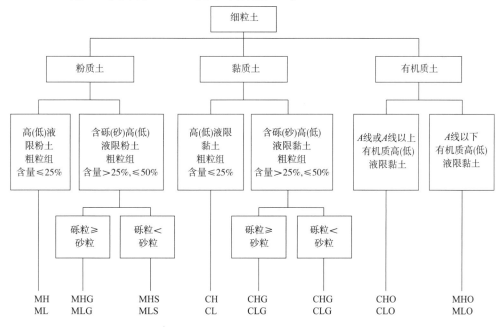

图 2-2-20　细粒土分类体系

①细粒土应按下列规定划分为细粒土、含粗粒的细粒土和有机质土。

a. 细粒土中粗粒组质量少于或等于总质量 25% 的土称为粉质土或黏质土。

b.细粒土中粗粒组质量为总质量25%～50%(含50%)的土称为含粗粒的粉质土或含粗粒的黏质土。

c.试样中有机质含量多于或等于总质量的5%,且少于总质量的10%的土称为有机质土。试样中有机质含量多于或等于10%的土称为有机土。

②细粒土应按塑性图分类。塑性图是以塑性指数I_p为纵坐标、液限w_L为横坐标用于细粒土分类的图。本"分类"的塑性图(图2-2-21)采用下列液限分区:低液限$w_L < 50$;高液限$w_L \geqslant 50$。

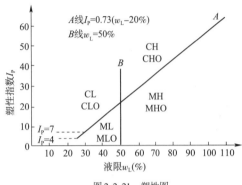

图2-2-21 塑性图

③细粒土应按其在塑性图中的位置确定土名称。

A.当细粒土位于塑性图A线或A线以上时,按下列规定确定名称:

a.在B线或B线以右,称为高液限黏土,记为CH;

b.在B线以左,$I_p = 7$线以上,称为低液限黏土,记为CL。

B.当细粒土位于塑性图A线以下时,按下列规定确定名称:

a.在B线或B线以右,称为高液限粉土,记为MH。

b.在B线以左,$I_p = 4$线以下,称为低液限粉土,记为ML。

c.黏土～粉土过渡区(CL～ML)的土可以按相邻土层的类别考虑细分。

④含粗粒的细粒土先按本规程有关规定确定细粒土部分的名称,再按以下规定最终定名。

a.当粗粒组中砾粒组质量多于砂粒组质量时,称为含砾细粒土,并应在细粒土代号后缀以代号"G"。

b.当粗粒组中砂粒组质量多于或等于砂粒组质量时,称为含砂细粒土,并应在细粒土代号后缀以代号"S"。

⑤土中有机质包括未完全分解的动植物残骸和完全分解的无定形物质。后者多呈黑色、青黑色或暗色;有臭味、有弹性和海绵感,借目测、手摸及嗅感判别。

当不能判定时,可采用下列方法:将试样在105～110℃的烘箱中烘烤,若烘烤24h后试样的液限小于烘烤前的3/4,该试样为有机质土。

⑥有机质土应根据塑性图按下列规定确定名称。

A.位于塑性图A线或A线以上时:

a.在B线或B线以右,称为有机质高液限黏土,记为CHO。

b.在B线以左,$I_p = 7$线以上,称为有机质低液限黏土,记为CLO。

B.位于塑性图A线以下:

a.在B线或B线以右,称为有机质高液限粉土,记为MHO。

b.在B线以左,$I_p = 4$线以下,称为有机质低液限粉土,记为MLO。

c.黏土～粉土过渡区(CL～ML)的土可以按相邻土层的类别考虑细分。

思考练习题▐

1. 什么是土的三相体系? 土的相系组成对土的状态和性质有何影响?

2. 何谓土的颗粒级配? 土的粒度成分累计曲线的纵坐标表示什么? 不均匀系数 $C_u > 10$ 反映土的什么性质?

3. 土的不均匀系数 C_u 及曲率系数 C_c 的定义是什么? 如何从土的颗粒级配曲线形态上、C_u 及 C_c 数值上评价土的工程性质?

4. 土的密度 ρ 与土的重度 γ 的物理意义和单位有何区别? 说明天然重度 γ、饱和重度 γ_{sat}、有效重度 γ' 和干重度 γ_d 之间的相互关系, 并比较其数值的大小。

5. 土的三相比例指标有哪些? 哪些指标可以直接测定?

6. 黏性土最主要的物理特征是什么? 何谓塑限? 何谓液限? 如何测定?

7. 为什么要引用相对密度的概念评价砂土的密实度? 为什么要引用液性指数的概念评价黏性土的稠度状态? 在实际应用中应注意哪些问题?

8. 毛细水上升的原因是什么? 在哪种土中毛细现象最显著? 为什么?

9. 试述层流渗透定律的意义, 它对各种土的适用性如何? 何谓起始水力梯度?

10. 影响土渗透性的因素有哪些?

11. 已知甲、乙两个土样的物理性试验结果见表 2-2-10, 问下列结论中哪几个是正确的? 为什么?

物理性试验结果　　　　　　　　　　　　　　　表 2-2-10

土　样	$w(\%)$	$w_P(\%)$	$w_L(\%)$	G_s	S_r
甲	15	12	30	2.7	100
乙	6	6	9	2.68	100

(1) 甲比乙含有更多的黏粒。

(2) 甲的天然密度大于乙。

(3) 甲的干密度大于乙。

(4) 甲的天然孔隙比大于乙。

12. 塑性指数和液性指数的概念、物理意义是什么? 已知一黏性土液性指数 $I_L = -0.18$, 液限 $w_L = 37.5$, 塑性指数 $I_P = 13$, 求该黏性土的天然含水率。

13. 土样试验数据见表 2-2-11, 求表内"空白"项的数值。

土 样 试 验 数 据　　　　　　　　　　　　　　表 2-2-11

土样号	γ (kN/m^3)	γ_s (kN/m^3)	γ_d (kN/m^3)	w (%)	e	n	S_r
1		26.5		34		0.48	
2	17.3	27.1			0.73		
3	19.0	27.1	14.5				

14. 用体积为 $100cm^3$ 的环刀取得某原状土样重 195.3g，烘干后土重 175.3g，土颗粒相对密度为 2.7，试用三相比例草图定义法计算该土样的含水率 w、孔隙比 e、饱和度 S_r、天然密度 ρ、饱和密度 ρ_{sat}、浮密度 ρ' 和干密度 ρ_d？并比较各密度的数值大小。

15. 某砂土样的密度为 $1.8g/cm^3$，含水率为 9.8%，土粒相对密度为 2.68，烘干后测定最小孔隙比为 0.41，最大孔隙 0.94，试求孔隙比 e 和相对密实度 D_r，并评定该土的密实度。

16. 有一无黏性土试样，经筛分后各粒组含量见表 2-2-12，试确定土的名称。

筛分后各粒组含量   表 2-2-12

粒组(mm)	<0.1	0.1~0.25	0.25~0.5	0.5~1.0	>1.0
含量(%)	6.0	34.0	45.0	12.0	3.0

单元三　土中应力计算

教学目标

熟悉土中应力的基本类型；掌握土中自重应力、基底压力和附加应力的计算方法；了解附加应力在土中的分布规律。

重点难点

自重应力；基底压力及基底附加压力；附加应力。

土体在自身重力、建筑物和车辆荷载以及其他因素（如土中水的渗流、地震等）等的作用下，土中产生应力。土中应力的增加将引起土的变形，使建筑物发生下沉、倾斜以及水平位移。当土的变形过大时，往往会影响建筑物的正常和安全使用。此外，土中应力过大，也会导致土的强度破坏甚至使土体发生滑动失去稳定。因此，在研究地基承载力、变形和稳定性的验算，以及地基的勘察、软弱地基的处理等问题时，都必须掌握地基中应力的大小和它的分布规律。

土中应力按其产生原因和作用效果的不同，可分为自重应力和附加应力两部分。自重应力是由土的自身重力所引起的应力。就长期形成的天然土层而言，土在自重应力作用下，其沉降早已稳定，不会引起新的变形。附加应力是指建筑物荷载或其他外荷载作用于土体上时，在土中引起的应力增量。显然，附加应力将使地基产生新的变形。附加应力过大，地基还可能因强度不够而丧失稳定性，使土体遭受破坏。

目前计算土中应力的方法主要是采用弹性理论公式，假设地基土为均匀的、各向同性的半无限空间弹性体，虽与土体的实际情况有出入，但实践证明，在建筑物荷载作用下基底压力变化范围不大时，用弹性理论的计算结果能满足实际工程的要求。

一、土中自重应力计算

(一)均质土的自重应力计算

在计算自重应力时,假定土体为半无限体,即土体的表面尺寸和深度都是无限大。因此,在均匀土体中,土中某点的自重应力将只与该点的深度有关。

如图2-3-1a)所示,设土中某 M 点距离地面的深度为 z ,土的重度为 γ ,求作用于 M 点上竖向自重应力 σ_{cz} 。可在过 M 点平面上取一截面积 ΔA ,然后以 ΔA 为底,截取高为 z 的土柱,由于土体为半无限体,土柱的4个竖直面均为对称面,而对称面上不存在应力作用,因此作用在 ΔA 的压力就等于该土柱的重力,即 $\gamma z \Delta A$,于是 M 点的竖向自重应力为

$$\sigma_{cz} = \frac{\gamma z \Delta A}{\Delta A} = \gamma z \tag{2-3-1}$$

式中: σ_{cz} ——计算点的竖向自重应力(kPa);

　　　γ ——土的重度(kN/m^3);

　　　z ——计算点的深度(m)。

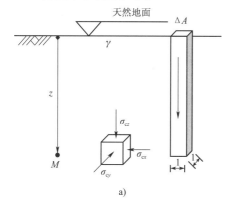
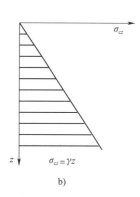

图2-3-1　均质土的自重应力

因为自重应力是假定沿任一水平面上均匀地无限分布,由此地基土只能产生竖向变形,而不能产生侧向变形和剪切变形。从这个条件出发,根据弹性力学,侧向自重应力 σ_{cx} 和 σ_{cy} 应与 σ_{cz} 成正比,而剪应力 (τ) 均为零,并按下式计算:

$$\sigma_{cx} = \sigma_{cy} = K_0 \sigma_{cz} \tag{2-3-2}$$

$$\tau_{xy} = \tau_{yz} = \tau_{zx} = 0 \tag{2-3-3}$$

式中: K_0 ——土的侧压力系数或静止土压力系数。

土的静止土压力系数 K_0 的值可在室内用三轴仪测得,在缺乏试验资料时,可用下述经验公式估算:

$$K_0 = 1 - \sin\varphi \tag{2-3-4}$$

式中: φ ——土的有效内摩擦角(°)。

由式(2-3-1)可知,在均质土中自重应力的变化规律是自重应力随深度的增加而呈直线增加,即自重应力沿深度呈三角形分布,如图2-3-1b)所示。

(二)成层土的自重应力计算

一般地基常为非匀质成层土,即由重度不同的多层土组成,计算时应考虑不同土层的影响,如图 2-3-2 所示,各土层底面上的竖向自重应力为

$$\sigma_{c1} = \gamma_1 h_1 \qquad (2\text{-}3\text{-}5)$$

$$\sigma_{c2} = \gamma_1 h_1 + \gamma_2 h_2 \qquad (2\text{-}3\text{-}6)$$

$$\sigma_{c3} = \gamma_1 h_1 + \gamma_2 h_2 + \gamma_3 h_3 \qquad (2\text{-}3\text{-}7)$$

式中：γ_1、γ_2、γ_3——第 1、2、3 层土的重度;

h_1、h_2、h_3——第 1、2、3 层土的厚度。

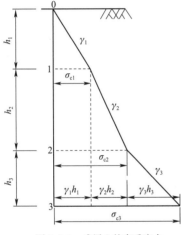

为书写方便,任意 i 层底面的竖向自重应力可用下式表示,即

$$\sigma_{ci} = \gamma_1 h_1 + \gamma_2 h_2 + \cdots + \gamma_n h_n = \sum_{i=1}^{n} \gamma_i h_i \qquad (2\text{-}3\text{-}8)$$

可见,一般地基的自重应力应当用自上而下逐层累计的方法进行计算。

(三)土层中有地下水时自重应力的计算

在计算地下水位以下土的自重应力时,应根据土的性质确定是否需要考虑水的浮力作用。通常认为透水性的土(如砂、碎石类土及液性指数 $I_L \geq 1$ 的黏性土等),因土受到水的浮力作用,使土的自重减轻,自重应力减少,在计算水位以下土的自重应力时,应采用土的

图 2-3-2 成层土的自重应力

有效重度 γ' 计算。若土为非透水性的(如 $I_L < 1$ 的黏性土、$I_L < 0.5$ 的亚黏土和亚砂土及致密的岩石等),可不考虑水的浮力作用,即采用天然重度。

【例题 2-3-1】 一地基由多层土组成,地质剖面如图 2-3-3 所示。试计算点 1、2、3、4 处的竖向自重应力,并绘制自重应力 σ_{cz} 沿深度的分布图。

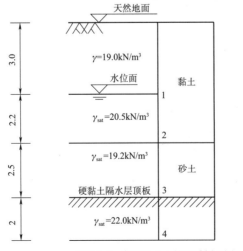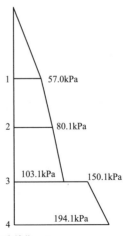

图 2-3-3 例题 2-3-1 的地质剖面图(尺寸单位:m)

解: 竖向自重应力按 $\sigma_{ci} = \sum\limits_{i=1}^{n} \gamma_i h_i$ 计算。

地面处竖向自重应力为零,其他各点为

点 1: $\sigma_{c1} = \gamma_1 h_1 = 19.0 \times 3.0 = 57 (\text{kPa})$

点 2: $\sigma_{c2} = \gamma_1 h_1 + \gamma_2 h_2 = 57 + (20.5 - 10) \times 2.2 = 80.1 (\text{kPa})$

点 3 顶: $\sigma_{c3顶} = \gamma_1 h_1 + \gamma_2 h_2 + \gamma_3' h_3 = 80.1 + (19.2 - 10) \times 2.5 = 103.1 (\text{kPa})$

点 3 底: $\sigma_{c3底} = \gamma_1 h_1 + \gamma_2 h_2 + \gamma_3 h_3 = 103.1 + (2.2 + 2.5) \times 10 = 150.1 (\text{kPa})$

点 4: $\sigma_{c4} = \gamma_1 h_1 + \gamma_2 h_2 + \gamma_3' h_3 + \gamma_3 h_3 + \gamma_4 h_4 = 150.1 + 22.0 \times 2 = 194.1 (\text{kPa})$

例题解析

①地下水位以上土的重度应选用土层的天然重度。

②透水层中地下水位以下土体重度应为浮重度 $\gamma' = \gamma_{sat} - \gamma_\omega$。

③若地下水位以下存在不透水层时,不透水层层面以上的自重应力求解与透水层土体的求法相同,不透水层层顶面内的自重应力有突变,即自重应力等于上覆水土的总重引起的应力。

二、基底压力的计算

土中的附加应力是由于建筑物荷载等作用所引起的应力增量,而建筑物荷载是通过基础传给地基的,在基础底面与地基之间产生接触压力,通常称为基底压力。它既是基础作用于地基表面的力,也是地基对于基础的反作用力。为了计算上部荷载在地基土层中引起的附加应力,首先应研究基底压力的大小与分布情况。

(一) 基底压力分布

精确确定基底压力数值大小与分布形态,是一个很复杂的问题。因为基础与地基不是一种材料、一个整体,两者的刚度相差很大,变形不能协调。此外,它还与基础的刚度、平面形状、尺寸大小、埋置深度及作用在基础上的荷载性质、大小和分布情况以及地基土的性质等众多因素有关。目前在弹性理论中主要是研究不同刚度的基础与弹性半空间表面间的接触压力分布问题。

柔性基础,一般是指刚度极小的基础,如土坝、路基及油罐薄板等。柔性基础就像放在地上的柔软薄膜,在垂直荷载的作用下没有抵抗弯曲变形的能力,基础随着地基一起变形。因此,柔性基础接触压力分布与其上部荷载的分布情况相同,在中心受压时为均匀分布,如图 2-3-4 所示。

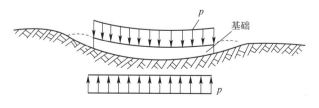

图 2-3-4　柔性基础基底压力分布

刚性基础是指基础本身刚度相对地基土来说很大,在受力后基础产生的挠曲变形很小,如块式整体基础和素混凝土基础等。刚性基础受荷载后基础不出现挠曲变形。由于地基与基础的变形必须协调一致,因此在调整基底沉降使之趋于均匀的同时,基底压力发生了转移。通常在中心荷载下,基底压力呈马鞍形分布,中间小而边缘大,如图2-3-5a)所示;当基础上的荷载较大时,基础边缘由于压力很大,使土产生塑性变形,边缘压力不再增加,而使中央部分继续增大,基底压力重新分布而呈抛物线形,如图2-3-5b)所示;若作用在基础上的荷载继续增大,接近于地基的破坏荷载时,压力图形又变成中部突出的钟形,如图2-3-5c)所示。若按上述情况去计算土中的附加压力,将使计算变得非常复杂。理论和实践均已证明:在荷载合力大小和作用点不变的前提下,基底压力的分布形状对土中附加压力分布的影响,在超过一定深度后就不显著了。因此,在实际计算中,可以假定基底压力分布呈直线变化,这就大大简化了土中附加压力的计算。

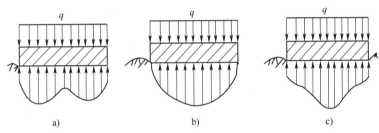

图2-3-5　刚性基础基底压力分布
a)马鞍形分布;b)抛物线形分布;c)钟形分布

(二)基底压力的简化计算

对于桥梁墩台基础以及工业与民用建筑中的柱下单独基础、墙下条形基础等扩展基础,均可视为刚性基础。这些基础,因为受地基容许承载力的限制,加上基础还有一定的埋置深度,其基底压力呈马鞍形分布,而且其发展趋向于均匀,故可近似简化为基底反力均匀分布。

1. 中心荷载作用下基底压力的计算

作用在基底上的荷载合力通过基底形心,基底压力假定为均匀分布,如图2-3-6所示,平均压力设计值p(kPa)可按式(2-3-9)计算。对于条形基础,可沿长度方向取1m计算,则式(2-3-9)中F、G代表每延米内的相应值(kN/m³)。

$$p = \frac{F + G}{A} \tag{2-3-9}$$

式中:F——基础上的竖向力设计值(kPa);

G——基础自重设计值及其上回填土重标准值总和(kN)($G = \gamma_G A d$,其中γ_G为基础及回填土之平均重度,一般取20kN/m³,地下水位以下部分应扣除10kN/m³的浮力;d为基础埋深,一般从室外设计地面或室内外平均设计地面算起);

A——基础底面的面积(m²),矩形基础$A = bl$,b和l分别为矩形基底的宽度和长度(m)。

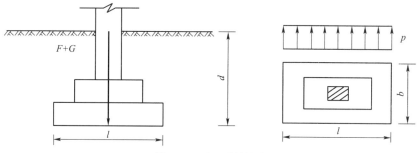

图 2-3-6　中心受压基础

【例题 2-3-2】　一条形基础底宽 1m，埋深 1m，作用于基础顶面的竖向力为 150kN/m，则基底压力为多少？

解：基底压力为

$$p = \frac{F+G}{A} = \frac{F}{b \times 1} + \frac{\gamma_G db \times 1}{b \times 1} = \frac{F}{b} + 20d = \frac{150}{1} + 20 \times 1 = 170 (kPa)$$

例题解析

计算基底压力时，如果荷载作用于基础顶面，注意别漏掉基础和其上覆土所产生的压力，基础和其上覆土体的平均重度按 20kN/m³ 计。

2. 偏心荷载作用下基底压力的计算

常见的偏心荷载作用于矩形基底的一个主轴上（称为单向偏心），可将基底长边方向取得与偏心方向一致，此时两短边边缘最大压力 p_{max} 与最小压力 p_{min} 设计值（kPa）可按材料力学短柱偏心受压公式计算，即

$$p_{\substack{max\\min}} = \frac{F+G}{A} \pm \frac{M}{W} = \frac{F+G}{A}\left(1 \pm \frac{6e}{l}\right) \tag{2-3-10}$$

式中：M——作用在基底形心上的力矩设计值（kN·m），$M = (F+G)e$，e 为荷载偏心距；

W——基础底面的抵抗矩（m³），对于矩形基础 $W = bl^2/6$。

从公式（2-3-10）可知，按荷载 e 的大小，基底压力的分布可能出现下述 3 种情况（图 2-3-7）。

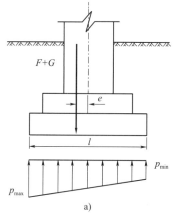 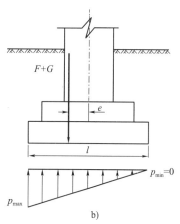

图　2-3-7

69

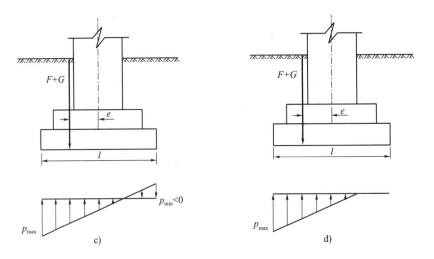

图 2-3-7　偏心受压基础

①当 $e < l/6$ 时，$p_{\min} > 0$，基底压力呈梯形分布，如图 2-3-7a)所示。

②当 $e = l/6$ 时，$p_{\min} = 0$，基底压力呈三角形分布，如图 2-3-7b)所示。

③当 $e > l/6$ 时，$p_{\min} < 0$，也即产生拉应力，如图 2-3-7c)所示，由于基底压力与地基之间不能承受拉应力，此时产生拉应力部分的基底将与地基土局部脱开，致使基底压力重新分布，根据偏心荷载与基底反力平衡的条件，荷载合力 $F + G$ 应通过三角形反力分布图的形心，如图 2-3-7d)所示，由此可得：

$$p_{\max} = \frac{2(F + G)}{3b\left(\dfrac{l}{2} - e\right)} \tag{2-3-11}$$

【例题 2-3-3】　已知基底底面尺寸为 4m×2m，基础底面处作用有上部结构传来的相应于荷载效应标准组合时的竖向力值为 700kN，合力的偏心距 0.3m，如图 2-3-8 所示，则基底压力为多少？

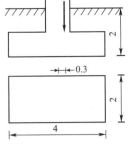

图 2-3-8　基底面积示意图

（尺寸单位:m）

解: $\dfrac{l}{6} = \dfrac{4}{6} = \dfrac{2}{3} > e = 0.3$，

$$p_{\substack{\max \\ \min}} = \frac{F + G}{A} \pm \frac{M}{W} = \frac{N}{A}\left(1 \pm \frac{6e}{l}\right)$$

$$= \frac{700}{4 \times 2} \times \left(1 \pm \frac{6 \times 0.3}{4}\right) = \frac{126.88}{48.13}\,(\mathrm{kPa})$$

例题解析

①判别 e 与 $l/6$ 的关系是关键。当 $e \leq l/6$ 时，$p_{\substack{\max \\ \min}} = \dfrac{N}{A}\left(1 \pm \dfrac{6e}{l}\right)$。

②对矩形基础，$W = bl^2/6$，其中 l 为力矩作用方向基础的边长。

③如荷载是作用于基础底面，则已包括了基础自重。

(三) 基底附加压力的计算

建筑物在建造前，地基土中早已存在自重应力。一般天然土层在自重应力作用下的变形早已结束,只有新增加于基底上的压力(即基底附加压力)才能引起地基的附加应力和变形。如果基础砌置在天然地面上,那么全部基底压力就是新增加于地基表面的基底附加压力,即

$$p_0 = p \qquad (2-3-12)$$

实际上,一般浅基础总是埋置在天然地面以下某一深度处(假定基础埋置深度为 d),则基底附加压力为

$$p_0 = p - \sigma_{cz} = p - \gamma d \qquad (2-3-13)$$

式中: p_0——基础底面的附加压力(kPa);

$\qquad p$——基础底面的接触压力(kPa);

$\qquad \gamma$——基础底面以上地基土的天然重度(kN/m^3);

$\qquad d$——基础的埋置深度(m)。

式(2-3-13)表明,在未修建基础之前,地面下深 d 处原已存在大小为 γ 的自重应力。当修建基础时,将这部分土挖除后又建基础,所以在建筑物基底处实际增加的压力为 $p - \gamma d$,即超过自重应力 γd 的为附加压力。

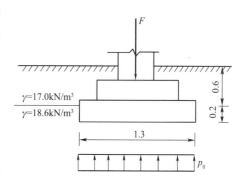

图 2-3-9 基底附加压力分布图(尺寸单位:m)

【例题 2-3-4】 若在如图 2-3-9 所示的土层上设计一条形基础,基础埋置深度 $d = 0.8m$,对应于荷载效应标准组合时,上部结构传至基础顶向竖向力 $F = 200kN/m$,基础宽度为 $1.3m$,则基底附加应力是多少?

解:基底压力: $p = \dfrac{F + G}{A} = \dfrac{200 + 20 \times 1.3 \times 0.8}{1.3} = 169.85$(kPa)

基底附加压力: $p_0 = p - \gamma d = 169.85 - (17.0 \times 0.6 + 18.6 \times 0.2) = 155.93$(kPa)

例题解析

①基底附加应力就是基底压力(接触压力)减去土的自重应力。

②计算基础自重时,基础混凝土与土的平均重度取 $20kN/m^3$。

③计算自重应力时,土层重度取天然重度,水下取浮重度。

三、地基中附加应力的计算

地基中附加应力是由建筑物荷载引起的应力增加,目前采用的附加应力计算方法是根据弹性理论推导出来的。弹性理论的研究对象是连续均质的、各向同性的半无限直线变形体,将基底附加压力或其他外荷载作为作用在弹性半空间表面的局部荷载,然后应用弹性力学公式便可求得地基土中的附加应力。

(一) 竖向集中应力作用下的地基附加应力

设在均匀的各向同性的半无限弹性体表面作用一竖向集中力 p,如图 2-3-10 所

示。在半无限弹性体内任一点 $M(x,y,z)$ 引起的应力和位移解由法国的布辛奈斯克（J. Boussinesq）根据弹性理论求得,共有 9 个应力分量和 3 个位移分量,其中竖向正应力 $\sigma_z(\mathrm{kPa})$ 为

$$\sigma_z = \frac{3Pz^3}{2\pi R^5} \tag{2-3-14}$$

式中:P——集中荷载(kN);

z——M 点距弹性体表面的深度(m);

R——M 点到力 P 的作用点 O 的距离(m)。

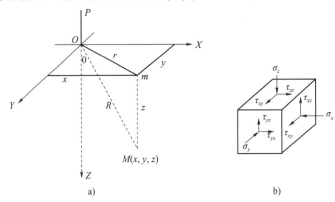

图 2-3-10   布辛奈斯克课题

如图 2-3-10 所示,XOY 平面为地面,M 点的坐标为 (x,y,z),从图中可以看出 $r = \sqrt{x^2 + y^2}$,$R = \sqrt{r^2 + z^2} = \sqrt{x^2 + y^2 + z^2}$。为计算方便通常把式(2-3-14)改写成:

$$\sigma_z = \frac{3}{2\pi \left[1 + \left(\frac{r}{z}\right)^2\right]^{5/2}} \times \frac{P}{z^2} = \alpha \frac{P}{z^2} \tag{2-3-15}$$

式中:α——应力系数,可由 $\frac{r}{z}$ 值查表 2-3-1 求得。

集中力作用下的竖向应力系数   表 2-3-1

r/z	α	r/z	α	r/z	α	r/z	α	r/z	α
0.00	0.4775	0.50	0.2733	1.00	0.0844	1.50	0.0251	2.00	0.0085
0.05	0.4745	0.55	0.2466	1.05	0.0744	1.55	0.0224	2.20	0.0058
0.10	0.4657	0.60	0.2214	1.10	0.0658	1.60	0.0200	2.40	0.0040
0.15	0.4516	0.65	0.1987	1.15	0.0581	1.65	0.0179	2.60	0.0029
0.20	0.4329	0.70	0.1762	1.20	0.0513	1.70	0.0160	2.80	0.0021
0.25	0.4103	0.75	0.1565	1.25	0.0454	1.75	0.0144	3.00	0.0015
0.30	0.3849	0.80	0.1386	1.30	0.0402	1.80	0.0129	3.50	0.0007
0.35	0.3577	0.85	0.1226	1.35	0.0357	1.85	0.0116	4.00	0.0004
0.40	0.3294	0.90	0.1083	1.40	0.0317	1.90	0.0105	4.50	0.0002
0.45	0.3011	0.95	0.0956	1.45	0.0282	1.95	0.0095	5.00	0.0001

此外,还有两个水平向正应力(σ_x,σ_y)及6个剪应力($\tau_{xy}=\tau_{yx}$,$\tau_{yz}=\tau_{zy}$,$\tau_{zx}=\tau_{xz}$)及3个位移分量公式,因用得较少,这里省略。

【例题2-3-5】 作用在地面上的集中荷载 $P=30\text{kN}$,试求:

(1)P 的作用线中 A、B、C、D、E 各点的竖向附加应力;

(2)深度为 $z=0.2\text{m}$ 的 a、b、c、d、e 各点的竖向附加应力;

(3)距荷载作用线为 $r=0.1\text{m}$ 竖直线上 1、2、3、4、5、6 各点的竖向附加应力。

以上各点的位置见表2-3-2~表2-3-4。

例题 2-3-5 所求点距地面深度 表2-3-2

所求点	A	B	C	D	E
距地面深度 $z(\text{cm})$	1	7	14	28	56

例题 2-3-5 所求点距力作用线的水平距离 表2-3-3

所求点	a	b	c	d	e
距力作用线的水平距离 $r(\text{cm})$	0	10	20	40	60

例题 2-3-5 所求点距地面的深度 表2-3-4

所求点	1	2	3	4	5	6
距地面深度 $z(\text{cm})$	0	2	5	10	20	40

解:(1)荷载作用线中各点应力。因为荷载作用线上各点的 $r=0$,$r/z=0$,查表2-3-1得 $\alpha=0.4775$。A 点的应力 $\sigma_z=\alpha\dfrac{P}{z^2}=0.4775\times\dfrac{30}{0.01^2}=143250(\text{kPa})$,其余各点应力列表计算见表2-3-5。

例题 2-3-5 所求各点的应力 表2-3-5

所求点	A	B	C	D	E
$z(\text{cm})$	0.01	0.07	0.14	0.28	0.56
$z^2(\text{cm}^2)$	0.0001	0.0049	0.0196	0.0784	0.3136
$\sigma_z=\dfrac{14.325}{z^2}(\text{kPa})$	143250	2923	731	183	46

由表2-3-5所得结果可绘出力作用线下的 σ_z 分布线,如图2-3-11所示。

(2)深度为 $z=0.2\text{m}$ 的各点应力:$\sigma_z=\alpha\dfrac{P}{z^2}=\alpha\dfrac{30}{0.2^2}=750\alpha(\text{kPa})$,由上式,各点应力列表计算见表2-3-6。

例题 2-3-5 $z=0.2\text{m}$ 时所求各点的应力 表2-3-6

所求点	a	b	c	d	e
$r(\text{m})$	0	0.1	0.2	0.4	0.6
r/z	0	0.5	1.0	2.0	3.0
α	0.4775	0.2733	0.0844	0.0085	0.0015
$\sigma_z=750\alpha(\text{kPa})$	358	205	63	6	1

由表 2-3-6 结果可绘出同一深度上距力作用线不同距离的各点的 σ_z 分布线,如图 2-3-12 曲线 I 所示。

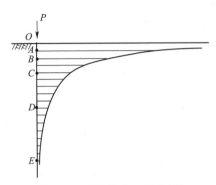

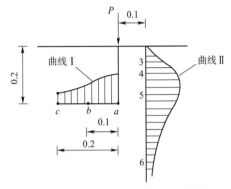

图 2-3-11 附加应力 σ_z 的分布线　　图 2-3-12 附加应力 σ_z 的分布曲线(尺寸单位:m)

(3)$r=0.1$m 竖线上各点的应力:

对点 1,由于 $z=0$,不能用式(2-3-15)计算,应直接用式(2-3-14)计算,可得 $\sigma_z=0$。

其余各点用式(2-3-15)计算,列表计算见表 2-3-7。

例题 2-3-5 $r=0.1$m 时竖线上各点的应力　　　　　表 2-3-7

所求点	2	3	4	5	6
r(m)	0.1	0.1	0.1	0.1	0.1
z	0.02	0.05	0.1	0.2	0.4
r/z	5	2	1	0.5	0.25
α	0.0001	0.0085	0.0844	0.2733	0.4103
z^2(m²)	0.0004	0.0025	0.01	0.04	0.16
$\sigma_z=\alpha\dfrac{P}{z^2}=\dfrac{30\alpha}{z^2}$(kPa)	7.5	102	253.2	205	76.9

由表 2-3-7 所得结果也可绘出在 $r=0.1$m 竖线上随深度变化的分布线,如图 2-3-12 曲线 II 所示。

例题解析

由例题 2-3-5 计算结果,可归纳出集中荷载作用下附加应力的分布规律:

①力作用线上,σ_z 值随深度增加而急剧减小。

②同一水平线上,距力的作用线越远,σ_z 值越小。

③在不通过力作用线的竖线上,σ_z 值随深度增加而变化的情况是:先由零开始增加,到某一深度达到最大值,然后又减小。

必须注意的是,布辛奈斯克公式不适用于 $R=0$ 这一点(集中力作用点),因为当 $R=0$ 时,按式(2-3-14),该点应力将为无限大。实际上在集中力作用点附近区域内,应力已远远超过土的应力与应变直线关系的比例极限了。理论上的集中力实际上是不存在的,因为实际荷载总要通过一定的接触面积,由一个物体传递给另一个物体。但当荷载作用面积相对作用物体来说为很小时,只要 $R\neq0$,式(2-3-14)仍是有意义的。此外,还需要指出的是,这里列出该公式的更重要的意义在于:当作用外荷载是具有一定面积的分布荷载,且外荷载分布具有一定规律时,可以根据该公式用积分法导出相应的计算公式,这在实际中常要用到;当荷载分布范围和大小变化都不规律时,只要将荷载在分布范围内分成若干单元小面积上的集中力,仍可利用式(2-3-14),求得土中任意点的附加应力。

若将空间 σ_z 相同的点连接成曲线,便可得到如图 2-3-13 所示的 σ_z 等值线(通过 P 作用线任意竖直面上),其空间曲面的形状如泡状,所以也称为应力泡。由此得知,集中力 P 在地基中引起的附加应力 σ_z 的分布是向下、向四周无限扩散开的,其值逐渐减小。曲线上所注的数值为该线上各点附加应力与基底应力之比值。

当地基表面作用有几个集中力时,可分别算出各集中力在地基中引起的附加应力,然后根据弹性体应力叠加原理求出附加应力的总和。图 2-3-14 中所示曲线 a 表示集中力 P_1 在 z 深度水平线上引起的应力分布,曲线 b 表示集中力 P_2 在同一水平线上引起的应力分布,把曲线 a 和曲线 b 相加得到曲线 c,就是该水平线上总的应力。

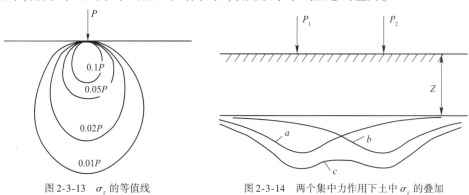

图 2-3-13　σ_z 的等值线　　　　图 2-3-14　两个集中力作用下土中 σ_z 的叠加

(二)局部面积上各种分布荷载作用下附加应力的计算

在实践中荷载很少以集中力的形式作用在地基上,往往是通过基础分布在一定面积上,如果基础底面的形状或者基础底面下的荷载分布是不规律的,就可以把分布荷载分割为若干单元面积上的集中力,然后应用布辛奈斯克公式和力的叠加原理计算土中应力。若基础底面的形状和分布荷载是有规律的,就可以应用积分法解得相应的公式来计算土中应力。

1. 矩形面积上竖向均布荷载作用下附加应力的计算

地基表面有一矩形面积,宽度为 B,长度为 L,其上作用着竖向均布荷载,荷载强度为 P,求地基内各点的附加应力 σ_z。

(1)角点下附加应力的计算。角点下的附加应力是指图 2-3-15 中,O、A、C、D 4 个角点下任意深度处的应力,同一深度 z 处 4 个角点下的应力 σ_z 都相同。将坐标的原点取在角点 O 上,在荷载面积内任取微分面积 $dA = dxdy$,并将其上作用的荷载以集中力 dP 代替,则 $dP = PdA = Pdxdy$。利用上式可求出该集中力在角点 O 以下深度 z 处 M 点引起的竖直向附加应力 $d\sigma_z$ 为

$$d\sigma_z = \frac{3dPz^3}{2\pi R^5} = \frac{3p}{2\pi} \frac{z^3}{(x^2+y^2+z^2)^{5/2}} dxdy \qquad (2\text{-}3\text{-}16)$$

于是有:

$$\sigma_z = \int_0^l \int_0^b \frac{3p}{2\pi} \frac{z^3}{(x+y+z)^{5/2}} \mathrm{d}x\mathrm{d}y$$

$$= \frac{p}{2\pi} \left[\frac{lbz(l^2+b^2+2z^2)}{(l^2+b^2)(b^2+z^2)\sqrt{l^2+b^2+z^2}} + \arcsin \frac{lb}{\sqrt{(l^2+z^2)(b^2+z^2)}} \right] \quad (2\text{-}3\text{-}17)$$

令

$$\alpha_s = \frac{1}{2\pi} \left[\frac{lbz(l^2+b^2+2z^2)}{(l^2+b^2)(b^2+z^2)\sqrt{l^2+b^2+z^2}} + \arcsin \frac{lb}{\sqrt{(l^2+z^2)(b^2+z^2)}} \right] \quad (2\text{-}3\text{-}18)$$

则得

$$\sigma_z = \alpha_s p \quad\quad\quad (2\text{-}3\text{-}19)$$

式中:α_s——矩形面积上均布荷载作用下角点附加应力系数,简称角点应力系数,可按表 2-3-8 查得(l 为矩形基底的长边,b 为短边)。

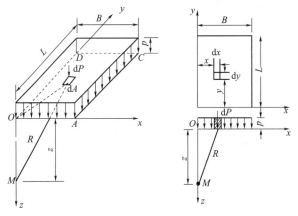

图 2-3-15　矩形面积均布荷载作用时角点下点的应力

矩形面积上均布荷载作用下角点附加应力系数 α_s　　　　表 2-3-8

z/b	l/b											
	1.0	1.2	1.4	1.6	1.8	2.0	3.0	4.0	5.0	6.0	10.0	条形
0	0.250	0.250	0.250	0.250	0.250	0.250	0.250	0.250	0.250	0.250	0.250	0.250
0.2	0.249	0.249	0.249	0.249	0.249	0.249	0.249	0.249	0.249	0.249	0.249	0.249
0.4	0.240	0.242	0.243	0.243	0.244	0.244	0.244	0.244	0.244	0.244	0.244	0.244
0.6	0.223	0.228	0.230	0.232	0.232	0.233	0.234	0.234	0.234	0.234	0.234	0.234
0.8	0.200	0.208	0.212	0.215	0.217	0.218	0.220	0.220	0.220	0.220	0.220	0.220
1.0	0.175	0.185	0.181	0.196	0.198	0.200	0.203	0.204	0.204	0.204	0.205	0.205
1.2	0.152	0.163	0.171	0.176	0.179	0.182	0.187	0.188	0.189	0.189	0.189	0.189
1.4	0.131	0.142	0.151	0.157	0.161	0.164	0.171	0.173	0.174	0.174	0.174	0.174
1.6	0.112	0.124	0.133	0.140	0.145	0.148	0.157	0.159	0.160	0.160	0.160	0.160
1.8	0.097	0.108	0.117	0.124	0.129	0.133	0.143	0.146	0.147	0.148	0.148	0.148
2.0	0.084	0.095	0.103	0.110	0.116	0.120	0.131	0.135	0.136	0.137	0.137	0.137
2.2	0.073	0.083	0.092	0.098	0.104	0.108	0.121	0.125	0.126	0.127	0.128	0.128

续上表

z/b	l/b											
	1.0	1.2	1.4	1.6	1.8	2.0	3.0	4.0	5.0	6.0	10.0	条形
2.4	0.064	0.073	0.081	0.088	0.093	0.098	0.111	0.116	0.118	0.118	0.119	0.119
2.6	0.057	0.065	0.072	0.079	0.084	0.089	0.102	0.107	0.110	0.111	0.112	0.112
2.8	0.060	0.069	0.077	0.083	0.089	0.093	0.106	0.111	0.114	0.104	0.105	0.115
3.0	0.045	0.052	0.058	0.065	0.069	0.073	0.087	0.093	0.096	0.097	0.099	0.099
3.2	0.040	0.047	0.052	0.058	0.063	0.067	0.081	0.087	0.090	0.092	0.093	0.094
3.4	0.013	0.042	0.048	0.053	0.057	0.061	0.075	0.081	0.085	0.086	0.088	0.089
3.6	0.033	0.038	0.043	0.048	0.052	0.056	0.069	0.076	0.080	0.082	0.084	0.084
3.8	0.030	0.035	0.040	0.044	0.048	0.052	0.065	0.072	0.075	0.077	0.080	0.080
4.0	0.027	0.032	0.036	0.040	0.044	0.048	0.060	0.067	0.071	0.073	0.076	0.076
4.2	0.025	0.029	0.033	0.037	0.041	0.044	0.056	0.063	0.067	0.070	0.072	0.073
4.4	0.023	0.027	0.031	0.034	0.038	0.041	0.053	0.060	0.064	0.066	0.069	0.070
4.6	0.021	0.025	0.028	0.032	0.035	0.038	0.049	0.056	0.061	0.063	0.066	0.067
4.8	0.019	0.023	0.026	0.029	0.032	0.035	0.046	0.053	0.058	0.060	0.064	0.064
5.0	0.018	0.021	0.024	0.027	0.030	0.033	0.044	0.050	0.055	0.057	0.061	0.061
6.0	0.013	0.015	0.017	0.020	0.022	0.024	0.033	0.039	0.043	0.046	0.051	0.052
7.0	0.010	0.011	0.013	0.015	0.016	0.018	0.025	0.031	0.036	0.038	0.043	0.043
8.0	0.007	0.009	0.010	0.011	0.013	0.014	0.020	0.025	0.028	0.031	0.037	0.039
9.0	0.006	0.007	0.008	0.009	0.010	0.011	0.016	0.020	0.024	0.026	0.032	0.032
10.0	0.005	0.006	0.007	0.007	0.008	0.009	0.013	0.017	0.020	0.022	0.028	0.028
12.0	0.003	0.004	0.005	0.005	0.006	0.006	0.009	0.012	0.014	0.017	0.022	0.026
14.0	0.002	0.003	0.003	0.004	0.004	0.005	0.007	0.009	0.011	0.013	0.018	0.023
16.0	0.002	0.002	0.003	0.003	0.003	0.004	0.005	0.007	0.009	0.010	0.014	0.020
18.0	0.001	0.002	0.002	0.002	0.003	0.003	0.004	0.006	0.007	0.008	0.012	0.018
20.0	0.001	0.001	0.002	0.002	0.002	0.002	0.004	0.005	0.006	0.007	0.010	0.016
25.0	0.001	0.001	0.001	0.001	0.001	0.002	0.002	0.003	0.004	0.004	0.007	0.013
30.0	0.001	0.001	0.001	0.001	0.001	0.001	0.002	0.002	0.003	0.002	0.005	0.011
35.0	0.000	0.000	0.001	0.001	0.001	0.001	0.001	0.002	0.002	0.002	0.004	0.009
40.0	0.000	0.000	0.000	0.000	0.001	0.001	0.001	0.001	0.001	0.002	0.003	0.008

（2）任意点的附加应力计算——角点法。角点法是指利用角点下的应力计算公式(2-3-19)和力的叠加原理,求解地基中任意点的附加应力的方法。如图 2-3-16 所示,列出计算点不位于角点下的 4 种情况(在图中 O 点以下任意深度 z 处)。计算时,通过 O 点把荷载面分成若干个矩形面积,O 点就是划分出的各个矩形的公共角点,然后按式(2-3-19)计算每个矩形角点下同一深度 z 处的附加应力 σ_z,并求其代数和。4 种情况的计算式分别如下:

①计算点 O 在荷载面边缘,如图 2-3-16a)所示。

$$\sigma_z = (\alpha_{sI} + \alpha_{sII})P \qquad (2\text{-}3\text{-}20)$$

②计算点 O 在荷载面内,如图 2-3-16b)所示。

$$\sigma_z = (\alpha_{sI} + \alpha_{sII} + \alpha_{sIII} + \alpha_{sIV})P \qquad (2\text{-}3\text{-}21)$$

③计算点 O 在荷载面边缘外侧,如图 2-3-16c)所示。

$$\sigma_z = [\alpha_{sI(ogbf)} + \alpha_{sIII(ogce)} - \alpha_{sII(ohaf)} - \alpha_{sIV(ohde)}]P \qquad (2\text{-}3\text{-}22)$$

④计算点 O 在荷载面角点外侧,如图 2-3-16d)所示。

$$\sigma_z = [\alpha_{sI(ohce)} - \alpha_{sII(ohbf)} - \alpha_{sIII(ogde)} + \alpha_{sIV(ogaf)}]P \qquad (2\text{-}3\text{-}23)$$

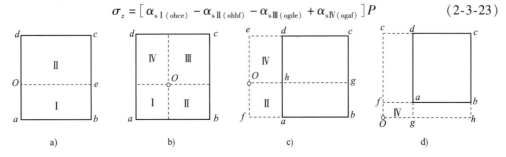

图 2-3-16 角点法计算均布矩形荷载下的地基附加应力

a)荷载面边缘;b)荷载面内;c)荷载面边缘外侧;d)荷载面角点外侧

【例题 2-3-6】 如图 2-3-17 所示,均布荷载 $P = 100\text{kN/m}^3$ 作用在面积为 $2\text{m} \times 1\text{m}$ 的矩形面积上,求荷载面积上角点 A、边点 E、中心点 O 和荷载面积外 F 点、G 点等各点下深度 $z = 1\text{m}$ 处的附加应力,并利用计算结果说明附加应力的扩散规律。

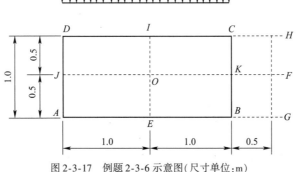

图 2-3-17 例题 2-3-6 示意图(尺寸单位:m)

解:(1)A 点下的应力。A 点是矩形 $ABCD$ 的角点,且 $\dfrac{l}{b} = \dfrac{2}{1} = 2$,$\dfrac{z}{b} = 1$,查表 2-3-8 得 $\alpha_s = 0.200$,故有:

$$\sigma_{zA} = \alpha_s p = 0.200 \times 100 = 20\,(\text{kN/m}^2)$$

(2)E 点下的应力。通过 E 点将矩形荷载面积分为两个相等矩形 $EADI$ 和 $EBCI$。求 $EADI$ 的角点应力系数 $\alpha_s: \dfrac{l}{b} = \dfrac{1}{1} = 1$,$\dfrac{z}{b} = \dfrac{1}{1} = 1$,查表 2-3-8 得 $\alpha_s = 0.175$,故有:

$$\sigma_{zE} = 2\alpha_s p = 2 \times 0.175 \times 100 = 35\,(\text{kN/m}^2)$$

(3)O 点下的应力。通过 O 点将矩形荷载面积分为 $OEAJ$、$OJDI$、$OICK$ 和 $OKBE$4 个

相等矩形。求 $OEAJ$ 的角点应力系数 α_s，由 $\dfrac{l}{b}=\dfrac{1}{0.5}=2$，$\dfrac{z}{b}=\dfrac{1}{0.5}=2$，查表 2-3-8 得 $\alpha_s=0.120$，故有：

$$\sigma_{zE}=4\alpha_s p=4\times0.120\times100=48(\mathrm{kN/m^2})$$

（4）F 点下的应力。通过 F 点作矩形 $FGAJ$、$FJDH$、$FGBK$ 和 $FKCH$。

设 $\alpha_{s\mathrm{I}}$ 为矩形 $FGAJ$ 和 $FJDH$ 的角点应力系数；$\alpha_{s\mathrm{II}}$ 为矩形 $FGBK$ 和 $FKCH$ 的角点应力系数。求得：

$$\alpha_{s\mathrm{I}}:\dfrac{l}{b}=\dfrac{2.5}{0.5}=5,\dfrac{z}{b}=\dfrac{1}{0.5}=2,\text{查表 2-3-8 得 }\alpha_{s\mathrm{I}}=0.136;$$

$$\alpha_{s\mathrm{II}}:\dfrac{l}{b}=\dfrac{0.5}{0.5}=1,\dfrac{z}{b}=\dfrac{1}{0.5}=2,\text{查表 2-3-8 得 }\alpha_{s\mathrm{II}}=0.084;$$

故有：$\sigma_{zF}=2(\alpha_{s\mathrm{I}}-\alpha_{s\mathrm{II}})p=2(0.136-0.084)\times100=10.4(\mathrm{kN/m^2})$。

（5）G 点下的应力。通过 G 点作矩形 $GADH$、$GBCH$，分别求出它们的角点应力系数 $\alpha_{s\mathrm{I}}$ 和 $\alpha_{s\mathrm{II}}$。求得：

$$\alpha_{s\mathrm{I}}:\dfrac{l}{b}=\dfrac{2.5}{1}=2.5,\dfrac{z}{b}=\dfrac{1}{1}=1,\text{查表 2-3-8 得 }\alpha_{s\mathrm{I}}=0.2015;$$

$$\alpha_{s\mathrm{II}}:\dfrac{l}{b}=\dfrac{1}{0.5}=2,\dfrac{z}{b}=\dfrac{1}{0.5}=2,\text{查表 2-3-8 得 }\alpha_{s\mathrm{II}}=0.12;$$

故有：$\sigma_{zF}=(\alpha_{s\mathrm{I}}-\alpha_{s\mathrm{II}})p=(0.2016-0.1202)\times100=8.15(\mathrm{kN/m^2})$。

将计算结果绘成图如图 2-3-18 所示，可以看出在矩形面积均布荷载作用时，土中附加应力 σ_z 的扩散规律：在荷载面积范围内产生附加应力，随深度 z 的增加而逐渐减小；超出荷载面积范围产生附加应力，随着深度 z 的增加，σ_z 从零开始逐渐增大，至一定深度后达到最大值；再随着深度 z 的增加而逐渐变小；在同一深度处，离荷载面积中线越远的点，其 σ_z 值越小。

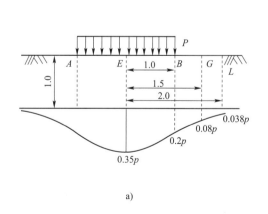
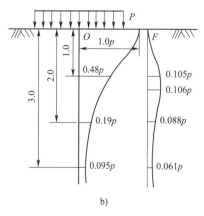

图 2-3-18 例题 2-3-6 附加应力计算结果示意图（尺寸单位：m）

例题解析

①关键是正确划分矩形，注意荷载叠加时，荷载作用的面积相加和相减后应与原受

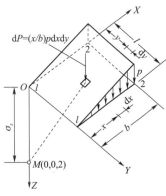

图 2-3-19 三角形分布矩形荷载下
土中应力 σ_z

荷面积相同。

②确定每个小矩形的长边和短边(特别注意 z/b,b 边永远都是短边),当计算点不是基础底面中心点时,每个小矩形的长边和短边不相同。

2. 矩形面积竖向三角形荷载

如图 2-3-19 所示,竖向荷载沿矩形面积一边 b 方向呈三角形分布(沿另一边 l 的方向的荷载分布不变),荷载的最大值为 p。取荷载零值边的角点为坐标原点,取微元面积 $\mathrm{d}F = \mathrm{d}x\mathrm{d}y$,作用于微元上的集中力 $\mathrm{d}P = \dfrac{x}{b}p\mathrm{d}x\mathrm{d}y$,

则有:

$$\sigma_z = \frac{3z^3}{2\pi}p \int_0^l \int_0^b \frac{\frac{x}{b}\mathrm{d}x\mathrm{d}y}{(x^2 + y^2 + z^2)^{5/2}}$$

$$= \frac{mn}{2\pi}\left[\frac{1}{\sqrt{m^2 + n^2}} - \frac{m^2}{(1 + m^2)\sqrt{1 + n^2 + m^2}}\right]p = \alpha_{ti}p \tag{2-3-24}$$

式中:a_{ti}——应力系数,$\alpha_{ti} = \dfrac{mn}{2\pi}\left[\dfrac{1}{\sqrt{m^2 + n^2}} - \dfrac{m^2}{(1 + m^2)\sqrt{1 + n^2 + m^2}}\right]$ 是 $\dfrac{z}{b}$ 和 $\dfrac{l}{b}$ 的函数,可查表 2-3-9 确定。

矩形面积上三角形分布荷载作用下角点附加应力系数 α_{t1} 和 α_{t2}　　　　表 2-3-9

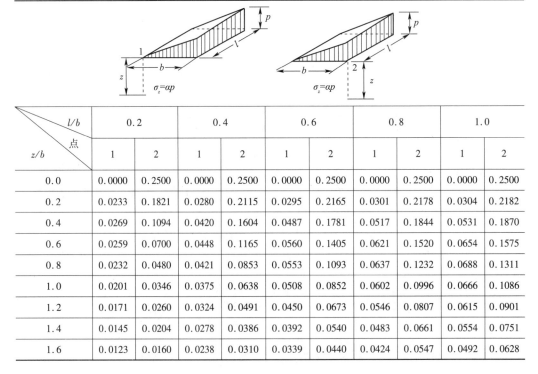

l/b 点 z/b	0.2		0.4		0.6		0.8		1.0	
	1	2	1	2	1	2	1	2	1	2
0.0	0.0000	0.2500	0.0000	0.2500	0.0000	0.2500	0.0000	0.2500	0.0000	0.2500
0.2	0.0233	0.1821	0.0280	0.2115	0.0295	0.2165	0.0301	0.2178	0.0304	0.2182
0.4	0.0269	0.1094	0.0420	0.1604	0.0487	0.1781	0.0517	0.1844	0.0531	0.1870
0.6	0.0259	0.0700	0.0448	0.1165	0.0560	0.1405	0.0621	0.1520	0.0654	0.1575
0.8	0.0232	0.0480	0.0421	0.0853	0.0553	0.1093	0.0637	0.1232	0.0688	0.1311
1.0	0.0201	0.0346	0.0375	0.0638	0.0508	0.0852	0.0602	0.0996	0.0666	0.1086
1.2	0.0171	0.0260	0.0324	0.0491	0.0450	0.0673	0.0546	0.0807	0.0615	0.0901
1.4	0.0145	0.0204	0.0278	0.0386	0.0392	0.0540	0.0483	0.0661	0.0554	0.0751
1.6	0.0123	0.0160	0.0238	0.0310	0.0339	0.0440	0.0424	0.0547	0.0492	0.0628

续上表

z/b ＼ l/b 点	0.2		0.4		0.6		0.8		1.0	
	1	2	1	2	1	2	1	2	1	2
1.8	0.0105	0.0130	0.0204	0.0254	0.0294	0.0363	0.0371	0.0457	0.0435	0.0534
2.0	0.0090	0.0108	0.0176	0.0211	0.0255	0.0304	0.0324	0.0387	0.0384	0.0456
2.5	0.0063	0.0072	0.0125	0.0140	0.0183	0.0205	0.0236	0.0265	0.0284	0.0318
3.0	0.0046	0.0051	0.0092	0.0100	0.0135	0.0148	0.0176	0.0192	0.0214	0.0233
5.0	0.0018	0.0019	0.0036	0.0038	0.0054	0.0056	0.0071	0.0071	0.0088	0.0091
7.0	0.0009	0.0010	0.0019	0.0019	0.0028	0.0029	0.0038	0.0038	0.0047	0.0047
10.0	0.0005	0.0004	0.0009	0.0010	0.0014	0.0014	0.0019	0.0019	0.0023	0.0024

z/b ＼ l/b 点	1.2		1.4		1.6		1.9		2.0	
	1	2	1	2	1	2	1	2	1	2
0.0	0.0000	0.2500	0.0000	0.2500	0.0000	0.2500	0.0000	0.2500	0.0000	0.2500
0.2	0.0305	0.2184	0.0305	0.2185	0.0306	0.2185	0.0306	0.2185	0.0306	0.2185
0.4	0.0539	0.1881	0.0543	0.1886	0.0545	0.1889	0.0546	0.1891	0.0547	0.1892
0.6	0.0673	0.1602	0.0684	0.1616	0.0690	0.1625	0.0696	0.1630	0.0696	0.1633
0.8	0.0720	0.1355	0.0739	0.1381	0.0751	0.1396	0.0759	0.1405	0.0764	0.1412
1.0	0.0708	0.1143	0.0735	0.1176	0.0753	0.1202	0.0766	0.1215	0.0774	0.1225
1.2	0.0664	0.0962	0.0698	0.1007	0.0721	0.1037	0.0738	0.1055	0.0749	0.1069
1.4	0.0606	0.0817	0.0644	0.0864	0.0672	0.0897	0.0692	0.0921	0.0707	0.0937
1.6	0.0545	0.0696	0.0586	0.0743	0.0616	0.0780	0.0639	0.0806	0.0656	0.0826
1.8	0.0487	0.0596	0.0528	0.0644	0.0560	0.0681	0.0585	0.0709	0.0604	0.0730
2.0	0.0434	0.0513	0.0474	0.0560	0.0507	0.0596	0.0533	0.0625	0.0553	0.0649
2.5	0.0326	0.0365	0.0362	0.0405	0.0393	0.0440	0.0419	0.0469	0.0440	0.0491
3.0	0.0249	0.0270	0.0280	0.0303	0.0307	0.0333	0.0331	0.0359	0.0352	0.0380
5.0	0.0104	0.0108	0.0120	0.0123	0.0135	0.0139	0.0148	0.0154	0.0161	0.0167
7.0	0.0056	0.0056	0.0064	0.0066	0.0073	0.0074	0.0081	0.0083	0.0089	0.0091
10.0	0.0028	0.0028	0.0033	0.0032	0.0037	0.0037	0.0041	0.0042	0.0046	0.0046

z/b ＼ l/b 点	3.0		4.0		6.0		8.0		10.0	
	1	2	1	2	1	2	1	2	1	2
0.0	0.0000	0.2500	0.0000	0.2500	0.0000	0.2500	0.0000	0.2500	0.0000	0.2500
0.2	0.0306	0.2186	0.0306	0.2186	0.0306	0.2186	0.0306	0.2186	0.0306	0.2186
0.4	0.0548	0.1894	0.0549	0.1894	0.0549	0.1894	0.0549	0.1894	0.0549	0.1894
0.6	0.0701	0.1638	0.0702	0.1639	0.0702	0.1640	0.0702	0.1640	0.0702	0.1640
0.8	0.0773	0.1423	0.0776	0.1424	0.0776	0.1426	0.0776	0.1426	0.0776	0.1426

续上表

z/b \ 点	3.0		4.0		6.0		8.0		10.0	
	1	2	1	2	1	2	1	2	1	2
1.0	0.0790	0.1244	0.0794	0.1284	0.0795	0.1250	0.0790	0.1250	0.0790	0.1250
1.2	0.0774	0.1096	0.0779	0.1103	0.0782	0.1105	0.0783	0.1105	0.0783	0.1105
1.4	0.0739	0.0973	0.0748	0.0982	0.0752	0.0986	0.0752	0.0987	0.0753	0.0987
1.6	0.0697	0.0870	0.0708	0.0882	0.0714	0.0887	0.0715	0.0888	0.0715	0.0889
1.8	0.0652	0.0782	0.0666	0.0797	0.0673	0.0805	0.0675	0.0808	0.0675	0.0808
2.0	0.0607	0.0707	0.0624	0.0726	0.0634	0.0734	0.0636	0.0736	0.0636	0.0738
2.5	0.0504	0.0559	0.0529	0.0585	0.0543	0.0601	0.0547	0.0604	0.0548	0.0605
3.0	0.0419	0.0451	0.0449	0.0482	0.0469	0.0504	0.0474	0.0509	0.0476	0.0511
5.0	0.0214	0.0221	0.0248	0.0256	0.0283	0.0290	0.0296	0.0303	0.0301	0.0309
7.0	0.0124	0.0126	0.0152	0.0154	0.0186	0.0190	0.0204	0.0207	0.0212	0.0216
10.0	0.0066	0.0066	0.0084	0.0083	0.0111	0.0111	0.0128	0.0130	0.0139	0.0141

同理,还可求得荷载最大值边的角点 2 下任意深度 z 处的竖向附加应力 σ_z 为

$$\sigma_z = \alpha_{t2}p = (\alpha_s + \alpha_{t1})p \qquad (2\text{-}3\text{-}25)$$

应力系数 α_{t2} 也是 z/b 和 l/b 的函数,查表 2-3-9 确定。应注意的是,b 是沿三角形分布荷载方向的边长。

【例题 2-3-7】 有一矩形面积($l=5\text{m}$,$b=3\text{m}$),三角形分布的荷载作用在地基表面,如图2-3-20a)所示,荷载最大值 $p=100\text{kPa}$,计算在矩形面积内 G 点下深度 $z=3\text{m}$ 处 M 点的竖向应力 σ_z 值。

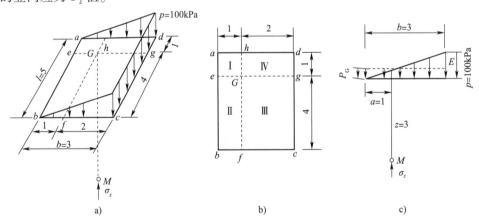

图 2-3-20 例题 2-3-7 示意图(尺寸单位:m)

解:通过点把 G 矩形受荷面积划分为 4 块,每块都有一个角点位于 G 点处,划分结果分别为 Ⅰ($aeGh$)、Ⅱ($ebfG$)、Ⅲ($Gfcg$)、Ⅳ($hGgd$)。其中,矩形面积 Ⅰ、Ⅱ 上作用的是三角形荷载,且计算点(G)位于三角形荷载的最大值 p_G 处,矩形面积 Ⅲ、Ⅳ 上作用的荷载为梯形荷载,将此梯形荷载看成是均布荷载与三角形荷载的叠加(计算点在三角形荷载的

零值处)。

根据几何原理可计算出 G 点处的荷载强度为 $p_G = (1/3)p$，下面分别按矩形分布荷载的角点法及三角形分布荷载的角点法计算应力系数，分别查表 2-3-8、表 2-3-9。计算结果见表 2-3-10 所列。

应 力 系 数 计 算 表 2-3-10

编 号	矩形面积	荷载分布形式	l/b	z/b	α_s 或 α_{t1}、α_{t2}
1	I	三角形	1/1 = 1	3/1 = 3	0.0233
2	II	三角形	4/1 = 4	3/1 = 3	0.0482
3	III	三角形	4/2 = 2	3/2 = 1.5	0.0682
4	III	矩形	4/2 = 2	3/2 = 1.5	0.1560
5	IV	三角形	2/1 = 2	3/1 = 1	0.0352
6	IV	矩形	2/1 = 2	3/1 = 3	0.0730

最后叠加求得 M 点的竖向应力 σ_z 为

$$\sigma_z = \frac{100}{3} \times (0.0233 + 0.0482 + 0.156 + 0.073) + \left(100 - \frac{100}{3}\right) \times (0.0682 + 0.0352)$$

$$= 16.91 (\text{kPa})$$

例题解析

①求解本例题需要通过两次叠加法计算，第一次是荷载作用面积的叠加，第二次是荷载分布图形的叠加。

②注意坐标轴原点的位置。

3. 圆形面积竖向均布荷载作用中心点下的附加应力计算

当圆形面积上作用于竖向均布荷载 P 时，荷载面积中心点 O 下任意深度 z 处 M 点的竖向附加应力 σ_z，仍可用式(2-3-14)，在圆面积内积分求得：

$$\sigma_z = \left\{ 1 - \frac{1}{[1 + (r/z)^2]^{3/2}} \right\} p \qquad (2\text{-}3\text{-}26)$$

或简写成为

$$\sigma_z = \alpha_r p \qquad (2\text{-}3\text{-}27)$$

式中：α_r——圆形均布荷载作用时，圆心点下的竖向应力系数，可查表 2-3-11 得到；

p——均布荷载强度(kPa)。

圆形面积上均布荷载作用下中点的竖向附加应力系数 α_r 值 表 2-3-11

r/z	α	r/z	α	r/z	α	r/z	α	r/z	α
0.0	1.000	0.5	0.911	1.0	0.647	1.5	0.424	2.0	0.285
0.1	0.999	0.6	0.864	1.1	0.595	1.6	0.390	2.1	0.264
0.2	0.992	0.7	0.811	1.2	0.547	1.7	0.360	2.2	0.245
0.3	0.976	0.8	0.756	1.3	0.502	1.8	0.332	2.3	0.229
0.4	0.949	0.9	0.701	1.4	0.461	1.9	0.307	2.4	0.210

r/z	α	r/z	α	r/z	α	r/z	α	r/z	α
2.5	0.200	3.1	0.138	3.7	0.101	4.3	0.076	4.9	0.059
2.6	0.187	3.2	0.130	3.8	0.096	4.4	0.073	5.0	0.057
2.7	0.175	3.3	0.124	3.9	0.091	4.5	0.070		
2.8	0.165	3.4	0.117	4.0	0.087	4.6	0.067		
2.9	0.155	3.5	0.111	4.1	0.083	4.7	0.064		
3.0	0.146	3.6	0.106	4.2	0.079	4.8	0.062		

(三) 条形面积上各种分布荷载作用下附加应力的计算

条形面积上的荷载是指承载面积宽度为 b，长度为无限延长的均布荷载，其值沿长度方向不变。实际上，当承载面积的长度 $l \geq 10b$ 时，即可认为是条形面积上的荷载。在计算土中任一点 M 的应力时，只与该点的平面坐标 (x,z) 有关，而与荷载长度方向 y 坐标无关。虽然在工程实践中不存在无限长条分布荷载，但一般常把房屋墙下条形基础、路堤和水坝等下面的地基中附加应力的计算，视作平面应变问题的计算。

1. 竖向均布线荷载

在地基土表面作用无限分布的均布线荷载 p，如图 2-3-21 所示。当计算土中任一点 M 的应力时，可以用布辛奈斯克公式(2-3-14)积分求得：

$$\sigma_z = \frac{3z^3}{2\pi}p\int_{-\infty}^{\infty}\frac{\mathrm{d}y}{[x^2+y^2+z^2]^{5/2}} = \frac{2z^3p}{\pi(x^2+z^2)^2} \tag{2-3-28}$$

式中：p——单位长度上的线荷载(kN/m)。

2. 竖向均布条形荷载

在土体表面作用均布条形荷载 p，其分布宽度为 b，如图 2-3-22 所示。当计算土中任一点 $M(x,z)$ 的竖向应力 σ_z 时，可以将式(2-3-28)在荷载分布宽度 b 范围内积分求得：

$$\sigma_z = \int_{-\frac{b}{2}}^{\frac{b}{2}}\frac{2z^3p\mathrm{d}\xi}{\pi[(x-\xi)^2+z^2]^2}$$

$$= \frac{p}{\pi}\left[\arctan\frac{1-2n}{2m} + \arctan\frac{1+2n}{2m} - \frac{4m(4n^2-4m-1)}{(4n^2+4m^2-1)^2+16m^2}\right] = \alpha_u p \tag{2-3-29}$$

式中：n——计算点距荷载分布图形中轴线的距离 x 与荷载分布宽度 b 的比值，$n=x/b$；

　　　m——计算点的深度 z 与荷载宽度 b 的比值，$m=z/b$；

　　　α_u——均布条形荷载下的附加应力系数，查表 2-3-12。

注意：坐标轴的原点是在均布荷载的中点处。

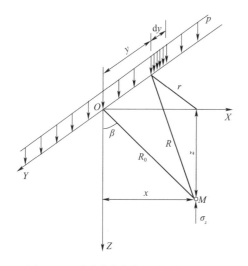

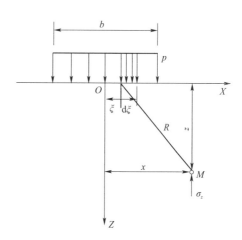

图 2-3-21 均布线荷载作用时土中应力计算　　图 2-3-22 均布条形荷载作用时土中应力计算(极坐标表示)

均布条形荷载下附加应力系数 α_u 值　　　　表 2-3-12

$m=\dfrac{z}{b}$ ＼ $n=\dfrac{x}{b}$	0.00	0.25	0.50	1.00	1.50	2.00
0.00	1.00	1.00	0.50	0	0	0
0.25	0.96	0.90	0.5	0.02	0	0
0.50	0.82	0.74	0.48	0.08	0.02	0
0.75	0.67	0.61	0.45	0.15	0.04	0.02
1.00	0.55	0.51	0.41	0.19	0.07	0.03
1.25	0.46	0.44	0.37	0.20	0.10	0.04
1.50	0.40	0.38	0.33	0.21	0.11	0.06
1.75	0.35	0.34	0.30	0.21	0.13	0.07
2.00	0.31	0.31	0.28	0.20	0.13	0.08
3.00	0.21	0.21	0.20	0.17	0.14	0.10
4.00	0.16	0.16	0.15	0.14	0.12	0.10
5.00	0.13	0.13	0.12	0.12	0.11	0.09
6.00	0.11	0.10	0.10	0.10	0.10	—

3. 竖向三角形分布条形荷载

当条形荷载沿承压面积宽度方向呈三角形分布而沿长度方向不变时,如图 2-3-23 所示,其最大值为 p,计算土中 $M(x,z)$ 的竖向应力 σ_z 时,可按上述均布条形荷载的推导方

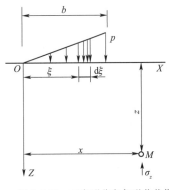

图 2-3-23　三角形分布条形荷载作用下土中竖向应力 σ_z 计算

法,解得荷载分布宽度 b 范围内的附加应力计算公式为

$$\sigma_z = \frac{p}{\pi}\left[n\left(\arctan\frac{n}{m} - \arctan\frac{n-1}{m}\right) - \frac{m(n-1)}{(n-1)^2 + m^2}\right]$$

$$= \alpha_0 p \qquad\qquad (2\text{-}3\text{-}30)$$

式中:n——从计算点到荷载强度零点的水平距离 x 与荷载分布宽度 b 的比值,$n = x/b$;

　　　m——计算点的深度 z 与荷载宽度 b 的比值,$m = z/b$;

　　　α_0——三角形分布荷载下的附加应力系数,查表2-3-13求得。

注意:坐标轴的原点在三角形荷载的零点处。

三角形分布条形荷载下附加应力系数 α_0 值　　　　表 2-3-13

$n=\dfrac{x}{b}$　　$m=\dfrac{z}{b}$	−1.5	−1.0	−0.5	0.0	0.25	0.50	0.75	1.0	1.5	2.0	2.5
0.00	0.000	0.000	0.000	0.000	0.250	0.500	0.750	0.500	0.000	0.000	0.000
0.25	0.000	0.000	0.001	0.075	0.256	0.480	0.643	0.424	0.017	0.003	0.000
0.50	0.002	0.003	0.023	0.127	0.263	0.410	0.477	0.353	0.056	0.017	0.003
0.75	0.006	0.016	0.042	0.153	0.248	0.335	0.361	0.293	0.108	0.024	0.009
1.00	0.014	0.025	0.061	0.159	0.223	0.275	0.279	0.241	0.129	0.045	0.013
1.50	0.020	0.048	0.096	0.145	0.178	0.200	0.202	0.185	0.124	0.062	0.041
2.00	0.033	0.061	0.092	0.127	0.146	0.155	0.163	0.153	0.108	0.069	0.050
3.00	0.050	0.064	0.080	0.096	0.103	0.104	0.108	0.104	0.090	0.071	0.050
4.00	0.051	0.060	0.067	0.075	0.078	0.085	0.082	0.075	0.073	0.060	0.049
5.00	0.047	0.052	0.057	0.059	0.062	0.063	0.063	0.065	0.061	0.051	0.047
6.00	0.041	0.041	0.050	0.051	0.052	0.053	0.053	0.053	0.050	0.050	0.045

4.梯形分布条形荷载

梯形分布荷载可视为由条形均布荷载和三角形分布荷载两部分组成。对于土中任意点的附加应力可根据叠加原理按式(2-3-29)和式(2-3-30)计算,再叠加即可。

【例题 2-3-8】 某条形基础如图 2-3-24 所示,基础埋深 $d = 1.3\text{m}$,其上作用 $F = 348\text{kN}$,$M = 50\text{kN·m}$,试求基础中心点下的附加应力。

解:(1)求基底附加压力。

基础及上覆土重：

$$G = 2 \times 1.3 \times 20 = 52(\text{kN})$$

偏心距：

$$e = \frac{M}{F+G} = \frac{50}{348+52} = 0.125(\text{m}) < \frac{b}{6} = \frac{2}{6} = \frac{1}{3}(\text{m})$$

基底压力：

$$p_{\max} = \frac{F+G}{b}\left(1 + \frac{6e}{b}\right) = \frac{348+52}{2}\left(1 + \frac{6 \times 0.125}{2}\right)$$
$$= 275(\text{kPa})$$

$$p_{\min} = \frac{F+G}{b}\left(1 - \frac{6e}{b}\right) = \frac{348+52}{2}\left(1 - \frac{6 \times 0.125}{2}\right)$$
$$= 125(\text{kPa})$$

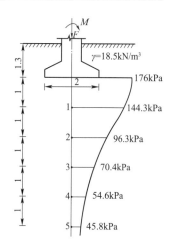

图 2-3-24 例题 2-3-8 示意图

（尺寸单位：m）

基底附加压力：

$$p_{0\max} = p_{\max} - \gamma d = 275 - 18.5 \times 1.3 = 251(\text{kPa})$$
$$p_{0\min} = p_{\min} - \gamma d = 125 - 18.5 \times 1.3 = 101(\text{kPa})$$

（2）求基础中心点下的附加压力。

将梯形分布的基底附加压力视为由均布荷载和三角形分布荷载两部分组成，其中均布荷载 $p = 101\text{kPa}$；三角形分布荷载 $p = 150\text{kPa}$。试分别计算 $z = 0$、1、2、3、4、5（m）处的附加应力，查表 2-3-12、表 2-3-13。将计算结果列于表 2-3-14 中。

基础中心点下的附加应力值 表 2-3-14

点号	深度 z（m）	$\dfrac{z}{b}$	均布荷载 $p=101\text{kPa}$			三角形分布荷载 $p=150\text{kPa}$			$\sigma = \sigma'_z + \sigma''_z$（kPa）
			$\dfrac{x}{b}$	α_u	σ'_z	$\dfrac{x}{b}$	α_0	σ''_z	
0	0	0	0	1.00	101	0.5	0.500	75.0	176.0
1	1.0	0.5	0	0.82	82.8	0.5	0.410	61.5	144.3
2	2.0	1.0	0	0.55	55.6	0.5	0.275	41.3	96.9
3	3.0	1.5	0	0.40	40.4	0.5	0.200	30.0	70.4
4	4.0	2.0	0	0.31	31.3	0.5	0.155	23.3	54.6
5	5.0	2.5	0	0.26	26.3	0.5	0.130	19.5	45.8

例题解析

本例题如果利用对称性和叠加原理，取平均附加力 $\overline{p} = 176\text{kPa}$ 进行计算，将会得到相同的计算结果，而且计算更简便。

**思考练习题**

1. 研究土中应力的目的是什么？

2.什么是土的自重应力和附加应力?它们沿深度的分布特点是什么?

3.地下水位变化对自重应力有何影响?

4.对水下土层,计算自重应力时应如何采用它的重度?

5.基底压力分布与哪些因素有关?中心受压基础和偏心受压基础在实际计算中应采用怎样的分布图形及简化计算方法?

6.基底压力和基底附加压力有何区别?如何计算基底附加压力?

7.甲、乙两个基础,基底附加压力相同,若甲基础底面尺寸大于乙基础,那么在同一深度处两者的附加压力有何不同?

8.在矩形面积荷载作用下,如何利用角点法求土中任意点的附加应力?

9.某建筑场地的土层分布均匀,地下水位在地面下2m深处;第一层杂填土厚1.5m,$\gamma=17kN/m^3$;第二层粉质黏土厚4m,$\gamma=19kN/m^3$;第三层淤泥质黏土厚8m,$\gamma=18kN/m^3$;第四层粉土厚8m,$\gamma=19.5kN/m^3$;第五层砂岩(透水)未钻穿;则第四层底的竖向有效自重应力为多少?

10.计算图2-3-25中所示地基中的自重应力,并绘出其分布图。已知土的性质:细砂:$\gamma=17.5kN/m^3$,$\gamma_{sat}=17.5kN/m^3$,$w=20\%$;黏土:$\gamma=18kN/m^3$,$\gamma_{sat}=27.2kN/m^3$,$w=22\%$,$w_L=48\%$,$w_P=24\%$。

11.已知基底底面尺寸为$4m\times3m$,基础顶面作用有上部结构传来的相应于荷载效应标准组合时的竖向力和力矩,分别为500kN、150kN·m,如图2-3-26所示,基础埋深2m,则基底压力为多少?

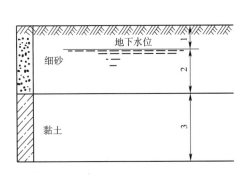

图2-3-25 题10图(尺寸单位:m)

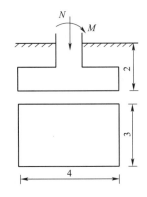

图2-3-26 题11图(尺寸单位:m)

12.某构筑物基础,如图2-3-27所示,在设计地面高程处作用有上部结构传来的相应于荷载效应标准组合时的偏心竖向力680kN,偏心距1.31m,基础埋深为2m,底面尺寸$4m\times2m$,则基底最大压力为多少?

13.如图2-3-28所示,矩形面积ABCD上作用的均布荷载为100kPa,求H点下深为2m处的竖向附加应力σ_z。

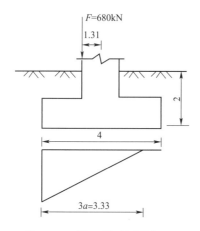

图 2-3-27 题 12 图(尺寸单位:m)

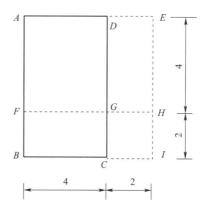

图 2-3-28 题 13 图(尺寸单位:m)

单元四 土的压缩性及地基沉降计算

教学目标

掌握土的压缩性指标的定义;熟悉计算地基变形的方法;能进行压缩指标的测定,并结合工程实际评价地基土的压缩性高低。

重点难点

土的压缩性指标;应力面积法计算地基沉降量。

地基土在建筑物的荷载作用下产生变形,建筑物基础亦随之沉降。土体的变形或沉降主要与两方面因素有关:一方面与荷载作用情况有关,由于外荷载的作用,改变了地基原有的应力状态(产生了附加应力),导致地基土体变形;另一方面与地基土的变形特性有关,一般天然地基土由土粒、水和空气三相物质组成,具有一定的散粒性和压缩性,因而地基承受基础传来的压力后,会产生压密变形,建筑物将随之产生一定的沉降。地基的沉降可分为均匀沉降和不均匀沉降。均匀沉降一般对路桥工程的上部结构危害较小,但过量的均匀沉降也会导致路面高程降低、桥下净空减少而影响正常使用;不均匀沉降则会导致建筑物某些部位开裂、倾斜甚至倒塌。

一、土的压缩性及压缩指标

(一)土的压缩性概念

土的压缩性是指在外荷载作用下,土体产生体积压缩的性质。也可以说它是反映土中应力变化与其变形之间关系的一种工程性质。简单定义为土体的压缩性就是土体在压力作用下体积缩小的性质。由于地基土是三相体(完全饱和土是二相体),因此土体受

力压实后,其压缩变形包括:

(1)由于土粒及孔隙水和空气本身的压缩变形,试验研究表明,在一般压力(100~600kPa)作用下,这种压缩变形占总压缩量的比例甚微,可忽略不计。

(2)土中部分孔隙水和空气被挤出,使土粒产生相对位移,重新排列压密。同时还可能有部分封闭气体被压缩或溶解于孔隙水中,使孔隙体积减小,从而导致土的结构产生变形,因此这是引起土体压缩的主要原因。

需要指出的是,土的压缩变形需要一定的时间才能完成,对于无黏性土,压缩过程所需的时间较短;而对于饱和黏性土,由于透水性小,水被挤出的较慢,压缩过程所需要的时间相当长,可能需几年甚至几十年才能达到压缩稳定。因此,在压力作用下,土体压缩量随时间增长的过程,称为土的固结。

(二)土的压缩性指标

1.压缩试验与压缩曲线

土的室内压缩试验又称为固结试验,采用压缩仪来测量土的压缩性,压缩仪的结构

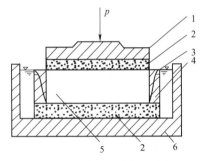

图 2-4-1 侧限压缩仪试验装置

1-加压板;2-透水石;3-环刀;4-刚性护环;

5-土样;6-底座

如图 2-4-1 所示(试验方法见附录 A-8)。试验时将切有土样的环刀置于刚性护环中,由于金属环刀及刚性护环的限制,使得土样在竖向压力作用下只能发生竖向变形,而无侧向变形。在土样上下放置的透水石是土样受压后排出孔隙水的两个界面。压缩过程中竖向压力通过刚性板施加给土样,土样产生的压缩量可通过百分表测量。常规压缩试验通过逐级加荷进行试验,常用的分级加荷量 p 为 50kPa、100kPa、200kPa、300kPa 和 400kPa。任一级压力作用下,待试样沉降稳定(约需 24h)测量其压缩变形量后,才能施加下一级荷载,最后一级荷载的大小,原则上应略大于土样在土体中相应深度位置处的自重应力和附加应力之和。

根据压缩过程中土样变形与土的三相指标的关系,可以得到 $\Delta H \sim p$ 的关系及土样相应的孔隙比与加荷等级之间的 $e \sim p$ 关系。如图 2-4-2 所示,设土样的初始高度为 H_0,在荷载 p 作用下土样稳定后的总压缩量为 ΔH,假设土粒体积 $V_s = 1$(不变),根据土的孔隙比的定义,则受压前后土孔隙体积 V_v 分别为 e_0 和 e,根据荷载作用下土样压缩稳定后总压缩量 ΔH,可求出相应的 e 孔隙比的计算公式(因为受压前后土粒体积不变和土样横截面积不变,所以试验前后试样中固体颗粒所占的高度不变),即

$$\frac{H_0}{1+e_0} = \frac{H_0 - \Delta H}{1+e} \tag{2-4-1}$$

于是可得到:

$$e = e_0 - \frac{\Delta H}{H_0}(1+e_0) \tag{2-4-2}$$

式中,$e_0 = \dfrac{\rho_s(1+w_0)}{\rho_w} - 1$,其中 ρ_s、w_0、ρ_w 分别为土粒密度、土样的初始含水率及初始

密度,它们可根据室内试验测定。

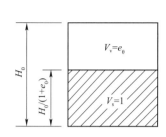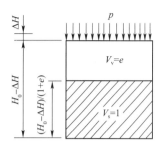

图 2-4-2　压缩试验中土样孔隙比的变化

这样,根据式(2-4-2)即可算出各级压力作用下相应的孔隙比 e,然后以孔隙比 e 为纵坐标,以压力 p 为横坐标,根据试验结果绘出土的 e-p 曲线,如图 2-4-3 所示。压缩曲线的形状可以反映出土的压缩性高低,若曲线平缓,表示土的压缩性低;若曲线较陡,则表示土的压缩性高。

2. 压缩指标

(1)压缩系数 a。压缩曲线反映了土的压缩变形过程和土的压缩性质,同时也反映了土的孔隙比 e 随压力的增大而减小的变化规律。当压力变化范围不大时,对应的曲线 M_1M_2 段可近似地用直线代替,如图 2-4-3 中所示的 M_1M_2。当压力由 p_1 增至 p_2 时,相应的孔隙比由 e_1 减小到 e_2,则压缩系数 a(MPa^{-1})近似地取压缩曲线上 $\overline{M_1M_2}$ 割线的斜率,即

$$a = \frac{\Delta e}{\Delta p} = \frac{e_1 - e_2}{p_2 - p_1} \tag{2-4-3}$$

式(2-4-3)表示孔隙比随压力的增加而减小的规律。

严格地说,压缩系数 a 不是常数,在低应力状态下土的压缩性高,随着压力的增加,土体逐渐被压密,压缩性降低。工程实用上常以 $p = 100 \sim 200\mathrm{kPa}$ 时的压缩系数 a_{1-2} 作为评价土层压缩性的标准。为衡量不同土的压缩性高低,按 a_{1-2} 值的大小,通常将土的压缩性分为 3 级,即当 $a_{1-2} < 0.1\mathrm{MPa}^{-1}$ 时为低压缩性土;当 $0.1\mathrm{MPa}^{-1} \leqslant a_{1-2} < 0.5\mathrm{MPa}^{-1}$ 时为中压缩性土;当 $a_{1-2} \geqslant 0.5\mathrm{MPa}^{-1}$ 时为高压缩性土。

(2)压缩指数 C_c。土的固结试验的结果也可以绘在半对数坐标上(图 2-4-4),即横坐标轴 p 用对数坐标,而纵轴 e 用普通坐标,由此得到的压缩曲线称为 e-$\lg p$ 曲线。大量的试验研究表明,e-$\lg p$ 曲线的后半段近似地为一直线,该直线的斜率就称为土的压缩指数 C_c,即

$$C_\mathrm{c} = \frac{\Delta e}{\Delta \lg p} = \frac{e_1 - e_2}{\lg p_2 - \lg p_1} \tag{2-4-4}$$

式中:　C_c——无量纲,对于一种土,C_c 为常数,压缩指数 C_c 值越大,土的压缩性越高。

　　　　　一般认为,当 $C_\mathrm{c} > 0.4$ 时,为高压缩性土;当 $C_\mathrm{c} < 0.2$ 时,为低压缩性土;

　　　　　当 $0.2 \leqslant C_\mathrm{c} \leqslant 0.4$ 时,为中等压缩性土。

e_1、e_2、p_1、p_2——可取 e-$\lg p$ 曲线的直线段上任意两点的相应值。

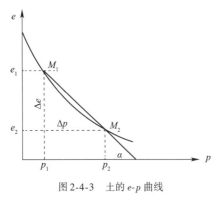

图 2-4-3 土的 e-p 曲线

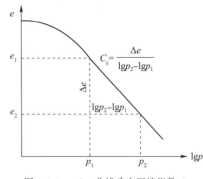

图 2-4-4 e-$\lg p$ 曲线确定压缩指数 C_c

(3)压缩模量 E_s。压缩模量 E_s 是指土体在侧限条件下,其竖向压力的变化增量与相应竖向应变增量的比值。

$$E_s = \frac{\Delta p}{\Delta \varepsilon} = \frac{(1+e_1)(p_2-p_1)}{e_1-e_2} = \frac{1+e_1}{a} \quad (2-4-5)$$

土的压缩模量 E_s 与土的压缩系数 a 成反比,E_s 越大,a 越小,土的压缩性越低。当 $E_s > 15\text{MPa}$ 时,为低压缩性土;当 $15\text{MPa} \geqslant E_s > 4\text{MPa}$ 时,为中压缩性土;当 $E_s < 4\text{MPa}$ 时,为高压缩性土。

3. 现场载荷试验方法

当地基土为粉土、砂土和软土时,取原状土样很困难,室内侧限压缩试验就不适应了,应采用载荷试验和旁压试验。现场载荷试验(图 2-4-5)是在工程现场通过千斤顶逐级对置于地基土上的载荷板施加荷载,观测记录沉降随时间的发展以及稳定时的沉降量 S,将上述试验得到的各级荷载与相应的稳定沉降量绘制成 p-S 曲线,获得地基土载荷试验的结果,如图 2-4-6 所示。从图 2-4-6 中可以看出,载荷板的沉降量随压力的增加而增加;当压力小于 p_{cr} 时,沉降量与荷载应力近似成正比关系。a 点对应的荷载 p_{cr} 称为临塑荷载,此时土在压密阶段;a 点之后呈曲线关系,地基土中产生塑性区,此时土体开始产生破坏。当 $p < p_{cr}$ 时,地基变形可以看成弹性变形,利用弹性力学公式计算土的变形模量 E_0 为:

$$E_0 = w(1-\mu^2)\frac{p_{cr}b}{S_1} \times 10^{-3} \quad (2-4-6)$$

式中:w——沉降量系数,方形载荷板为 0.88,圆形载荷板为 0.79;

μ——土的泊松比,砂土可取 0.2~0.25,黏性土可取 0.25~0.45;

p_{cr}——p-S 曲线 a 点所对应的荷载(kPa),为临塑荷载;

S_1——临塑荷载所对应的沉降量(mm);

b——载荷板的宽度或直径(mm)。

变形模量 E_0 表示土体在无侧限条件下应力与应变之比,它相当于理想弹性体的弹性模量,它的大小反映了土体抵抗弹塑性变形的能力。

载荷试验一般适合在浅土层进行。其优点是压力的影响深度可达 $1.5 \sim 2b$(b 为载荷板的宽度或直径),因而试验成果反映较大一部分土体的压缩性,比钻孔取样的室内测试试验对土的扰动小得多,土中应力状态在载荷板较大时与实际地基情况比较接近;其缺点是试验工作量大、费时久,所规定的沉降稳定标准也带有较大的近似性。

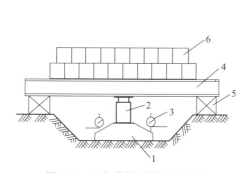

图 2-4-5　现场载荷试验装置示意图

1-载荷板;2-千斤顶;3-百分表;4-反力梁;

5-枕木垛;6-压重

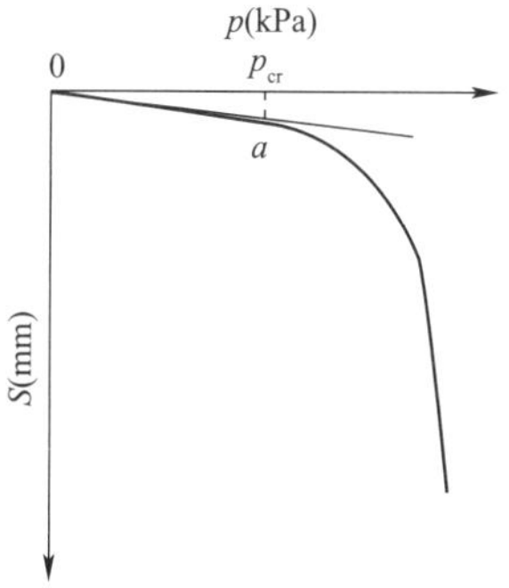

图 2-4-6　荷载强度与下沉量关系

二、地基沉降量的计算

地基最终沉降量是指地基土层在荷载作用下,达到压缩稳定时地基表面的沉降量。一般地基土在自重作用下已达到压缩稳定,产生地基沉降的外因是建筑物荷载在地基中产生的附加应力;内因是土为散体材料,在附加压力的作用下,土层发生压缩变形,引起地基沉降。计算地基沉降的目的是确定建筑物的最大沉降量、沉降差和倾斜,判断其是否超出容许的范围,为建筑物设计时采用相应的措施提供依据,保证建筑物的安全。计算地基最终沉降量的方法有普通的分层总和法和地基规范法。

(一)分层总和法

1.计算假定

(1)地基中划分的各薄层均在无侧向膨胀情况下产生竖向压缩变形。这样计算基础沉降时,就可以使用室内固结试验的成果,如压缩模量、e-p 曲线。

(2)基础沉降量按基础底面中心垂线上的附加应力进行计算。实际上基底以下同一深度上偏离中垂线的其他各点的附加应力均比中垂线上的要小,这样会使计算结果比实际稍偏大,可以抵消一部分由基本假定所造成的误差。

(3)对于每一薄层来说,从层顶到层底的应力是变化的,计算时均近似地取层顶和层底应力的平均值。划分的土层越薄,由这种简化所产生的误差就越小。

(4)只计算"压缩层"范围内的变形。所谓"压缩层"是指基础底面以下地基中有显著变形的那部分土层。由于基础下引起土体变形的附加应力是随着深度的增加而减小,自重应力则相反。因此到一定深度后,地基土的应力变化值已不大,相应的压缩变形也就很小,计算基础沉降时可将其忽略不计。这样,从基础底面到该深度之间的土层,就被称为"压缩层"。压缩层的厚度称为压缩层的计算深度。

2.计算步骤

(1)划分计算薄层。计算薄层的厚度通常为基底宽度的 0.4 倍,但土层分界面和地下水位面应是计算薄层层面,同时也不宜大于 2m。

(2)计算各分层界面处基底中心下竖向附加应力 σ_{zi} 和自重应力 σ_{czi}。土自重应力应从天然地面起算。

(3)确定压缩层厚度 Z_n。压缩层厚度是指基础底面以下需要计算压缩变形的土层厚度,一般取地基附加应力等于0.2倍竖向自重应力的深度处作为压缩层厚度的下限值;若在该深度以下为高压缩性土,则应取地基竖向附加应力等于0.1倍竖向自重应力的深度作为压缩层厚度的下限值。

(4)计算各分层土的平均自重应力 $\overline{\sigma}_{czi} = (\sigma_{czi-1} + \sigma_{czi})/2$ 和平均附加应力 $\overline{\sigma}_{zi} = (\sigma_{zi-1} + \sigma_{zi})/2$。

(5)令 $p_{1i} = \overline{\sigma}_{czi}$,$p_{2i} = \overline{\sigma}_{czi} + \overline{\sigma}_{ci}$,从该土层的压缩曲线中由 p_{1i} 及 p_{2i} 查出相应的 e_{1i} 和 e_{2i}。

(6)计算各分层土的压缩量 S_i,可用以下公式:

$$\Delta S_i = \frac{\Delta e_i}{1 + e_{1i}} H_i = \frac{e_{1i} - e_{2i}}{1 + e_{1i}} H_i \tag{2-4-7}$$

$$e_{1i} - e_{2i} = a(p_{2i} - p_{1i}) = a\,\overline{\sigma}_{si} \tag{2-4-8}$$

$$\Delta S_i = \frac{a_i}{1 + e_{1i}} \overline{\sigma}_{si} H_i = \frac{\overline{\sigma}_{si}}{E_{si}} H_i \tag{2-4-9}$$

式中:S_i——第 i 分层土的压缩量;

$\quad\quad E_{si}$——第 i 分层土的侧限压缩模量(kPa);

$\quad\quad H_i$——第 i 分层土的计算厚度(mm);

$\quad\quad a_i$——第 i 分层土的压缩系数(kPa^{-1});

$\quad\quad e_{1i}$——第 i 分层土在建筑物建造前,所受平均自重应力作用下的孔隙比;

$\quad\quad e_{2i}$——第 i 分层土在建筑物建造后,所受平均自重应力与附加应力共同作用下的孔隙比。

(7)计算基础的总沉降量。

$$S = \sum_{i=1}^{n} \Delta S_i \tag{2-4-10}$$

式中:n——沉降计算深度范围内的分层数。

(二)按《公路桥涵地基与基础设计规范》(JTG 3363—2019)计算地基沉降量(应力面积法)

采用分层总和法计算地基沉降量,与实际沉降值相比,对于中等地基,该方法的计算值与实际值比较接近;但对于软弱地基,计算值远小于实际值;对于坚硬地基,计算值又远大于实际值。主要原因是计算原理的几点假定与实际情况不相符;土的压缩指标在测定时存在一定误差;地基沉降计算时未考虑地基、基础和上部结构的共同作用。

为了使计算值与实际值相一致,我国《公路桥涵地基与基础设计规范》(JTG 3363—2019)中推荐使用一种计算地基最终沉降量的方法,此方法是修正的分层总和法,也称为规范法。规范法一般按地基土的天然分层面划分计算土层,引入土层平均附加应力的概念,通过平均附加应力系数,将基底中心以下地基中 $z_{i-1} \sim z_i$ 深度范围的附加应力按等面积原则化为相同深度范围内矩形分布时的分布应力大小,再按矩形分布应力情况计算土层的压缩量,各土层压缩量的总和为地基的计算沉降量。

1. 计算公式

《公路桥涵地基与基础设计规范》(JTG 3363—2019)法地基沉降计算公式为:

$$S = \psi_s S_0 = \psi_s \sum_{i=1}^{n} \frac{p_0}{E_{si}} (z_i \overline{\alpha_i} - z_{i-1} \overline{\alpha_{i-1}}) \qquad (2\text{-}4\text{-}11)$$

$$p_0 = p - \gamma h \qquad (2\text{-}4\text{-}12)$$

式中: S——地基最终沉降量(mm);

S_0——按分层总和法计算出的地基沉降量(mm);

ψ_s——沉降计算经验系数,根据地区沉降观测资料及经验确定,缺少沉降观测资料及经验数据时,可按表2-4-1取值;

n——地基变形计算深度范围内划分的土层数,如图2-4-7所示;

p_0——对应于作用的准永久组合时基础底面处的附加应力(kPa);

E_{si}——基础底面下第 i 层土的压缩模量,应取土的"自重应力"至"土的自重应力与附加应力之和"的压力段计算(MPa);

z_i、z_{i-1}——基础底面至第 i 层土、第 $i-1$ 层土底面的距离(m);

$\overline{\alpha_i}$、$\overline{\alpha_{i-1}}$——基础底面至第 i 层、第 $i-1$ 层土底面范围内的平均附加应力系数,按 l/b 和 z/b 查表2-4-2;

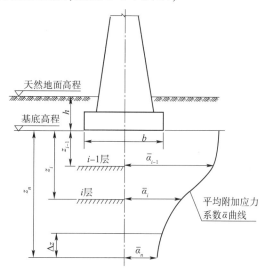

图2-4-7 基底沉降计算分层示意

p——基底压应力(kPa),当 $z/b>1$ 时,p 采用基底平均压应力;当 $z/b \leqslant 1$ 时,p 按压应力图形采用距最大压应力点 $b/3 \sim b/4$ 处的压应力(对梯形图形,前后端压应力差值较大时,可采用上述 $b/4$ 处的压应力值;反之,则采用上述 $b/3$ 处压应力值),以上 b 为矩形基底宽度;

h——基底埋置深度(m),当基础受水流冲刷时,从一般冲刷线算起;当不受水流冲刷时,从天然地面算起;如位于挖方内,则由开挖后地面算起;

γ——h 内土的重度(kN/m³),基底为透水地基时水位以下取浮重度。

沉降计算经验系数 ψ_s 表 2-4-1

$\overline{E}_s$ (MPa) 地基附加应力	2.5	4.0	7.0	15.0	20.0
$P_0 \geq [f_{a0}]$	1.4	1.3	1.0	0.4	0.2
$P_0 \leq 0.75 [f_{a0}]$	1.1	1.0	0.7	0.4	0.2

注:表中 $[f_{a0}]$ 为地基承载力基本容许值。$\overline{E}_s$ 为沉降计算深度范围内压缩模量的当量值,应按下式计算:

$$\overline{E}_s = \frac{\sum A_i}{\sum \dfrac{A_i}{E_{si}}}$$

式中:A_i——第 i 层土附加应力系数沿土层厚度的积分值。

矩形面积上均布荷载作用下中点平均附加应力系数 $\overline{\alpha}$ 表 2-4-2

z/b \ l/b	1.0	1.2	1.4	1.6	1.8	2.0	2.4	2.8	3.2	3.6	4.0	5.0	≥10.0
0.0	1.000	1.000	1.000	1.000	1.000	1.000	1.000	1.000	1.000	1.000	1.000	1.000	1.000
0.1	0.997	0.998	0.998	0.998	0.998	0.998	0.998	0.998	0.998	0.998	0.998	0.998	0.998
0.2	0.987	0.990	0.991	0.992	0.992	0.992	0.993	0.993	0.993	0.993	0.993	0.993	0.993
0.3	0.967	0.973	0.976	0.978	0.979	0.979	0.980	0.980	0.981	0.981	0.981	0.981	0.981
0.4	0.936	0.947	0.953	0.956	0.958	0.965	0.961	0.962	0.962	0.963	0.963	0.963	0.963
0.5	0.900	0.915	0.924	0.929	0.933	0.935	0.937	0.939	0.939	0.940	0.940	0.940	0.940
0.6	0.858	0.878	0.890	0.898	0.903	0.906	0.910	0.912	0.913	0.914	0.914	0.915	0.915
0.7	0.816	0.840	0.855	0.865	0.871	0.876	0.881	0.884	0.885	0.886	0.887	0.887	0.888
0.8	0.775	0.801	0.819	0.831	0.839	0.844	0.851	0.855	0.857	0.858	0.859	0.860	0.860
0.9	0.735	0.764	0.784	0.797	0.806	0.813	0.821	0.826	0.829	0.830	0.831	0.830	0.836
1.0	0.698	0.728	0.749	0.764	0.775	0.783	0.792	0.798	0.801	0.803	0.804	0.806	0.807
1.1	0.663	0.694	0.717	0.733	0.744	0.753	0.764	0.771	0.775	0.777	0.779	0.780	0.782
1.2	0.631	0.663	0.686	0.703	0.715	0.725	0.737	0.744	0.749	0.752	0.754	0.756	0.758
1.3	0.601	0.633	0.657	0.674	0.688	0.698	0.711	0.719	0.725	0.728	0.730	0.733	0.735
1.4	0.573	0.605	0.629	0.648	0.661	0.672	0.687	0.696	0.701	0.705	0.708	0.711	0.714
1.5	0.548	0.580	0.604	0.622	0.637	0.648	0.664	0.673	0.679	0.683	0.686	0.690	0.693
1.6	0.524	0.556	0.580	0.599	0.613	0.625	0.641	0.651	0.658	0.663	0.666	0.670	0.675
1.7	0.502	0.533	0.558	0.577	0.591	0.603	0.620	0.631	0.638	0.643	0.646	0.651	0.656
1.8	0.482	0.513	0.537	0.556	0.571	0.588	0.600	0.611	0.619	0.624	0.629	0.633	0.638
1.9	0.463	0.493	0.517	0.536	0.551	0.563	0.581	0.593	0.601	0.606	0.610	0.616	0.622
2.0	0.446	0.475	0.499	0.518	0.533	0.545	0.563	0.575	0.584	0.590	0.594	0.600	0.606
2.1	0.429	0.459	0.482	0.500	0.515	0.528	0.546	0.559	0.567	0.574	0.578	0.585	0.591
2.2	0.414	0.443	0.466	0.484	0.499	0.511	0.530	0.543	0.552	0.558	0.563	0.570	0.577
2.3	0.400	0.428	0.451	0.469	0.484	0.496	0.515	0.528	0.537	0.544	0.548	0.554	0.564

续上表

z/b＼l/b	1.0	1.2	1.4	1.6	1.8	2.0	2.4	2.8	3.2	3.6	4.0	5.0	≥10.0
2.4	0.387	0.414	0.436	0.454	0.469	0.481	0.500	0.513	0.523	0.530	0.535	0.543	0.551
2.5	0.374	0.401	0.423	0.441	0.455	0.468	0.486	0.500	0.509	0.516	0.522	0.530	0.539
2.6	0.362	0.389	0.410	0.428	0.442	0.473	0.473	0.487	0.496	0.504	0.509	0.518	0.528
2.7	0.351	0.377	0.398	0.416	0.430	0.461	0.461	0.474	0.484	0.492	0.497	0.506	0.517
2.8	0.341	0.366	0.387	0.404	0.418	0.449	0.449	0.463	0.472	0.480	0.486	0.495	0.506
2.9	0.331	0.356	0.377	0.393	0.407	0.438	0.438	0.451	0.461	0.469	0.475	0.485	0.496
3.0	0.322	0.346	0.366	0.383	0.397	0.409	0.429	0.441	0.451	0.459	0.465	0.474	0.487
3.1	0.313	0.337	0.357	0.373	0.387	0.398	0.417	0.430	0.440	0.448	0.454	0.464	0.477
3.2	0.305	0.328	0.348	0.364	0.377	0.389	0.407	0.420	0.431	0.439	0.445	0.455	0.468
3.3	0.297	0.320	0.339	0.355	0.368	0.379	0.397	0.411	0.421	0.429	0.436	0.446	0.460
3.4	0.289	0.312	0.331	0.346	0.359	0.371	0.388	0.402	0.412	0.420	0.427	0.437	0.452
3.5	0.282	0.304	0.323	0.338	0.351	0.362	0.380	0.393	0.403	0.412	0.418	0.429	0.444
3.6	0.276	0.297	0.315	0.330	0.343	0.354	0.372	0.385	0.395	0.403	0.410	0.421	0.436
3.7	0.269	0.290	0.308	0.323	0.335	0.346	0.364	0.377	0.387	0.395	0.402	0.413	0.429
3.8	0.263	0.284	0.301	0.316	0.328	0.339	0.356	0.369	0.379	0.388	0.394	0.405	0.422
3.9	0.257	0.277	0.294	0.309	0.321	0.332	0.349	0.362	0.372	0.380	0.387	0.398	0.415
4.0	0.251	0.271	0.288	0.302	0.311	0.325	0.342	0.355	0.365	0.373	0.379	0.391	0.408
4.1	0.246	0.265	0.282	0.296	0.308	0.318	0.335	0.348	0.358	0.366	0.372	0.384	0.402
4.2	0.241	0.260	0.276	0.290	0.302	0.312	0.328	0.341	0.352	0.359	0.366	0.377	0.396
4.3	0.236	0.255	0.270	0.284	0.296	0.306	0.322	0.335	0.345	0.353	0.359	0.371	0.390
4.4	0.231	0.250	0.265	0.278	0.290	0.300	0.316	0.329	0.339	0.347	0.353	0.365	0.384
4.5	0.226	0.245	0.260	0.273	0.285	0.294	0.310	0.323	0.333	0.341	0.347	0.359	0.378
4.6	0.222	0.240	0.255	0.268	0.279	0.289	0.305	0.317	0.327	0.335	0.341	0.353	0.373
4.7	0.218	0.235	0.250	0.263	0.274	0.284	0.299	0.312	0.321	0.329	0.336	0.347	0.367
4.8	0.214	0.231	0.245	0.258	0.269	0.279	0.294	0.306	0.316	0.324	0.330	0.342	0.362
4.9	0.210	0.227	0.241	0.253	0.265	0.274	0.289	0.301	0.311	0.319	0.325	0.337	0.357
5.0	0.206	0.223	0.237	0.249	0.260	0.269	0.284	0.296	0.306	0.313	0.320	0.332	0.352

注：l、b 为矩形基础长边和短边（m）；z 是从基础底面算起的土层深度（m）。

2. 计算深度 z_n 的确定

（1）地基沉降时设定计算深度 z_n，在 z_n 以上取厚度 Δz，见表 2-4-3，其沉降量应符合式（2-4-13），即

$$\Delta S_n \leqslant 0.025 \sum_{i=1}^{n} \Delta S_i \tag{2-4-13}$$

式中：ΔS_n——在计算深度底面向上取厚度为 Δz 的土层计算沉降值，Δz 如图 2-4-8 所示，按表 2-4-3 采用；

ΔS_i——在计算深度范围内，第 i 层土的计算沉降值（mm）。

Δz 值				表 2-4-3
基底宽度 b(m)	$b \leqslant 2$	$2 < b \leqslant 4$	$4 < b \leqslant 8$	$b > 8$
Δz(m)	0.3	0.6	0.8	1.0

已确定的计算深度下面,如仍有较软土层时,应继续计算。

(2)当无相邻荷载影响,基础宽度在 $1 \sim 30m$ 范围内时,基础中点的地基变形计算深度也可按下列简化公式计算,即

$$z_n = b(2.5 - 0.4\ln b) \qquad (2\text{-}4\text{-}14)$$

在计算深度范围内存在基岩时,z_n 可取至基岩表面;当存在较厚的坚硬黏性土层,其孔隙比小于 0.5、压缩模量大于 50MPa 或存在较厚的密实砂卵石层,其压缩模量大于 80MPa 时,z_n 可取至该层土表面。

注意:平均附加应力系数 $\bar{\alpha}_i$ 指基础底面计算点至第 i 层土底面范围内全部土层的附加应力系数平均值,而非地基中第 i 层土本身的附加应力系数。

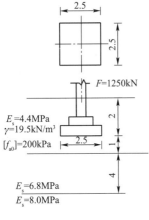

图 2-4-8 例题 2-4-1 示意图
(尺寸单位:m)

【例题 2-4-1】 某独立基础底面尺寸 $2.5m \times 2.5m$,基础轴向力准永久组合值 $F = 1250kN$(算至 ± 0.000)处,基础自重和上覆土标准值 $G = 250kN$。基础埋深 2m,其他数据如图 2-4-8 所示,试用《公路桥涵地基与基础设计规范》(JTG 3363—2019)计算基础中点的沉降量为多少?

解:(1)求基底压力。

$$P = \frac{F + G}{A} = \frac{1250 + 250}{2.5 \times 2.5} = 240(\text{kPa})$$

(2)确定柱基础地基受压层计算深度 z_n。

$$z_n = b(2.5 - 0.4\ln b) = 2.5(2.5 - 0.4 \times \ln 2.5) = 5.33(\text{m})$$

取 $z_n = 5.4(\text{m})$。

(3)基底附加压力。

$$p_0 = p - \gamma d = 240 - 19.5 \times 2 = 201(\text{kPa})$$

(4)计算地基沉降计算深度范围内土层压缩量,见表 2-4-4。

土 层 压 缩 量   表 2-4-4

z (m)	l/b	z/b	$\bar{\alpha}_i$	$\bar{\alpha}_i z_i$	$A_i = \bar{\alpha}_i z_i - \bar{\alpha}_{i-1} z_{i-1}$	E_{si} (kPa)	$\Delta S'_i = \dfrac{p_0}{E_{si}}(\bar{\alpha}_i z_i - \bar{\alpha}_{i-1} z_{i-1})$ (m)	$S' = \sum \Delta S_i$ (mm)
0	1	0	1.000	0				
					0.936	4400	4.28×10^{-2}	42.8
1.0	1	0.4	0.936	0.936				
					1.294	6800	3.82×10^{-2}	81.0
5.0	1	2.0	0.446	2.230				
					0.038	8000	0.10×10^{-2}	82.0
5.4	1	2.16	0.420	2.268				

（5）确定基础最终沉降量。确定沉降计算范围内压缩模量当量值为

$$\overline{E}_s = \frac{\sum A_i}{\sum \dfrac{A_i}{E_{si}}} = \frac{0.936 + 1.294 + 0.038}{\dfrac{0.936}{4400} + \dfrac{1.294}{6800} + \dfrac{0.038}{8000}} = 5532(\text{kPa}) = 5.53(\text{MPa})$$

由表 2-4-1，当 $p_0 > [f_{a0}]$、$\overline{E}_s = 5.53\text{MPa}$ 时，内插

$$\psi_s = 1 + \frac{7 - 5.53}{7 - 4} \times (1.3 - 1) = 1.147$$

由此得

$$S = \psi_s S' = 1.147 \times 82.0 = 94.1(\text{mm})$$

例题解析

① 在计算范围内存在基岩时，z_n 可取至基岩表面。

② $A_i = \overline{\alpha}_i z_i - \overline{\alpha}_{i-1} z_{i-1}$。

三、地基沉降与时间关系

在工程应用中，一般将饱和度 $S_r \geqslant 80\%$ 的土视为饱和土。饱和土在压力作用下，孔隙中一部分水将随时间的增长而逐渐被挤出，同时孔隙体积随之缩小，这一过程称为饱和土的渗透固结。

饱和土的固结过程包括渗透固结（或主固结）和次固结两部分：一部分由孔隙中自由水挤出速度所决定的为主固结；另一部分由土骨架的蠕变速度决定的为次固结。实际应用中都以前者来研究饱和土的固结过程。饱和土在固结过程中，孔隙中承担的附加应力作用，称为超静水压力，也称为孔隙水压力，用符号 u 表示。土粒骨架分担的部分附加应力，称为有效应力，用符号 $\overline{\sigma}$ 表示。下面借助图 2-4-9 中所示的弹簧——活塞力学模型来说明饱和土的渗透固结过程。

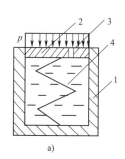 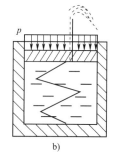 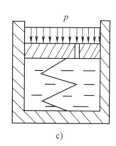

图 2-4-9 饱和土的渗透固结模型

1-容器；2-活塞；3-小孔；4-弹簧

在一个圆筒中盛满水，表征饱和土体中的孔隙水，弹簧表征土颗粒所构成的骨架，活塞中的小孔表征土的透水性。在压力 p 刚作用的瞬间，水还来不及从小孔排走，弹簧尚未变形，如图 2-4-9a）中所示，因此弹簧不受力，p 全部由水承担。随着水逐渐从小孔排出，活塞下降，弹簧逐渐变形，说明弹簧开始受力，且随着变形的发展而增大，而水承受的

压力却随之逐渐减小;如图2-4-9b)中所示,在弹簧变形过程中的任何瞬时,弹簧和水受力的总和始终等于p,直到弹簧停止继续变形时,弹簧才承受全部的压力p,同时水不再受力,排水现象也就停止。这个模型中弹簧受力相当于饱和土体中土粒骨架受力,称为骨架压力或有效压力,用$\bar{\sigma}$表示;水的受力相当于土中孔隙水受力,称为孔隙水压力,用u表示。饱和土体在附加压力p作用下渗透固结的情况,和上述模型受力后的变化情况很相似。在饱和土体中,当压力p刚作用时,孔隙水压力$u=p$,骨架压力$\bar{\sigma}=0$;在土体的整个固结过程中,土粒骨架和孔隙水对土体承受的压力有分担作用,$p=u+\bar{\sigma}$,随着时间的延续,$\bar{\sigma}$日益增大,u却日益减小;当变形稳定时,$\bar{\sigma}=p,u=0$。所以说,孔隙水排除和孔隙水压力逐步减小的过程,也就是土体压缩变形的过程。当土体承受的压力为一定时,若孔隙水排除得快,固结过程就短,而孔隙水排除速度取决于土的透水性。土的透水性大,孔隙水排除得快,骨架压力增长得快,固结过程就短。

骨架压力有使土粒间相互挤压的作用,是使土体压缩变形的有效因素,故又称为有效压力;孔隙水压力的作用是使孔隙水产生渗流,为土体实现压缩提供条件,但它并不导致土粒间产生相互挤压,不是产生土体变形的直接因素,故又被称为中性压力。

搞清这两种压力的概念和作用,不仅有助于更好地理解饱和土体变形过程的实质,而且也有助于研究土的抗剪强度。

在研究沉降与时间的关系时,还常用到固结度的概念,若变形稳定时基础总沉降量仍用S表示,加载后经某一时间t的沉降量用S_t表示,则固结度$U=S_t/S$,表示那时沉降完成的百分率,也就是土体固结的程度。这样,如能找到U与t的关系,就能求得与外荷载作用时间t相对应的固结度,在算得基础的总沉降量以后,就可以估算建筑物完成若干时间t时的沉降值$S_t=US$。

思考练习题

1. 何谓压缩曲线?它怎样获得?

2. 压缩系数的物理意义是什么?怎样用a_{1-2}判别土的压缩性?

3. 同一种土的压缩系数是否是常数?其大小与什么条件有关?

4. 什么是压缩模量?与压缩系数有何关系?

5. 变形模量与压缩模量有何不同?

6. 分层总和法的基本假定是什么?

7. 何谓"压缩层"?其厚度怎样确定?要符合什么要求?

8. 怎样计算基础的总沉降量?为什么分层总和法的计算精确度较低?

9. 计算地基沉降的分层总和法与"应力面积法"有何异同?

10. 什么是有效压力和孔隙水压力?在饱和土体固结过程中,它们是怎样变化的?两种压力的作用有何不同?

11. 某钻孔土样 a 粉质黏土和土样 b 淤泥质黏土的压缩试验数据列于表2-4-5中,试

绘制 e-p 曲线,并计算 a_{1-2} 和评价其压缩性。

试验数据汇总　　　　　　　　　表 2-4-5

垂直压力(kPa)		0	50	100	200	300	400
孔隙比	土样 a	0.867	0.796	0.772	0.735	0.722	0.715
	土样 b	1.086	0.962	0.891	0.805	0.751	0.708

12. 基础底面尺寸为 $4.8\mathrm{m} \times 3.2\mathrm{m}$,埋深 1.5m,相应于荷载效应准永久组合时,传至基础顶面的中心荷载 $F = 1800\mathrm{kN}$,地基的土层分层及各层土的压缩模量(相应于自重应力至自重应力与附加应力之和段),如图 2-4-10 所示,用《公路桥涵地基与基础设计规范》(JTG 3363—2019)中应力面积法计算基础中点的最终沉降量为多少?

13. 已知传至基础顶面的柱轴力准永久组合值 $F = 1250\mathrm{kN}$,其他条件如图 2-4-11 所示,用《公路桥涵地基与基础设计规范》(JTG 3363—2019)中方法计算基础中点的最终沉降量为多少?

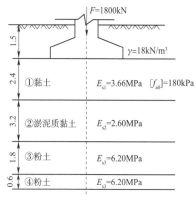

图 2-4-10 题 12 图(尺寸单位:m)

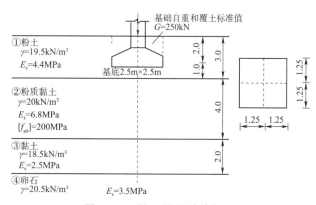

图 2-4-11 题 13 图(尺寸单位:m)

单元五　土的抗剪强度及地基承载力

教学目标

　　掌握土的抗剪强度概念和库仑定律,能利用土的极限平衡条件判定土体状态;会进行土的强度指标的测定,并熟知土的剪切特性及工程上强度指标的选用;了解地基破坏的基本类型,熟悉地基承载力的确定方法。

重点难点

　　库仑定律;土的极限平衡条件;抗剪强度指标的测定方法;地基承载力的确定。

一、土的强度概念

　　土体在荷载的作用下,不仅会产生压缩变形,而且会产生剪切变形,随着剪切变形的不断发展,土体发生剪切破坏,即丧失稳定性。剪切破坏的特征是土体中的一部分与另一部分沿着某一裂面发生相对滑动。很明显,剪切破坏要比压缩变形的危害严重得多。如图 2-5-1 所示,都是由于剪切破坏导致土体发生破坏的现象。产生这些现象的主要原因是土的强度不够,工程实践和室内试验都证实了这一点:土体的强度破坏都是剪切破坏。因此,土的强度实质上就是指土的抗剪强度,它是指土体抵抗剪切破坏的极限能力。

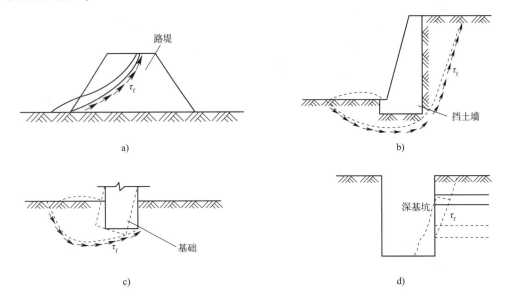

图 2-5-1 工程中的承载力问题(滑动面上 τ_f 为抗剪强度)

在工程实践中涉及土体强度问题的地方很多,归纳起来主要有以下 3 类:第一类是以土作为建造材料的土工构筑物的稳定性问题,包括土坝、路堤等人工填方土坡和山坡、河岸等天然土坡以及挖方边坡等的稳定性问题,如图 2-5-1a)所示。第二类是土作为建筑物地基的承载力问题,若外荷载过大,基础下地基中的塑性变形区扩展成一个连续的滑动面,使得建筑物整体丧失了稳定性,如图 2-5-1c)所示。第三类是土作为工程构筑物环境的安全性问题,即土压力问题,包括挡土墙及地下结构物周围土体产生的侧压力问题,如图 2-5-1b)、d)所示。

土的抗剪强度是土的基本力学性质之一,土的强度指标及强度理论是工程设计和验算的依据。对土的强度估计过高,往往会造成工程事故,而对土的强度估计过低,则会使建筑物设计偏于保守,因此,正确确定土的强度十分重要。

二、直接剪切试验测定土的抗剪强度

测定土的抗剪强度的常用方法有直接剪切试验、无侧限压缩试验、三轴剪切试验和十字板剪切试验等。其中,直接剪切试验是最简便,也是应用最广泛的一种试验方法。

(一)直接剪切试验测定土的抗剪强度指标

直接剪切试验使用的仪器称为直接剪切仪,可分为应变控制式和应力控制式两种。前者是控制试样产生一定位移,测定其相应的水平剪应力;后者则是对试样施加一定的水平剪切力,测定其相应的位移。由于应变控制式直接剪切仪可以得到较为准确的应力—应变关系,并能较准确地测出峰值和终值强度,因此,目前国内普遍采用的是应变控制式直接剪切仪(试验方法见附录 A-9)。应变控制式直剪仪示意图如图 2-5-2所示。

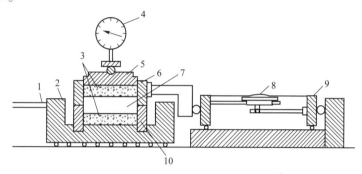

图 2-5-2　应变控制式直剪仪

1-轮轴;2-推动底座;3-透水石;4-百分表;5-活塞;6-上盒;7-试样;8-测微表;9-测力计;10-下盒

剪切盒部分如图 2-5-3 所示。剪切盒分上盒和下盒两部分,上盒固定,下盒底部有滚珠可以移动。用固定销把上、下盒位置固定起来,将环刀切取的土样推入剪切盒,拔去固定销,通过传压活塞向土样施加竖向压应力 σ。然后等速转动手轮,推动下盒,即可向土样施加水平剪力。剪应力 τ 的大小由百分表显示的测力计变形量换算确定。随着上、下盒间相对位移的增大,土样的剪切变形和剪切面上的剪应力也随之增大,当土样被剪切破坏时,所测得的剪应力 τ 的最大值,即该土样在正应力 σ 作用下的抗剪强度 τ_f。重复取 4~5 个相同的试样做试验,每次分别施加不同的竖向压应力 σ_1、σ_2、σ_3、$\cdots$、σ_n,可得到相应的抗剪强度 τ_1、τ_2、τ_3、$\cdots$、τ_n。以正应力 σ 为横坐标,抗剪强度 τ_f 为纵坐标,把试验所得数据点绘到坐标图上,如图 2-5-4 所示。通过点群重心,可绘出一条直线,称抗剪强度线,以近似地表示 τ_f – σ 的关系。其表达式为

砂土:

$$\tau_f = \sigma \tan\varphi \qquad\qquad (2\text{-}5\text{-}1)$$

黏性土:

$$\tau_f = \sigma \tan\varphi + c \qquad\qquad (2\text{-}5\text{-}2)$$

式中:τ_f——土的抗剪强度(kPa);

　　σ——作用在剪切面上的法向应力(kPa);

　　φ——抗剪强度线的倾角,称为土的内摩擦角(°);

　　$\tan\varphi$——抗剪强度线的斜率,称为土的内摩擦系数;

　　c——抗剪强度线的纵截距,称为土的黏聚力(kPa)。

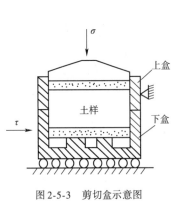

图 2-5-3　剪切盒示意图

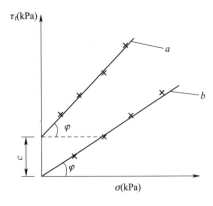

图 2-5-4　抗剪强度线

a- 黏性土；b- 砂土

式(2-5-1)和式(2-5-2)统称为库仑公式或库仑定律。其中，c 和 φ 是土的抗剪强度指标。对于不同的土，c、φ 值不同；同一种土，若物理状态(如密度、含水率等)不同，c、φ 值也不相同，c、φ 值只有在一定条件下是常数。c、φ 值的大小反映土的抗剪强度的高低。砂土的抗剪强度由土的内摩擦力($\sigma\tan\varphi$)组成，它主要是由于土粒之间的滑动摩擦以及凹凸面间的镶嵌作用所产生的摩阻力，其大小取决于土粒表面的粗糙度、土的密实度以及颗粒级配等因素。黏性土的抗剪强度由土的内摩擦力和黏聚力组成，黏聚力 c 是由土粒之间的胶结作用、结合水膜以及水分子引力作用等形成的，其大小与土的矿物组成和压密程度有关。

(二)直接剪切试验的分类

试验和工程实践都表明，土的抗剪强度与土受力后的排水固结状况有关，因而在土工工程设计中所需要的强度指标试验方法必须与现场的施工加荷实际相符合。如软土地基上快速修建建筑物，由于加荷速度快，地基土体渗透性低，则这种条件下的强度和稳定问题是处于不能排水条件下的稳定分析问题，这就要求室内的试验条件能模拟实际加荷状况，即在不能排水的条件下进行剪切试验。但是直剪仪的构造无法做到任意控制土样是否为排水的要求，为了在直剪试验中能考虑这类实际需要，可通过快剪、固结快剪和慢剪 3 种直剪试验方法，近似模拟土体在现场受剪的排水条件。

1. 快剪

快剪是指对土样施加竖向压力后，立即以 0.8mm/min 的剪切速率快速施加剪应力，使试样剪切破坏，一般从加荷到土样剪坏只用 3～5min。由于剪切速率较快，对于渗透系数比较低的土，可认为土样在这短暂时间内没有排水固结。得到的抗剪强度指标用 c_q、φ_q 表示。该种方法主要用于分析地基排水条件不好、施工速度快的建筑物地基。

2. 固结快剪

固结快剪是指对试样施加竖向压力后，让试样充分排水，待固结稳定后，再以 0.8mm/min 的剪切速率快速施加水平剪力，使试样剪切破坏。得到的抗剪强度指标用 c_{cq}、φ_{cq} 表示。该种方法可用于验算水库水位骤降时土坝边坡稳定安全系数或使用期建筑物地基的稳定问题。

3. 慢剪

慢剪是指对试样施加竖向压力后,让试样充分排水,待固结稳定后,以小于 0.02mm/min 的剪切速率施加水平剪应力,直至试样剪切破坏,从而使试样在受剪过程中一直充分排水和产生体积变形。得到的抗剪强度指标用 c_s、φ_s 表示。该种方法通常用于分析透水性较好、施工速度较慢的建筑物地基的稳定性。

(三) 直接剪切试验的特点

直接剪切试验具有设备简单、土样制备及试验操作方便等优点,因而至今在国内一般工程仍被广泛使用。但是,直剪试验也存在不少缺点,主要包括如下:

(1)剪切面是人为限定的平面,而不是沿土样最薄弱的面剪切破坏。

(2)在剪切过程中,土样剪切面积逐渐缩小,剪切面上剪应力分布不均匀,竖向荷载会发生偏心。

(3)不能严格控制排水条件,并且不能测量孔隙水压力等。

由于直剪试验的上述缺点,其在工程中及科学研究方面的应用都受到很大的限制。一般直接剪切试验适用于乙级、丙级建筑的可塑状态黏性土与饱和度不大于 0.5 的粉土。

三、土的极限平衡理论

(一) 土中一点的应力状态

当土体中任意点在某一平面上的剪应力达到土的抗剪强度时,即当 $\tau = \tau_f$ 时,土体即发生剪切破坏,该点即处于极限平衡状态。$\tau = \tau_f$ 称为土的极限平衡条件,所以土的极限平衡条件就是土的剪切破坏条件。但是直接用 $\tau = \tau_f$ 来分析土的极限平衡状态,在使用上是很不方便的。为了求得实用的土的极限平衡条件的表达式,我们先来研究土中某点的应力状态。为简单起见,先研究平面问题情况,从地基内任意点取出一微分体,如图 2-5-5a) 所示,作用在该微分体上的最大和最小主应力分别为 σ_1 和 σ_3,现求在微分体内与最大主应力 σ_1 作用平面成任意角 α 的平面 mn 上的正应力 σ 和剪应力 τ。为此,取微分三角形斜面体为隔离体,如图 2-5-5b) 所示,根据静力平衡条件联立方程解得:

$$\sigma = \frac{1}{2}(\sigma_1 + \sigma_3) + \frac{1}{2}(\sigma_1 - \sigma_3)\cos2\alpha \qquad (2-5-3)$$

$$\tau = \frac{1}{2}(\sigma_1 - \sigma_3)\sin2\alpha \qquad (2-5-4)$$

式(2-5-4)α 和 τ 就是所要求的斜面 mn 上的正应力和剪应力。为了表达某一土体单元所有各方向平面上的应力状态,可以引用材料力学中有关表达一点的应力状态的摩尔应力圆方法:在直角坐标系中,以 σ 为横坐标轴,以 τ 为纵坐标轴,按一定的比例尺,在 σ 轴上截取 OB 和 OC 分别等于 σ_3 和 σ_1,以 D 为圆心,以 $1/2(\sigma_1 - \sigma_3)$ 为半径作一圆,并从开始位置逆时针旋转 2α 角,在圆周上得到一点 A,如图 2-5-6 所示。不难证明,A 点的横坐标就是斜面 mn 上的正应力 σ,纵坐标就是剪应力 τ。由此可见,摩尔应力圆圆周上的任一点都相应代表着与大主应力 σ_1 作用面成一定角度的平面上的应力状态,因此,摩尔应力圆可以完整地表示任意一点的应力状态。

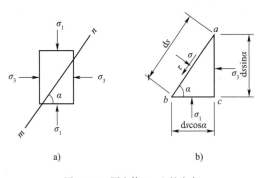 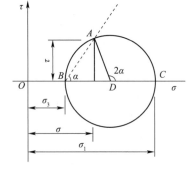

图 2-5-5　隔离体 abc 上的应力　　　　图 2-5-6　摩尔应力圆

a)单元微体上的应力;b)隔离体 abc 上的应力

(二) 土的平衡状态

为了建立实用的土的极限平衡条件,将土体中某点的应力圆和土的抗剪强度与正应力关系曲线(简称抗剪强度线)画在同一直角坐标系中,如图 2-5-7 所示。它们之间的关系有以下 3 种情况:

(1)若摩尔应力圆与抗剪强度线相离,即 c 圆,则 $\tau < \tau_f$,表明该点处于弹性平衡状态。

(2)若摩尔应力圆与抗剪强度线相切,即 b 圆,则 $\tau = \tau_f$,表明该点处于极限平衡状态。

(3)若摩尔应力圆与抗剪强度线相交,即 a 圆,则 $\tau > \tau_f$,表明该点处于极限破坏状态。

(三) 土的极限平衡状态

根据极限平衡状态时应力圆与抗剪强度线相切的几何关系,可建立土的极限平衡条件,将抗剪强度线延长与 σ 轴相交于 R 点,如图 2-5-8 所示。由图 2-5-8 可知:

$$\overline{AD} = \frac{1}{2}(\sigma_1 - \sigma_3) \tag{2-5-5}$$

$$\overline{RD} = c\cot\varphi + \frac{1}{2}(\sigma_1 + \sigma_3) \tag{2-5-6}$$

根据直角三角形 RAD 的几何关系,得

$$\sin\varphi = \frac{\overline{AD}}{\overline{RD}} = \frac{\frac{1}{2}(\sigma_1 - \sigma_3)}{c\cot\varphi + \frac{1}{2}(\sigma_1 + \sigma_3)} \tag{2-5-7}$$

化简后得到:

$$\sigma_1 = \sigma_3 \frac{1 + \sin\varphi}{1 - \sin\varphi} + 2c\frac{\cos\varphi}{1 - \sin\varphi} \tag{2-5-8}$$

或

$$\sigma_3 = \sigma_1 \frac{1 - \sin\varphi}{1 + \sin\varphi} - 2c\frac{\cos\varphi}{1 + \sin\varphi}$$ (2-5-9)

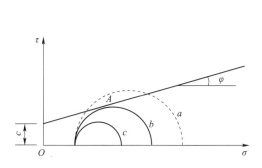

图 2-5-7 摩尔圆与抗剪强度之间的关系

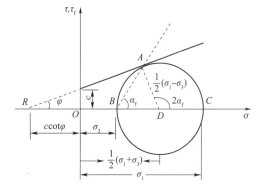

图 2-5-8 极限平衡状态时的摩尔圆

经三角函数变换得:

$$\sigma_1 = \sigma_3 \tan^2\left(45° + \frac{\varphi}{2}\right) + 2c\tan\left(45° + \frac{\varphi}{2}\right)$$ (2-5-10)

$$\sigma_3 = \sigma_1 \tan^2\left(45° - \frac{\varphi}{2}\right) - 2c\tan\left(45° - \frac{\varphi}{2}\right)$$ (2-5-11)

对于无黏性土,由于黏聚力 $c = 0$,由式(2-5-10)、式(2-5-11)可得无黏性土的极限平衡条件为

$$\sigma_1 = \sigma_3 \tan^2\left(45° + \frac{\varphi}{2}\right)$$ (2-5-12)

$$\sigma_3 = \sigma_1 \tan^2\left(45° - \frac{\varphi}{2}\right)$$ (2-5-13)

从图 2-5-8 中三角形 RAD 的外角与内角的关系可得:

$$2\alpha_f = 90° + \varphi$$ (2-5-14)

因此,土中出现的破裂面与大主应力 σ_1 作用面的夹角 α_f 为

$$\alpha_f = 45° + \frac{\varphi}{2}$$ (2-5-15)

极限平衡的表达式(2-5-10)~式(2-5-13)并不是在任何应力状态下都能满足的恒等式,而是代表土体处于极限平衡状态时主应力之间的相互关系,因此,以上公式可用来判断土体是否达到剪切破坏。

【例题 2-5-1】 设砂土地基中某点的大主应力 $\sigma_1 = 400\text{kPa}$,小主应力 $\sigma_3 = 200\text{kPa}$,砂土的内摩擦角 $\varphi = 25°$,黏聚力 $c = 0$,试判断该点是否破坏。

解:解法一:$\sigma_{1j} = \sigma_3 \tan^2\left(45° + \frac{\varphi}{2}\right) = 200\tan^2\left(45° + \frac{25}{2}\right) = 492.8(\text{kPa}) > \sigma_1 = 400(\text{kPa})$

故该点未发生剪切破坏,处于弹性平衡状态。

解法二:$\sigma_{3j} = \sigma_1 \tan^2\left(45° - \frac{\varphi}{2}\right) = 400\tan^2\left(45° - \frac{25}{2}\right) = 162.3(\text{kPa}) < \sigma_3 = 200(\text{kPa})$

故该点未发生剪切破坏,处于弹性平衡状态。

解法三:用图解法,按摩尔圆与抗剪强度线的相对位置关系来判断。按一定比例尺作出摩尔圆,并在同一坐标中绘出抗剪强度线(图2-5-9)。由图2-5-9可知,摩尔圆与抗剪强度线不相交,故可判断该点未发生剪切破坏。

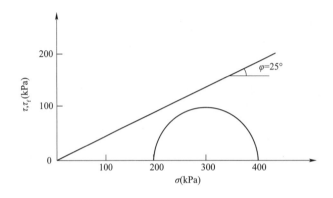

图 2-5-9　例题 2-5-1 解法三

例题解析

本 书 独 创

　　判断土中一点应力状态时,要特别注意计算结果与题目给出的已知条件的比较。可采用"由小求大用' + ',实际还大剪坏;由大求小用' − ',实际还小剪坏"的口令巧记公式及判断土体所处的状态。(由小主应力求大主应力时,公式中用" + "号,当土中实际受到的大主应力比求出的大主应力还大,则土体剪坏;同理,由大主应力求小主应力时,公式用" − "号,如果土中实际受到的小主应力比求出的小主应力还小,则土体剪坏)。

四、三轴压缩试验

三轴压缩试验也称为三轴剪切试验,是测定抗剪强度的一种较为完善的方法。它采用的仪器为三轴压缩仪,由压力室、轴向加荷设备、施加周围压力系统、孔隙水压力量测系统等组成,如图2-5-10所示。

常规三轴试验方法的主要步骤如下:先将土切成圆柱体套在橡胶膜内,放在密封的压力室中,通过周围压力系统向压力室充水后施加所需的压力,使试样在各向受到周围压力 σ_3。此时试样处于各向等压状态,即 $\sigma_1 = \sigma_2 = \sigma_3$,因此试样中不产生剪应力,如图2-5-11a)所示。然后由轴向加荷系统通过传力杆对试样施加竖向压力 $\Delta\sigma_1$,这样竖向主应力 $\sigma_1 = \sigma_3 + \Delta\sigma_1$ 就大于水平向主应力 σ_3。当 σ_3 保持不变,而 σ_1 逐渐增大时,以 σ_3 为小主应力、σ_1 为大主应力所画的应力圆也不断增大。当应力圆达到一定大小时,试样终于受剪而破坏,相应的应力圆即极限应力圆,如图2-5-11b)所示。通常对同一种土用3~4个试样,分别在不同的恒定周围压力(小主应力 σ_3)下按上述方法进行试验,得出剪切破坏时的大主应力 σ_1，将这些结果绘成一组极限应力圆，并作出这些应力圆的公共切线，该线即土的抗剪强度包线，如图 2-5-11c) 所示。通常取此包线为一条直线，该直线在纵轴上的截距为黏聚力 c，与横轴的夹角为内摩擦角 φ。

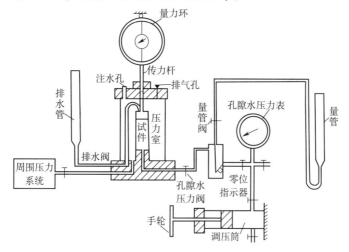

图 2-5-10　三轴压缩仪

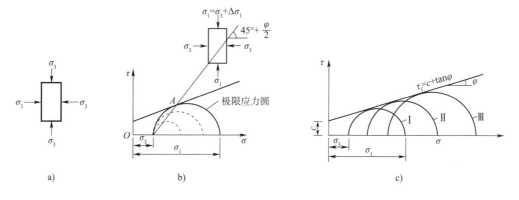

图 2-5-11　三轴压缩试验原理

a) 试件受周围压力；b) 破坏时试件上的主应力和极限应力圆；c) 莫尔破坏包线

同样，对应于直接剪切试验的快剪、固结快剪和慢剪试验，三轴剪切试验按剪切前的固结程度和剪切时的排水条件，也可分为以下 3 种试验方法。

1. 不固结不排水剪（UU 试验）

试样在施加周围压力和随后施加偏应力直至剪坏的整个试验过程中都不允许排水，这样从开始加压直至试样剪坏，土中的含水率始终保持不变，孔隙水压力也不可能消散。这种试验方法所对应的实际工程条件相当于饱和软黏土中快速加荷时的应力状况，得到的抗剪强度指标用 c_u、φ_u 表示。

2. 固结不排水剪（CU 试验）

在施加周围压力 σ_3 时，将排水阀门打开，允许试样充分排水，待固结稳定后关闭排水阀门，然后再施加偏应力，使试样在不排水的条件下剪切破坏。由于不排水，试样在剪切过程中没有任何体积变形。若要在受剪过程中测量孔隙水压力,则要打开试样与孔隙水压力测量系统间的管路阀门,得到的抗剪强度指标用 c_{cu}、φ_{cu} 表示。

固结不排水剪试验是经常要做的工程试验,它适用的实际工程条件常常是一般正常固结土层在工程竣工或在使用阶段受到大量、快速的活荷载或新增加的荷载作用时所对应的受力情况。

3.固结排水剪(CD试验)

在施加周围压力和随后施加偏应力直至剪坏的整个过程中都将排水阀门打开,并给予充分的时间让试样中的孔隙水压力能够完全消散,得到的抗剪强度指标用 c_d、φ_d 表示。

三轴试验的突出优点是能够控制排水条件以及可以量测土样中孔隙水压力的变化。此外,三轴试验中试件的应力状态也比较明确,剪切破坏时的破裂面在试件的最弱处,而不像直剪试验那样限定在上下盒之间。一般来说,三轴试验的结果还是比较可靠的,因此《建筑地基基础设计规范》(GB 50007—2011)推荐采用,特别是对于甲级建筑物地基土应予以采用。

五、地基承载力

由于外荷载的施加,在地基土内部荷载影响范围内,土中应力增加,若某点沿某方向剪应力达到土的抗剪强度,该点即处于极限平衡状态;若应力再增加,该点就发生破坏。当外部荷载的不断增大时,土体内部存在多个破坏点,若这些点连成整体,就形成了破坏面。地基土内部一旦形成了整体滑动面,坐落在其上的建筑物就会发生急剧沉降、倾斜,导致建筑物失去使用功能,这种状态称为地基土失稳或丧失承载能力。地基土所能提供的最大支撑力称为地基承载力。因此,进行地基基础设计时,地基必须满足以下条件:

(1)建筑物基础的沉降或沉降差必须在该建筑物所允许的范围内(变形要求)。

(2)建筑物的基底压力应该在地基所允许的承载能力之内(稳定要求)。

(一)地基破坏的形式

试验研究表明,建筑地基在荷载作用下往往由于承载力不足而产生剪切破坏,其破坏形式可分为整体剪切破坏、局部剪切破坏及冲剪破坏3种,如图2-5-12所示。其中,整体剪切破坏的 p-s 曲线如图2-5-12中所示曲线 a。地基变形的发展可分为3个阶段:当荷载较小时,基底压力 p 与沉降 s 基本上成直线关系(OA 段),属线性变形阶段,相应于 A 点的荷载称为临塑荷载,以 p_{cr} 表示;当荷载增加到某一数值时,基础边缘处土体开始发生剪切破坏,随着荷载的增加,剪切破坏区(或塑性变形区)逐渐扩大,土体开始向周围挤出,p-s 曲线不再保持为直线(AB 段),属弹塑性变形(或剪切)阶段,相应于 B 点的荷载称为极限荷载,以 p_u 表示;如果荷载继续增加,剪切破坏区不断扩大,最终在地基中形成一连续的滑动面,基础急剧下沉或向一侧倾斜,同时土体被挤出,基础四周地面隆起,地基发生整体剪切破坏,p-s 曲线陡直下降(BC 段),通常称为完全破坏阶段。

图 2-5-12 中曲线 c 为冲剪破坏的情况。随着荷载的增加,基础下土层发生压缩变形,当荷载继续增加,基础四周土体发生竖向剪切破坏,基础"切入"土中,但地基中不出现明显的连续滑动面,基础四周地面不隆起,沉降随荷载的增加而加大,p-s 曲线无明显拐点。

局部剪切破坏是介于整体剪切破坏和冲剪破坏之间的一种破坏形式。随着荷载的增加,剪切破坏区从基础边缘开始,发展到地基内部某一区域(b 图中实线区域),但滑动面并不延伸到地面,基础四周地面虽有隆起迹象,但不会出现明显的倾斜和倒塌。相应的 p-s 曲线如图 2-5-12 中所示曲线 b,拐点不甚明显,拐点后沉降增长率较前段大,但不像整体剪切破坏那样急剧增加。

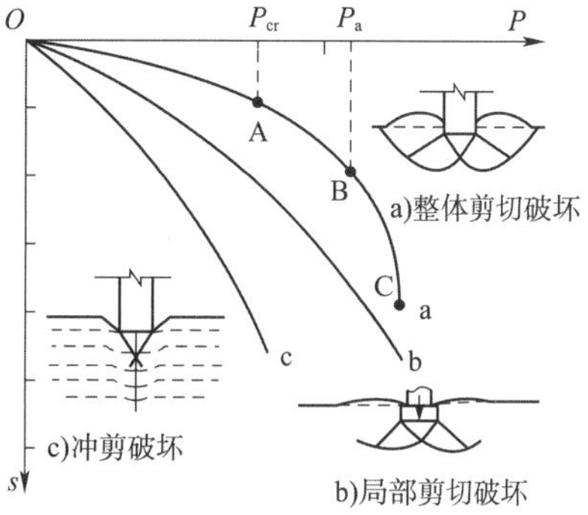

图 2-5-12　地基的破坏形式

地基的破坏形式主要与土的压缩性有关。一般来说,对于密实砂土和坚硬黏土,将出现整体剪切破坏,而对于压缩性比较大的松砂和软黏土,可能出现局部剪切或冲剪破坏。此外,破坏形式还与基础埋深、加荷速率等因素有关。

(二)地基承载力的确定方法

根据《公路桥涵地基与基础设计规范》(JTG 3363—2019)规定,地基承载力的确定应以修正后的地基承载力容许值 $[f_a]$ 控制,该值系在地基原位测试或规范给出的各类岩土承载力基本容许值 $[f_{a0}]$ 的基础上,经修正而得。

1. 地基承载力基本容许值 $[f_{a0}]$

地基承载力基本容许值 $[f_{a0}]$ 可根据岩土类别、状态及物理力学特性指标按表 2-5-1 ~ 表 2-5-7 选用。

(1)一般岩石地基可根据强度等级、节理按表 2-5-1 确定承载力基本容许值 $[f_{a0}]$。对于复杂的岩层(如溶洞、断层、软弱夹层、易溶岩石和软化岩石等)应按各项因素综合确定。

岩石地基承载力基本容许值 $[f_{a0}]$(单位:kPa)　　　　　　　　　表 2-5-1

节理发育程度 $[f_{a0}]$ 坚硬程度	节理不发育	节理发育	节理很发育
坚硬岩、较硬岩	>3000	3000 ~ 2000	2000 ~ 1500
较软岩	3000 ~ 1500	1500 ~ 1000	1000 ~ 800
软岩	1200 ~ 1000	1000 ~ 800	800 ~ 500
及软岩	500 ~ 400	400 ~ 300	300 ~ 200

（2）碎石土地基可根据其类别和密实程度按表2-5-2确定承载力基本容许值$[f_{a0}]$。

碎石土地基承载力基本容许值$[f_{a0}]$（单位：kPa）

表2-5-2

$[f_{a0}]$ 密实程度 土名	密实	中密	稍密	松散
卵石	1200～1000	1000～650	650～500	500～300
碎石	1000～800	800～550	550～400	400～200
圆砾	800～600	600～400	400～300	300～200
角砾	700～500	500～400	400～300	300～200

注：1. 由硬质岩组成，填充砂土者取高值；由软质岩组成，填充黏性土者取低值。

2. 半胶结的碎石土，可按密实的同类土的$[f_{a0}]$值提高10%～30%。

3. 松散的碎石土在天然河床中很少遇见，需特别注意鉴定。

4. 漂石、块石的$[f_{a0}]$值，可参照卵石、碎石适当提高。

（3）砂土地基可根据土的密实度和水位情况按表2-5-3确定承载力基本容许值$[f_{a0}]$。

砂土地基承载力基本容许值$[f_{a0}]$（单位：kPa）

表2-5-3

$[f_{a0}]$ 密实度 土名及水位情况		密实	中密	稍密	松散
砾砂、粗砂	与湿度无关	550	430	370	200
中砂	与湿度无关	450	370	330	150
细砂	水上	350	270	230	100
细砂	水下	300	210	190	—
粉砂	水上	300	210	190	—
粉砂	水下	200	110	90	—

（4）粉土地基可根据土的天然孔隙比e和天然含水率w按表2-5-4确定承载力基本容许值$[f_{a0}]$。

砂土地基承载力基本容许值$[f_{a0}]$（单位：kPa）

表2-5-4

$[f_{a0}]$ $w(\%)$ e	10	15	20	25	30	35
0.5	400	380	355	—	—	—
0.6	300	290	280	270	—	—
0.7	250	235	225	215	205	—
0.8	200	190	180	170	165	—
0.9	160	150	145	140	130	125

（5）老黏土地基可根据压缩模量E_s按表2-5-5确定承载力基本容许值$[f_{a0}]$。

老黏土地基承载力基本容许值$[f_{a0}]$ 表 2-5-5

E_s(MPa)	10	15	20	25	30	35	40
$[f_{a0}]$(kPa)	380	430	470	510	550	580	620

（6）一般黏性土地基可根据液性指数 I_L 和天然孔隙比 e 按表 2-5-6 确定承载力基本容许值 $[f_{a0}]$。

一般黏性土地基承载力基本容许值$[f_{a0}]$（单位:kPa） 表 2-5-6

e \ $[f_{a0}]$ \ I_L	0	0.1	0.2	0.3	0.4	0.5	0.6	0.7	0.8	0.9	1.0	1.1	1.2
0.5	450	440	430	420	400	380	350	310	270	240	220	—	—
0.6	420	410	400	380	360	340	310	280	250	220	200	180	—
0.7	400	370	350	330	310	290	270	240	220	190	170	160	150
0.8	380	330	300	280	260	240	230	210	180	160	150	140	130
0.9	320	280	260	240	220	210	190	180	160	140	130	120	100
1.0	250	230	220	210	190	170	160	150	140	120	110	—	—
1.1	—	—	160	150	140	130	120	110	100	90	—	—	—

注:1. 土中含有粒径大于 2mm 的颗粒质量超过总质量 30% 以上者，$[f_{a0}]$ 可适当提高。

2. 当 $e<0.5$ 时，取 $e=0.5$；当 $I_L<0$ 时，取 $I_L=0$。此外，超过表列范围的一般黏性土，$[f_{a0}]=57.22E_s^{0.57}$。

（7）新近沉积黏性土地基可根据液性指数 I_L 和天然孔隙比 e 按表 2-5-7 确定承载力基本容许值 $[f_{a0}]$。

新近沉积黏性土地基承载力基本容许值$[f_{a0}]$（单位:kPa） 表 2-5-7

e \ $[f_{a0}]$ \ I_L	≤0.25	0.75	1.25
≤0.8	140	120	100
0.9	130	110	90
1.0	120	100	80
1.1	110	90	—

2. 地基承载力基本容许值 $[f_{a0}]$ 的修正

修正后的地基承载力容许值 $[f_{a0}]$ 按式（2-5-16）确定。当基础位于水中不透水地层上时，$[f_{a0}]$ 按平均常水位至一般冲刷线的水深每米再增大 10kPa。

$$[f_a] = [f_{a0}] + k_1\gamma_1(b-2) + k_2\gamma_2(h-3) \qquad (2\text{-}5\text{-}16)$$

式中：$[f_a]$——修正后的地基承载力特征值（kPa）；

$\quad b$——基础底面的最小边宽（m），当 $b<2$m 时取 $b=2$m，当 $b>10$m 时取 $b=10$m；

$\quad h$——基础埋置深度（m），自天然地面算起，有水流冲刷时自一般冲刷线算起，当 $h<3$m 时取 $h=3$m，当 $h/b>4$ 时取 $h=4b$；

$\quad k_1$、k_2——基底宽度、深度修正系数，根据基底持力层土的类别按表 2-5-8 确定；

$\quad \gamma_1$——基底持力层土的天然重度（kN/m³）；若持力层在水面以下且为透水者，应取浮重度；

γ_2——基底以上土层的加权平均重度（kN/m^3）；换算时若持力层在水面以下，且不透水时，不论基底以上土的透水性如何，一律取饱和重度；当透水时，水中部分土层则应取浮重度。

地基承载力宽度、深度修正系数 k_1、k_2 表 2-5-8

土类\系数	黏 性 土				粉土	砂 砾 土								碎 石 土			
	老黏性土	一般黏性土		新近沉积黏性土	—	粉砂		细砂		中砂		砾砂、粗砂		碎石、圆砾、角砾		卵石	
		$I_L \geq 0.5$	$I_L < 0.5$		—	中密	密实	中密	密实	中密	密实	中密	密实	中密	密实	中密	密实
k_1	0	0	0	0	0	1.0	1.2	1.5	2.0	2.0	3.0	3.0	4.0	3.0	4.0	3.0	4.0
k_2	2.5	1.5	2.5	1.0	1.5	2.0	2.5	3.0	4.0	4.0	5.5	5.0	6.0	5.0	6.0	6.0	10.0

注：1. 对于稍密和松散状态的砂、碎石土，k_1、k_2 值可采用表列中密值的 50%。

2. 强风化和全风化的岩石，可参照所风化成的相应土类取值；其他状态下的岩石不修正。

3. 软土地基承载力容许值 $[f_a]$

软土地基承载力容许值 $[f_a]$ 按下列规定确定：

（1）软土地基承载力基本容许值 $[f_{a0}]$ 应由载荷试验或其他原位测试取得。载荷试验和原位测试确有困难时，对于中小桥、涵洞基底未经处理的软土地基，承载力容许值 $[f_a]$ 可采用以下两种方法确定：

①根据原状土天然含水率 w，按表 2-5-9 确定软土地基承载力基本容许值 $[f_{a0}]$，然后按式（2-5-17）计算修正后的地基承载力容许值 $[f_a]$。

$$[f_a] = [f_{a0}] + \gamma_2 h \tag{2-5-17}$$

式中，γ_2、h 的意义同式（2-5-16）。

软土地基承载力基本容许值 $[f_{a0}]$ 表 2-5-9

天然含水率 w（%）	36	40	45	50	55	65	75
$[f_{a0}]$（kPa）	100	90	80	70	60	50	40

②根据原状土强度指标确定软土地基承载力容许值 $[f_a]$。

$$[f_a] = \frac{5.14}{m} k_p C_u + \gamma_2 h \tag{2-5-18}$$

式中：m——抗力修正系数，可视软土灵敏度及基础长宽比等因素选用 $1.5 \sim 2.5$；

k_p——系数；

C_u——地基土不排水抗剪强度标准值（kPa）；

其余符号意义同前。

$$k_p = \left(1 + 0.2 \frac{b}{l}\right)\left(1 - \frac{0.4H}{blC_u}\right) \tag{2-5-19}$$

式中：H——由作用（标准值）引起的水平力（kN）；

    b——基础宽度(m),有偏心作用时,取$b-2e_b$,其中e_b为偏心作用在宽度方面的偏心距;

    l——垂直于b边的基础长度(m),有偏心作用时,取$l-2e_1$,其中e_1为偏心作用在长度方向的偏心距;

其余符号意义同前。

    (2)经排水固结方法处理的软土地基,其承载力基本容许值$[f_{a0}]$应通过载荷试验或其他原位测试方法确定;经复合地基方法处理的软土地基,其承载力基本容许值应通过载荷试验确定,然后按式(2-5-17)计算修正后的软土地基承载力容许值$[f_a]$。

    4.地基承载力容许值$[f_a]$应根据地基受荷阶段及受荷情况,乘以下列规定的抗力系数γ_R

    (1)使用阶段:

    ①当地基承受作用短期效应组合或作用效应偶然组合时,可取$\gamma_R=1.25$;但对承载力容许值$[f_a]$小于150kPa的地基,应取$\gamma_R=1.0$。

    ②当地基承受的作用短期效应组合仅包括结构自重、预加力、土重、土侧压力、汽车和人群效应时,应取$\gamma_R=1.0$。

    ③当基础建于经多年压实未遭破坏的旧桥基(岩石旧桥基除外)上时,不论地基承受的作用情况如何,抗力系数均可取$\gamma_R=1.5$;对$[f_a]$小于150kPa的地基,可取$\gamma_R=1.25$。

    ④基础建于岩石旧桥基上,应取$\gamma_R=1.0$。

    (2)施工阶段:

    ①地基在施工荷载作用下,可取$\gamma_R=1.25$。

    ②当墩台施工期间承受单向推力时,可取$\gamma_R=1.5$。

    【例题2-5-2】 天然地基上的桥梁基础,底面尺寸为2m×5m,基础埋置深度,地层分布及相关参数如图2-5-13所示,地基承载力基本容许值为200kPa,根据《公路桥涵地基与基础设计规范》(JTG 3363—2019),计算修正后的地基承载力容许值为多少?

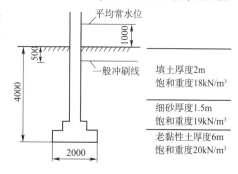

图 2-5-13 例题 2-5-2 示意图(尺寸单位:mm)

    解:(1)h自一般冲刷线起算,$h=3.5\text{m}$,$b=2\text{m}$。

    (2)基底处于水面下,持力层不透水,基底持力层土的重度取饱和重度$\gamma_1=20\text{kN/m}^3$。

    (3)基底处于水面下,持力层不透水,基底以上土的重度取饱和重度的加权平均值,即

$$\gamma_2=\frac{1.5\times18+1.5\times19+0.5\times20}{3.5}=18.7(\text{kN/m}^3)$$

（4）查表 2-5-8 得，$k_1 = 0$，$k_2 = 2.5$。

（5）$[f_a] = [f_{a0}] + k_1 \gamma_1 (b-2) + k_2 \gamma_2 (h-3) = 200 + 0 + 2.5 \times 18.71 \times (3.5-3) = 223.4(\text{kPa})$。

（6）按平均常水位至一般冲刷线的水深每米增大 10kPa，即

$$[f_a] = 223.4 + 10 \times 1.5 = 238.4(\text{kPa})$$

例题解析

①该例题为 2012 年《全国注册岩土工程师》专业考试试题。

②基础受水流冲刷时，基础埋深由冲刷线算起。

③持力层为不透水层，γ_1、γ_2 均采用饱和重度；持力层为透水层，水下的 γ_1、γ_2 均采用浮重度。

思考练习题

1. 剪切破坏的特征是什么？为什么说土的强度即指土的抗剪强度？

2. 什么是土的抗剪强度？在实际工作中，与土的抗剪强度有关的问题有哪些？

3. 砂土和黏性土的抗剪强度线有何不同？一般土的抗剪强度由哪两部分组成？

4. 试比较直剪试验的 3 种方法及其相互间的主要异同点？

5. 土的抗剪强度指标 c 和 φ 值如何确定？

6. 什么是极限平衡状态？极限平衡时应力圆与抗剪强度线有何关系？

7. 如何从库仑定律和摩尔应力圆原理说明：当 σ_1 不变，而 σ_3 变小时土可能破坏；反之，当 σ_3 不变，而 σ_1 变大时土有可能破坏的现象？

8. 地基变形破坏经历哪 3 个阶段？各个阶段的地基土有何变化？

9. 如何确定地基容许承载力？

10. 已知某地基土的 $c = 20\text{kPa}$、$\varphi = 20°$，若地基中某点的大主应力为 300kPa，当小主应力为何值时该点处于极限平衡状态？并说明其剪裂面的位置。

11. 已知某土体 $c = 20\text{kPa}$、$\varphi = 30°$，当土中某点大主应力 $\sigma_1 = 250\text{kPa}$，小主应力 $\sigma_3 = 100\text{kPa}$ 时，试判断该土点所处的应力状态。

12. 某水中基础尺寸为 $6.0\text{m} \times 4.5\text{m}$，持力层为黏性土，$e = 0.8$，$I_L = 0.45$，无冲刷，常水位在地表上 0.5m，其他条件如图 2-5-14 所示，则该地基修正后的地基承载力为多少？

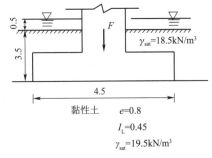

图 2-5-14 题 12 图（尺寸单位：m）

13. 有一基础，底面尺寸为 $4.0\text{m} \times 6.0\text{m}$，埋置深度为 4m，持力层为黏性土，天然孔隙比 $e = 0.6$，天然含水率 $w = 20\%$，塑限含水率 $w_P = 11\%$。液限含水率 $w_L = 30\%$。土的重度为 20.0kN/m³，基础埋置深度范围内土的重度 $\gamma_{sat} = 20.0\text{kN/m}^3$，则该地基允许承载力为多少？

单元六 土压力及土坡稳定

一、挡土结构物及土压力类型

(一) 挡土结构物上的土压力

挡土结构物是防止土体坍塌的构筑物,广泛应用于道路、桥梁、房屋建筑、铁路以及水利工程中,以阻挡土坡滑动或作为储藏粒状材料的挡墙等,如图 2-6-1 所示。土压力是指挡土结构物后的填土因自重或外荷载作用对墙背产生的侧向压力,是挡土结构物所承受的主要外荷载。

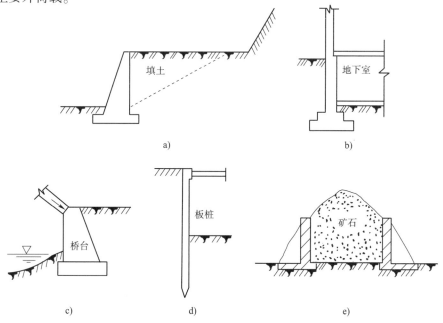

图 2-6-1 挡土墙应用举例

a)填方区用的挡土墙;b)地下室侧墙;c)桥台;d)板桩;e)散粒储仓

土压力计算十分复杂,它与填土的性质、挡土结构物的形状和位移方向以及地基土质等因素有关。目前计算土压力的理论仍多采用18世纪库仑和19世纪朗肯(W. J. M. Rankine)提出的理论。他们最初都假设墙后填土是干的无黏性土,但在实际工程中很少遇到这种填料,这些方法后来经过发展,被推广到各种填料的计算中去。大型及特殊构筑物土压力的计算常采用有限元数值分析计算,请参阅有关书籍及参考文献。本部分主要介绍朗肯和库仑土压力理论和计算土压力的方法。

(二)土压力分类及其相互关系

土压力的大小及其分布规律受墙体可能移动的方向、墙后填土的种类、填土面的角度、墙的截面刚度和地基的变形等一系列因素的影响,但挡土墙的位移方向和位移量是计算中要考虑的主要因素。

根据挡土墙的位移情况和墙后土体所处的应力状态,作用在挡土墙上的土压力可分为静止土压力、主动土压力和被动土压力,如图2-6-2所示。

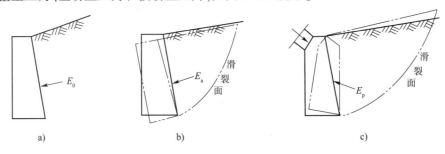

图 2-6-2　挡土墙上的3种土压力

a)静止土压力;b)主动土压力;c)被动土压力

1. 静止土压力

如果挡土墙静止不动,在土压力的作用下不向任何方向发生移动或转动(墙后土体处于弹性平衡状态),此时作用在墙背上的土压力称为静止土压力。静止土压力的合力用 $E_0(kN/m)$ 表示,如图 2-6-2a)所示。

2. 主动土压力

如果挡土墙向离开土体方向移动或转动,墙后土压力逐渐减小。当位移达到一定值时,墙后土体即将出现滑裂面(墙后填土处于主动极限平衡状态),此时作用在墙背上的土压力称为主动土压力。主动土压力的合力用 E_a 表示,如图 2-6-2b)所示。

3. 被动土压力

挡土墙在外力作用下,向墙背方向移动或转动时,墙挤压土体,墙后土压力逐渐增大,当达到某一位移量时,土体即将上隆(墙后土体处于被动极限平衡状态),此时土压力达到最大值,该土压力称为被动土压力。被动土压力的合力用 E_p 表示,如图 2-6-2c)所示。

实际上,土压力是挡土结构与土体相互作用的结果,大部分情况下的土压力均介于上述3种极限状态土压力之间。在影响土压力大小及其分布的各种因素中,挡土墙的位移是关键因素。3 种土压力合力的产生条件及其挡土墙位移的关系如图 2-6-3 所示。试验研究表明,相同条件下产生主动土压力合力所需的位移量 Δ_a 比产生被动土压力合力所需的位移量 Δ_p 要小得多,而相同条件下 $E_a < E_0 < E_p$。

二、静止土压力理论

当墙身不动时,墙后填土处于弹性平衡状态。在填土表面以下任意深度 z 处取一微小单元体,在微单元体的水平面上作用着竖向的自重应力 γz,该点的侧向应力可按式(2-6-1)中半无限体在无侧移条件下侧向应力的计算公式计算,此侧向应力为静止土压力强度,即

$$P_0 = K_0\sigma_{cz} = K_0\gamma z \tag{2-6-1}$$

式中: P_0——静止土压力强度(kPa);

$\quad K_0$——静止土压力系数;

$\quad \gamma$——墙后填土的重度(kN/m^3);

$\quad z$——计算点的深度(m)。

静止土压力系数 K_0 可参见式(2-3-4)。

由式(2-6-1)可知,静止土压力强度 P_0 与深度 z 成正比,即静止土压力强度在同一土层中呈直线分布,如图 2-6-4 所示,静止土压力强度分布图形的面积为合力大小 E_0,合力通过土压力图形的形心,即距墙底 $H/3$ 处,作用于挡土墙背上,其中 H 为挡土墙的高度。

$$E_0 = \frac{1}{2}\gamma H^2 K_0 \tag{2-6-2}$$

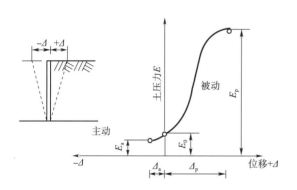

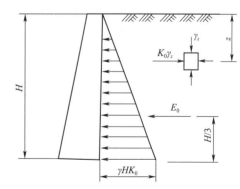

图 2-6-3　墙身位移与土压力的关系　　　　图 2-6-4　静止土压力分布图

对于成层土和有超载情况,静止土压力强度可按式(2-6-3)计算,即

$$P_0 = K_0\left(\sum\gamma_i h_i + q\right) \tag{2-6-3}$$

式中: γ_i——计算点以上第 i 层土的重度(kN/m^3);

$\quad h_i$——计算点上第 i 层土的高度(m);

$\quad q$——填土面上的均布荷载(kPa)。

在墙后填土有地下水的情况计算静止土压力时,地下水位以下对于透水性的土应采用有效重度 γ' 计算,同时考虑作用于挡土墙上的静止水压力。

三、朗肯土压力理论

1857 年英国学者朗肯根据半无限土体处于极限平衡时的最大主应力和最小主应力的关系来计算作用于墙背上的土压力,即土体中某点达到极限平衡状态时,大小主应力 σ_1 和 σ_3 的关系式如下

无黏性土:

$$\sigma_1 = \sigma_3 \tan^2\left(45° + \frac{\varphi}{2}\right) \tag{2-6-4}$$

$$\sigma_3 = \sigma_1 \tan^2\left(45° - \frac{\varphi}{2}\right) \tag{2-6-5}$$

黏性土:

$$\sigma_1 = \sigma_3 \tan^2\left(45° + \frac{\varphi}{2}\right) + 2c\tan\left(45° + \frac{\varphi}{2}\right) \tag{2-6-6}$$

$$\sigma_3 = \sigma_1 \tan^2\left(45° - \frac{\varphi}{2}\right) - 2c\tan\left(45° - \frac{\varphi}{2}\right) \tag{2-6-7}$$

朗肯土压力理论的基本假定为:挡土墙的墙背垂直、光滑,墙背填土表面水平。

(一)主动土压力计算(E_a)

如图 2-6-5a)所示,当挡土墙远离填土,即向左移动时,则墙后土体有伸张的趋势,此时竖向应力 σ_z 不变,墙背的法向应力 σ_x 减小。墙继续左移,土体继续伸张,当墙面上的法向应力 σ_x 为最小应力,则为朗肯主动土压力。

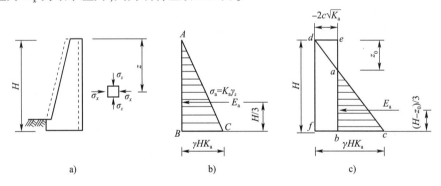

图 2-6-5 主动土压力分布图

a)主动土压力计算;b)无黏结土土压力;c)黏性土土压力

墙后填土任一深度 z 处的竖向应力 $\sigma_z = \gamma z$ 为大主应力 σ_1,且数值不变,水平方向应力 $\sigma_x = \sigma_a$ 为小主应力 σ_3,为主动土压力 p_a 强度。由式(2-6-5)、式(2-6-7),可得

无黏性土:

$$p_a = \gamma z K_a \tag{2-6-8}$$

黏性土:

$$p_a = \gamma z K_a - 2c\sqrt{K_a} \tag{2-6-9}$$

式中:p_a——主动土压力强度(kPa);

c——填土的黏聚力(kPa);

K_a——主动土压力系数,$K_a = \tan^2(45° - \varphi/2)$,其中 φ 为填土的内摩擦角(°);

其余符号意义同前。

由式(2-6-8)可知,无黏性土的主动土压力与 z 成正比,沿墙高的土压力是三角形分布,如图2-6-5b)所示,若取单位墙长计算,则土压力的合力为

$$E_a = \frac{1}{2}\gamma H K_a H = \frac{1}{2}\gamma H^2 K_a \qquad (2\text{-}6\text{-}10)$$

E_a 的作用点通过三角形压力分布图 ABC 的形心,即距墙底 $H/3$ 处。

由式(2-6-9)可知,黏性土主动土压力包括两部分:一部分是由黏聚力 c 引起的负侧压力(ade),与深度无关,沿墙高呈矩形分布;另一部分是由土的自重引起的正侧压力(abc),沿墙高呈三角形分布,这两部分土压力叠加的结果如图2-6-5c)所示。a 点为墙背负侧压力与正侧压力的分界点,其离填土表面的深度为 z_0,在填土表面无荷载的条件下,可令式(2-6-9)为零,即 $\sigma_a = 0$,就可得到填土受拉区的最大深度 z_0,即

$$z_0 = \frac{2c}{\gamma\sqrt{K_a}} \qquad (2\text{-}6\text{-}11)$$

若取单位墙长计算,则土压力合力为

$$E_a = \frac{1}{2}(H - z_0)(\gamma H K_a - 2c\sqrt{K_a}) = \frac{1}{2}\gamma H^2 K_a - 2cH\sqrt{K_a} + \frac{2c^2}{\gamma} \qquad (2\text{-}6\text{-}12)$$

E_a 通过三角形压力分布图 abc 的形心,即作用在离墙底 $(H - z_0)/3$ 处。

(二)被动土压力计算(E_p)

当挡土墙受到被动土压力作用时,墙后一定范围内填土达到被动极限平衡状态。与主动土压力相反,分析墙后任一深度 z 处的一微元体时,水平方向土压力相当于大主应力 σ_1,即 $\sigma_p = \sigma_1$,而竖直方向应力相当于小主力 σ_3,即 $\sigma_3 = \sigma_{cz} = p_p = \gamma z$,如图2-6-6所示。

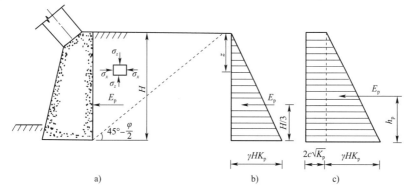

图2-6-6 被动土压力分布

a)被动土压力计算;b)无黏性土土压力;c)黏性土土压力

按主动土压力的方法,由土体极限平衡条件可得:

无黏性土:

$$p_p = \gamma z K_p \qquad (2\text{-}6\text{-}13)$$

黏性土:

$$p_p = \gamma z K_p + 2c \sqrt{K_p} \qquad (2\text{-}6\text{-}14)$$

式中: p_p——被动土压力强度(kPa);

K_p——朗肯被动土压力系数, $K_p = \tan^2(45° + \varphi/2)$。

被动土压力分布如图 2-6-6 所示,可得合力为

无黏性土:

$$E_p = \frac{1}{2} \gamma H^2 K_p \qquad (2\text{-}6\text{-}15)$$

黏性土:

$$E_p = \frac{1}{2} \gamma H^2 K_p + 2cH\sqrt{K_p} \qquad (2\text{-}6\text{-}16)$$

无黏性土的被动土压力合力作用点距墙底 $H/3$ 处,方向垂直墙背。黏性土的被动土压力合力作用点在梯形的形心处,方向也垂直于墙背。

朗肯土压力理论,以土体中一点的极限平衡条件为基础导出计算公式,其概念明确、公式简单、计算方便。但由于假设墙背光滑、垂直、填土面水平,而实际情况挡土墙背并非光滑,因而计算结果和实际情况有一定的出入。

【例题 2-6-1】 某一挡土墙,高 5m,墙背直立、光滑,填土面水平。填土的物理力学性质指标如下: $c = 10$kPa, $\varphi = 20°$, $\gamma = 18$kN/m³。试求主动土压力、主动土压力合力及其作用点位置,并绘出主动土压力分布图。

解:(1)在墙背填土表面的主动土压力强度为

$$
\begin{aligned}
p_a &= -2c\tan\left(45° - \frac{\varphi}{2}\right) \\
&= -2 \times 10 \times \tan\left(45° - \frac{20°}{2}\right) \\
&= -14.0(\text{kPa})
\end{aligned}
$$

在墙底处主动土压力强度为

$$
\begin{aligned}
p_a &= \gamma H \tan^2\left(45° - \frac{\varphi}{2}\right) - 2c\tan\left(45° - \frac{\varphi}{2}\right) \\
&= 18 \times 5 \times \tan^2\left(45° - \frac{20°}{2}\right) - 2 \times 10 \times \tan\left(45° - \frac{20°}{2}\right) \\
&= 30.1(\text{kPa})
\end{aligned}
$$

(2)临界深度为

$$z_0 = \frac{2c}{\gamma \sqrt{K_a}} = \frac{2 \times 10}{18 \times \tan\left(45° - \frac{\varphi}{2}\right)} \approx 1.59(\text{m})$$

(3)主动土压力合力为

$$
\begin{aligned}
E_a &= \frac{1}{2}(H - z_0)(\gamma H K_a - 2c\sqrt{K_a}) \\
&= \frac{1}{2} \times (5 - 1.59) \times \left[18 \times 5 \times \tan^2\left(45° - \frac{20°}{2}\right) - 2 \times 10 \times \tan\left(45° - \frac{20°}{2}\right)\right] \\
&= 51.4(\text{kN/m})
\end{aligned}
$$

（4）E_a 作用在离墙底的距离为

$$h_a = \frac{(H-z_0)}{3} = \frac{5-1.59}{3} = 1.14(\text{m})$$

主动土压力分布图如图 2-6-7 所示。

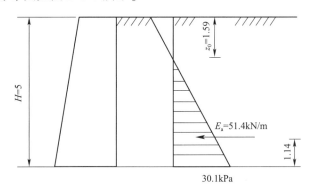

图 2-6-7　主动土压力分布图（尺寸单位：m）

例题解析

①首先根据题意"墙背直立、光滑、填土面水平"，判断可以应用朗肯土压力理论求解。

②在墙背填土表面的主动土压力强度为负值，所以要求出临界深度 z_0，z_0 为土压力强度为 0 的深度。

③绘主动土压力强度图。求合力时，只计算压力部分，负值表示墙与土间产生拉应力，实际上拉应力是不存在的。

（三）几种常见情况的土压力计算

1. 填土面有均布荷载

如图 2-6-8 所示，若挡墙后填土表面有连续均布荷载作用，计算主动土压力时相当于在深度 z 处的竖直应力增加了一个 q 值。因此，要将式（2-6-8）、式（2-6-9）中的 γz 用 $(q+\gamma z)$ 代替，就可以得到填土面上有超载时的主动土压力计算公式，即

砂性土：

$$p_a = (q+\gamma z)K_a \tag{2-6-17}$$

黏性土：

$$p_a = (q+\gamma z)K_a - 2c\sqrt{K_a} \tag{2-6-18}$$

这时的主动土压力由两部分组成：一是均布荷载引起的，与深度无关，沿墙高呈矩形分布；二是由土自重引起的，与深度成正比，沿墙高呈三角形分布。于是，作用在墙背上的主动土压力的合力大小可按梯形分布图的面积计算。

2. 成层填土

如图 2-6-9 所示挡土墙后填土为成层土，仍可按式（2-6-8）、式（2-6-9）计算主动土

压力。由于两层土的抗剪强度指标不同,使得土层分界面上土压力的分布有突变,其计算方法如下:

a 点:

$$p_{a1} = -2c_1 \sqrt{K_{a1}} \qquad (2\text{-}6\text{-}19)$$

b 点上(在第一层中):

$$p'_{a2} = \gamma_1 h_1 K_{a1} - 2c_1 \sqrt{K_{a1}} \qquad (2\text{-}6\text{-}20)$$

b 点下(在第二层中):

$$p''_{a2} = \gamma_1 h_1 K_{a2} - 2c_2 \sqrt{K_{a2}} \qquad (2\text{-}6\text{-}21)$$

c 点:

$$p_{a3} = (\gamma_1 h_1 + \gamma_2 h_2)K_{a2} - 2c_2 \sqrt{K_{a2}} \qquad (2\text{-}6\text{-}22)$$

式中:K_{a1}——$K_{a1} = \tan^2\left(45° - \dfrac{\varphi_1}{2}\right)$;

$\quad\quad K_{a2}$——$K_{a2} = \tan^2\left(45° - \dfrac{\varphi_2}{2}\right)$;

其余符号意义如图 2-6-9 所示。

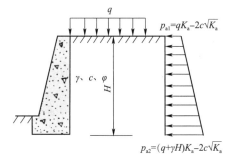

图 2-6-8　填土面上有均布荷载时的主动土压力　　　图 2-6-9　成层土的主动土压力计算

【例题 2-6-2】　用朗肯土压力公式计算如图 2-6-10 所示挡土墙上的主动土压力分布及其合力。已知填土为砂土,填土面作用均布荷载 $q = 20\text{kPa}$。

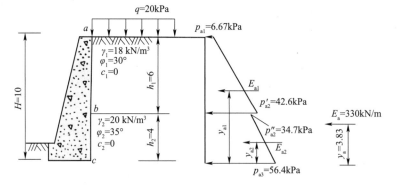

图 2-6-10　主动土压力分布图(尺寸单位:m)

解:由 $\varphi_1 = 30°$、$\varphi_2 = 35°$,得 $K_{a1} = 0.333$,$K_{a2} = 0.271$。

按式(2-6-17)、式(2-6-19)计算墙上各点的主动土压力为

a 点: $p_{a1} = qK_{a1} = 20 \times 0.333 = 6.67(\text{kPa})$。

b 点上(在第一层中): $p'_{a2} = (\gamma_1 h_1 + q)K_{a1} = (18 \times 6 + 20) \times 0.333 = 42.6(\text{kPa})$。

b 点下(在第二层中): $p''_{a2} = (\gamma_1 h_1 + q)K_{a2} = (18 \times 6 + 20) \times 0.271 = 34.7(\text{kPa})$。

c 点: $p_{a3} = (\gamma_1 h_1 + \gamma_2 h_2 + q)K_{a2} = (18 \times 6 + 20 \times 4 + 20) \times 0.271 = 56.4(\text{kPa})$。

采用计算结果绘得的主动土压力分布图如图 2-6-10 所示。由分布图可求得主动土压力合力 E_a 为

$$E_a = E_{a1} + E_{a2} = \frac{6.67 + 42.6}{2} \times 6 + \frac{34.7 + 56.4}{2} \times 4 = 147.8 + 182.2 = 330(\text{kN/m})$$

E_{a1} 作用点距墙脚 y_{a1} 为

$$y_{a1} = \frac{2 \times 6.67 + 42.6}{6.67 + 42.6} \times \frac{6}{3} + 4 = 6.27(\text{m})$$

E_{a2} 作用点距墙脚 y_{a2} 为

$$y_{a2} = \frac{2 \times 34.7 + 56.4}{34.7 + 56.4} \times \frac{4}{3} = 1.84(\text{m})$$

合力 E_a 作用点距墙脚 y_a 为

$$y_a = \frac{E_{a1}y_{a1} + E_{a2}y_{a2}}{E_{a1} + E_{a2}} = \frac{147.8 \times 6.27 + 182.2 \times 1.84}{330} = 3.83(\text{m})$$

例题解析

①首先根据题意"墙背直立、光滑、填土面水平",判断可以应用朗肯土压力理论求解。

②在墙背填土表面上作用有均布荷载,相当竖向应力增加了 q 值。

③绘主动土压力强度图,求图形面积即土压力合力。

④求解梯形面积重心至边缘的距离可采用以下方法(图 2-6-11): $y_a = x = \frac{a + 2b}{a + b} \times \frac{h}{3}$。

⑤本例题求解梯形面积重心至边缘的距离也可将梯形分解成一个矩形和一个三角形,分别求出矩形和三角形的重心到边缘的距离再加权平均进行求解,如例题2-6-3。

⑥求解第一个梯形至墙脚距离时,注意先求出梯形重心至梯形底边的距离,还要再加上第一个梯形底边至墙脚的距离,才是真正第一个梯形至墙角的距离。

⑦求解合力 E_a 作用点距墙脚的距离可采用加权平均的方法(如本例题),即 $y_a = \dfrac{E_{a1}y_{a1} + E_{a2}y_{a2} + \cdots + E_{an}y_{an}}{E_{a1} + E_{a2} + \cdots + E_{an}}$

$$= \frac{\sum E_{ai}y_{ai}}{\sum E_{ai}}。$$

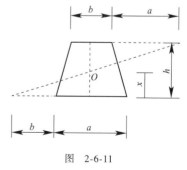

图 2-6-11

【**例题 2-6-3**】 某挡土墙高 5m,墙背直立、光滑,墙后填土面水平,且分两层。各层土的物理力学性质指标如图 2-6-12 所示,试求主动土压力合力 E_a,并绘出土压力的分布图。

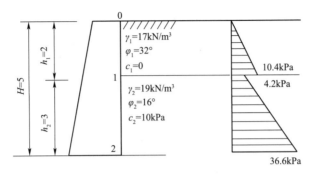

图 2-6-12　各层土的性质指标(尺寸单位:m)

解: (1) 各层土上、下面的主动土压力强度 σ_a 分别为

$$p_{a0} = \gamma_1 z \tan^2\left(45° - \frac{\varphi_1}{2}\right) = 0$$

$$p_{a1上} = \gamma_1 h_1 \tan^2\left(45° - \frac{\varphi_1}{2}\right) = 17 \times 2 \times \tan^2\left(45° - \frac{32°}{2}\right) = 10.4\,(\text{kPa})$$

$$p_{a1下} = \gamma_1 h_1 \tan^2\left(45° - \frac{\varphi_2}{2}\right) - 2c_2 \tan\left(45° - \frac{\varphi_2}{2}\right)$$

$$= 17 \times 2 \times \tan^2\left(45° - \frac{16°}{2}\right) - 2 \times 10 \times \tan\left(45° - \frac{16°}{2}\right) = 4.2\,(\text{kPa})$$

$$p_{a2} = (\gamma_1 h_1 + \gamma_2 h_2)\tan^2\left(45° - \frac{\varphi_2}{2}\right) - 2c_2 \tan\left(45° - \frac{\varphi_2}{2}\right)$$

$$= (17 \times 2 + 19 \times 3)\tan^2\left(45° - \frac{16°}{2}\right) - 2 \times 10 \times \tan\left(45° - \frac{16°}{2}\right)$$

$$= 36.6\,(\text{kPa})$$

(2) 主动土压力合力为

$$E_a = \frac{1}{2} \times 10.4 \times 2 + \frac{4.2 + 36.6}{2} \times 3 = 71.6\,(\text{kN/m})$$

主动土压力合力作用点位置为

$$y_a = \frac{10.4 \times (1+3) + 12.6 \times 1.5 + 48.6 \times 1}{71.6} = 1.52\,(\text{m})$$

主动土压力分布图如图 2-6-12 所示。

例题解析

①首先根据题意"墙背直立、光滑、填土面水平",判断可以应用朗肯土压力理论求解。

②墙后填土分若干薄层时,求分界面处的土压力是问题关键。层顶处的土压力用上层土的物理力学性质指标计算,层底处的土压力用下层土的物理力学性质指标计算。

③绘主动土压力强度图,求所有图形面积即土压力合力。

④求合力的作用位置时,将合力图形分成若干部分面积,分别求图形形心到底边面积矩,其和等于总图形心到底边面积矩。

3.墙后填土有地下水

当墙后填土有地下水时,由于地下水的存在将使土的含水率增大,抗剪强度降低,而使土压力增大。因此,挡土墙应该有良好的排水措施。

如图 2-6-13 所示,计算土压力时(假设为均质土,即水位线以上、以下 K_a 相同)地下水位以下土的重度取有效重度。所以,挡土墙底位置处的总侧压力为土压力 $P_{a\pm}$ 和水压力 $P_{a水}$ 之和,即 $P_a = P_{a\pm} + P_{a水} = (\gamma_1 h_1 + \gamma' h_2)K_a + \gamma_w h_2$。由图 2-6-13 可知,abdeca 部分为土压力分布图,cefc 部分为水压力分布图。

需要注意的是,图 2-6-13 中所示的土压力强度计算是以无黏性土为例;若为黏性土,可按水土合算原则计算土压力。由于黏性土渗透性弱,地下水对土颗粒不易形成浮力,故有经验时,可采用饱和重度,用总应力强度指标水土合算,其计算结果中已包括了水压力的作用。但当支护结构与周围土层之间能形成水头时,仍应单独考虑水压力的作用。而对于地下水位以下的粉土、砂土和碎石土,由于其渗透性强,地下水对土颗粒可形成浮力,故应采用水土分算。水压力可按静水压力计算,有经验时也可考虑渗流作用对水压力的影响。

四、库仑土压力理论

(一)基本原理

1776 年,法国学者库仑提出了适用性较广的库仑土压力理论。库仑理论假定挡土墙后填土是均质的砂性土,当挡土墙发生位移时,墙后有滑动土楔体随挡土墙的位移而达到主动或被动极限平衡状态,同时有滑裂面产生,如图 2-6-14 中所示的 BC 面。根据滑动土楔体 ABC 的外力平衡条件的极限状态,可分别求出主动土压力或被动土压力的合力。

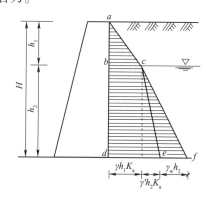

图 2-6-13　墙后填土有地下水　　　　图 2-6-14　库仑土压力理论

由此可得出,库仑土压力理论是以整个滑动土体上力系的平衡条件来求解土压力计算的理论公式的。其基本假设如下:

(1)挡土墙是刚性的,墙后填土是理想的散粒体($c = 0$)。

(2)当墙身向前或向后移动以产生主动土压力或被动土压力时的滑动楔体是沿着墙背和一个通过墙踵的平面发生滑动。

（3）滑动土楔体可视为刚体。

（4）分析时当作平面问题考虑。

（二）主动土压力合力 E_a 的计算

图 2-6-15 所示为库仑主动土压力合力计算图,当墙向前移动或转动而使墙后土体处于主动极限平衡状态时,墙后土体形成一滑动土楔体 ABC,其破裂面为通过墙踵 B 点的平面 BC,破裂面与水平面的夹角为 θ,墙高为 H 墙背俯斜与垂线的夹角为 α,墙后填土为砂土,填土面与水平面的夹角为 β,墙背与填土间的摩擦角（外摩擦角）为 δ,此时作用于土楔体 ABC 上的力有以下几种。

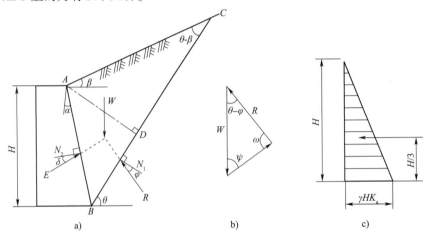

图 2-6-15　库仑主动土压力合力计算图

a)土楔 ABC 上的作用力;b)力矢三角形;c)主动土压力分布

1. 重力 W

土楔体自重 $W = \gamma \Delta ABC$,γ 为填土重度,只要破坏面 BC 的位置确定,W 的大小就唯一确定,且方向垂直向下。

2. 反力 R

R 为破裂面上土楔体的重力法向分力和破裂面上土体间摩擦力的合力,其与 BC 面法线 N_1 的夹角为 φ,并位于法线的下方（因为土楔体下滑）,如图 2-6-15 所示。

3. 反力 E

E 为墙背对土楔体的反力,它与作用在墙背上的土压力大小相等、方向相反。其与墙背 AB 的法线 N_2 的夹角为 δ,并位于法线下方（因为土楔体下滑）,如图 2-6-15a) 所示。

土楔体在以上 3 个力作用下处于静力平衡状态,因此必构成一闭合的力矢量三角形,如图 2-6-15b) 所示。由力的正弦定律可得:

$$\frac{E}{W} = \frac{\sin(\theta - \varphi)}{\sin[180° - (\theta - \varphi + \psi)]} = \frac{\sin(\theta - \varphi)}{\sin(\theta - \varphi + \psi)}$$

即

$$E = W \frac{\sin(\theta - \varphi)}{\sin(\theta - \varphi + \psi)} \tag{2-6-23}$$

其中，$\psi = 90° - \delta - \alpha$。

由于滑动面 BC 是任意选择的，所以它不一定是真正的滑动面，因而由式(2-6-23)计算得出的 E 也只是相应于滑动面 BC 时的土压力合力，而不一定是所求的主动土压力合力。选用不同的滑动面，E 值也将随之不同。但是，挡土墙破坏时，填土土体内只能有一个真正的滑动面(最危险的滑动面)，与这个滑动面相应的土压力合力才是所求的主动土压力合力 E_a。那么，怎样确定这个滑动面呢？可以把 E 看作滑动楔体在自重作用下克服了滑动面 BC 上的摩擦力以后而向前滑动的力，可见 E 值越大，楔体向下滑动的可能性也越大，所以产生最大 E 值的滑动面就是实际发生的真正的滑动面，相应最大的 E 值就是主动土压力合力 E_a，所以求真正滑动面的条件是 $dE/d\theta = 0$，由此确定 θ 值，也就是真正滑动面的位置。求得 θ 值后，代入式(2-6-15)就可得出主动土压力合力为

$$E_a = \frac{1}{2}\gamma H^2 \frac{\cos^2(\varphi - \alpha)}{\cos^2\alpha\cos(\alpha + \delta)\left[1 + \sqrt{\dfrac{\sin(\varphi + \delta)\sin(\varphi - \beta)}{\cos(\alpha + \delta)\cos(\alpha - \beta)}}\right]^2} \qquad (2\text{-}6\text{-}24)$$

令

$$K_a = \frac{\cos^2(\varphi - \alpha)}{\cos^2\alpha\cos(\alpha + \delta)\left[1 + \sqrt{\dfrac{\sin(\varphi + \delta)\sin(\varphi - \beta)}{\cos(\alpha + \delta)\cos(\alpha - \beta)}}\right]^2} \qquad (2\text{-}6\text{-}25)$$

则有

$$E_a = \frac{1}{2}\gamma H^2 K_a \qquad (2\text{-}6\text{-}26)$$

式中：K_a——库仑主动土压力系数，它是 φ、δ、α、β 的函数，可按式(2-6-25)计算，当 $\beta = 0$ 时，K_a 可由表 2-6-1 查得。

主动土压力系数 K_a（当 $\beta = 0$ 时） 表 2-6-1

墙背倾斜情况				填土与墙背摩擦角 $\delta(°)$	主动土压力系数 K_a					
倾斜方式	图示		α($°$)		土的内摩擦角 $\varphi(°)$					
					20	25	30	35	40	45
仰斜			-15	$\frac{1}{2}\varphi$	0.357	0.274	0.208	0.156	0.114	0.081
				$\frac{2}{3}\varphi$	0.346	0.266	0.202	0.153	0.112	0.079
			-10	$\frac{1}{2}\varphi$	0.385	0.303	0.237	0.184	0.139	0.104
				$\frac{2}{3}\varphi$	0.375	0.295	0.232	0.180	0.139	0.104
			-5	$\frac{1}{2}\varphi$	0.415	0.334	0.268	0.214	0.168	0.131
				$\frac{2}{3}\varphi$	0.406	0.327	0.263	0.211	0.138	0.131
竖直			0	$\frac{1}{2}\varphi$	0.447	0.367	0.301	0.246	0.199	0.160
				$\frac{2}{3}\varphi$	0.438	0.361	0.297	0.244	0.200	0.162

续上表

墙背倾斜情况			填土与墙背摩擦角 $\delta(°)$	主动土压力系数 K_a					
倾斜方式	图示	α ($°$)		土的内摩擦角 $\varphi(°)$					
				20	25	30	35	40	45
俯斜		+5	$\frac{1}{2}\varphi$	0.482	0.404	0.338	0.282	0.234	0.193
			$\frac{2}{3}\varphi$	0.450	0.398	0.335	0.282	0.236	0.197
		+10	$\frac{1}{2}\varphi$	0.520	0.444	0.378	0.322	0.273	0.230
			$\frac{2}{3}\varphi$	0.514	0.439	0.377	0.323	0.277	0.237
		+15	$\frac{1}{2}\varphi$	0.564	0.489	0.424	0.368	0.318	0.274
			$\frac{2}{3}\varphi$	0.559	0.486	0.425	0.371	0.325	0.284
		+20	$\frac{1}{2}\varphi$	0.615	0.541	0.476	0.463	0.370	0.325
			$\frac{2}{3}\varphi$	0.611	0.540	0.479	0.474	0.381	0.340

当墙背垂直($\alpha=0$)、光滑($\delta=0$),填土面水平($\beta=0$)时,式(2-6-25)为

$$K_a = \frac{\cos^2\varphi}{(1+\sin\varphi)^2} = \frac{1-\sin^2\varphi}{(1+\sin\varphi)^2} = \frac{1-\sin\varphi}{1+\sin\varphi} = \tan^2\left(45° - \frac{\varphi}{2}\right) \qquad (2\text{-}6\text{-}27)$$

可见,在此条件下,库仑主动土压力和朗肯主动土压力完全相同。因此,可以说朗肯理论是库仑理论的特殊情况。

由式(2-6-26)可以看出,库仑主动土压力 E_a 是墙高 H 的二次函数,故主动土压力强度 P_a 是沿墙高按直线规律变化的,即深度 z 处为

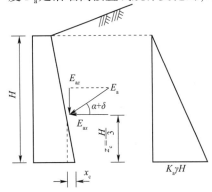

图 2-6-16 主动土压力

$$P_a = \frac{\mathrm{d}E_a}{\mathrm{d}z} K_a \gamma z$$

式中: γz ——竖向应力 σ_z ,故该式可写为

$$P_a = K_a \sigma_z = K_a \gamma z \qquad (2\text{-}6\text{-}28)$$

填土表面处 $\sigma_z = 0$, $P_a = 0$ 随深度 z 的增加, σ_z 呈直线增加, P_a 也呈直线增加。所以,库仑主动土压力强度分布图为三角形,如图 2-6-16 所示。 E_a 的作用点为 P_a 分布图的形心,距墙角的高度 $z_c = H/3$;其作用线方向与墙背法线成 δ 角,并指向墙背(与水平面成 $\alpha+\delta$ 角); E_a 可分解为水平方向和竖直方向两

个分量:

$$E_{ax} = E_a \cos(\alpha + \delta) = E_a \cos\theta \qquad (2\text{-}6\text{-}29)$$

$$E_{az} = E_a \sin(\alpha + \delta) = E_a \sin\theta \qquad (2\text{-}6\text{-}30)$$

其中,E_{ax} 至墙脚的水平距离为

$$x_c = z_c \tan\alpha \qquad (2\text{-}6\text{-}31)$$

(三) 被动土压力合力 E_p 的计算

挡土墙在外力作用下向填土方向移动或转动,如图 2-6-17 所示,直至土体沿某一破裂面 BC 破坏时,土楔体 ABC 向上滑动,并处于被动极限平衡状态时,竖向应力保持不变,是小主应力。而水平应力逐渐增大,直至达到最大值,故水平应力是大主应力,也就是被动土压力。此时,土楔体 ABC 在 W、R、E 3 个力作用下,亦由平衡条件可得:

$$E_p = \frac{1}{2}\gamma H^2 K_p \qquad (2\text{-}6\text{-}32)$$

式中:E_p——库仑被动土压力合力(kN/m);

K_p——库仑被动土压力系数。

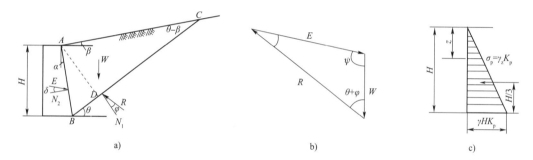

图 2-6-17 库仑被动土压力合力计算

a)土楔 ABC 的作用力;b)力矢三角形;c)被动土压力分布

令

$$K_p = \frac{\cos^2(\varphi + \alpha)}{\cos^2\alpha \cos(\alpha - \delta)\left[1 - \sqrt{\dfrac{\sin(\varphi + \delta)\sin(\varphi + \beta)}{\cos(\alpha - \delta)\cos(\alpha - \beta)}}\right]^2} \qquad (2\text{-}6\text{-}33)$$

当墙背垂直($\alpha = 0$)、光滑($\delta = 0$),填土面水平($\beta = 0$)时,式(2-6-33)为

$$K_p = \tan^2\left(45° + \frac{\varphi}{2}\right) \qquad (2\text{-}6\text{-}34)$$

可见在此条件下,库仑被动土压力合力和朗肯被动土压力合力也是相同的,如图 2-6-17c)所示,库仑被动土压力沿墙高呈三角形分布,土压力合力作用点离墙踵 $H/3$,方向与墙面的法线成 δ 角。

影响挡土墙土压力的关键性因素是墙体的位移,其大小和方向直接影响墙后土压力的分布和实际应用。在工程上,对于主动土压力,用库仑土压力理论比较接近实际;对于被动土压力,库仑土压力理论的计算结果偏大,用朗肯土压力理论相对而言误差小一些。

【例题 2-6-4】 某挡土墙如图 2-6-18 所示。已知墙高 $H = 5m$,墙背倾角 $\alpha = 10°$,填

土为细砂,填土面水平$(\beta=0)$,$\gamma=19kN/m^3$,$\varphi=30°$,$\delta=\varphi/2=15°$。请分别按库仑土压力理论和朗肯土压力理论,求作用在墙上的主动土压力E_a。

解:(1)按库仑土压力理论计算。

当$\beta=0$、$\alpha=10°$、$\delta=15°$、$\varphi=30°$时,由表2-6-1查得主动土压力系数$K_a=0.378$。由此可求得作用在每延米长挡土墙上的主动土压力为

$$E_a=\frac{1}{2}\gamma H^2 K_a=\frac{1}{2}\times19\times5^2\times0.378=89.78(kN/m)$$

$$E_{ax}=E_a\cos\theta=89.78\times\cos(15°+10°)=81.36(kN/m)$$

$$E_{ay}=E_a\sin\theta=89.78\times\sin(15°+10°)=37.94(kN/m)$$

E_a的作用点位置距墙脚为

$$C_1=\frac{H}{3}=\frac{5}{3}=1.67(m)$$

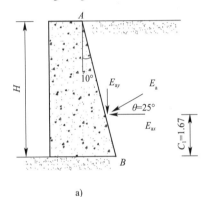 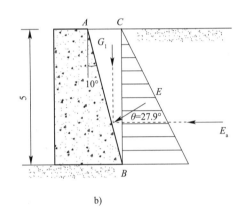

a)   b)

图2-6-18 挡土墙受力示意图

(2)按朗肯土压力理论计算。

前述朗肯主动土压力公式(2-6-8)适用于填土为砂土,墙背竖直$(\alpha=0)$、墙背光滑$(\delta=0)$和填土面水平$(\beta=0)$的情况。在本例题中,挡土墙$\alpha=10°$、$\delta=15°$,不符合上述情况。现从墙脚B点作竖直面BC,用朗肯主动土压力公式计算作用在BC面上的主动土压力E_a,近似地假定作用在墙背AB上的主动土压力是E_a与土体ABC重力G_1的合力,如图2-6-18b)所示。

当$\varphi=30°$时,求得主动土压力系数$K_a=0.333$。按式(2-6-10)求作用在BC面上的主动土压力E_a为

$$E_a=\frac{1}{2}\gamma H^2 K_a=\frac{1}{2}\times19\times5^2\times0.333=79.09(kN/m)$$

土体ABC的重力G_1为

$$G_1=\frac{1}{2}\gamma H^2\tan\alpha=\frac{1}{2}\times19\times5^2\times\tan10°=41.88(kN/m)$$

作用在墙背AB上的合力E为

$$E=\sqrt{E_a^2+G_1^2}=\sqrt{79.09^2+41.88^2}=89.49(kN/m)$$

合力 E 与水平面夹角 θ 为

$$\theta = \arctan \frac{G_1}{E_a} = \arctan \frac{41.88}{79.09} = 27.9°$$

例题解析

①首先根据题意"墙背倾角 $\alpha = 10°$、填土为细砂、填土面水平 $(\beta = 0)$",判断可以应用库仑土压力理论求解。

②当 $\beta = 0$、$\alpha = 10°$、$\delta = 15°$、$\varphi = 30°$ 时,查得主动土压力系数 K_a 是问题的关键。

③用朗肯土压力近似的方法求得的土压力合力 E 值与库仑公式的结果还是比较接近的。

五、土坡稳定分析

土坡失稳产生的危害,国内外均有事例。它严重地危害公路、铁路、运河、渠道的正常运行,威胁房屋、堤坝、码头驿岸的安全,给国家财产和人民生命安全造成不可挽回的损失。因此,研究土坡的稳定性有重要的实际意义。

由长期自然地质应力作用形成的土坡称为天然土坡。人工挖方和填方形成的土坡,称为人工土坡,如在天然土体中开挖渠道、基坑、沟槽、路堑以及填筑路堤、坝等所形成的土坡。本节主要介绍人工土坡稳定性分析。

简单人工土坡的形态、各部分名称及可能滑动面形状如图 2-6-19、图 2-6-20 所示。

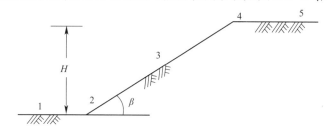

图 2-6-19　简单土坡各部分名称

H-坡高;β-坡角;1-坡底;2-坡脚;3-坡面;4-坡肩;5-坡顶

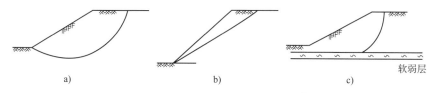

图 2-6-20　土坡滑动面形状

土坡滑动面形状,经实际调查表明,在均质的黏性土坡中滑动面空间上似圆柱面,剖面上呈曲线,如图 2-6-20a)所示,在坡顶处趋于垂直,接近坡脚处趋于水平;由砂、砾、卵石及风化砂砾组成的无黏性土坡中,滑动面空间上为一斜面,剖面上接近于斜直线,如图 2-6-20b)所示;在土坡坡底夹有软层时,有可能出现曲线与直线组合的复合滑动面,如图 2-6-20c)所示。它们构成滑动分析的几何边界条件。

土坡滑动失稳的原因有以下两种:

(1)外界力的作用破坏了土体内原来的应力平衡状态。例如,路堑或基坑的开挖,是由于土自身的重力发生变化,从而改变了土体原来的应力平衡状态。此外,路堤的填筑或土坡面上作用外荷载时,以及土体内水的渗流力、地震力的作用,也都会破坏土体内原有的应力平衡状态,促使土坡坍塌。

(2)土的抗剪强度由于受到外界各种因素的影响而降低,促使土坡失稳破坏。例如,由于外界气候等自然条件的变化,使土时干时湿、收缩膨胀、冻结、融化等,从而使土变松强度降低;土坡内因雨水的浸入使土湿化,强度降低;土坡附近因施工引起的振动,如打桩、爆破以及地震力的作用等,引起土的液化或徐变,使土的强度降低。

土坡的稳定安全度是用稳定安全系数 K 表示的,它是指土的抗剪强度与土坡中可能滑动面上产生的剪应力间的比值,即 $K = \tau_f / \tau$。

一般土坡的长度远超过其宽度,故土坡稳定性分析时,常沿长度方向取单位长度按平面问题计算。不同类别的土坡其滑动形式和分析方法各有不同,下面将分别介绍砂性土坡和黏性土坡的稳定分析方法。

(一)无黏性土土坡的稳定分析

无黏性土(如砂、卵砾石以及风化砾石等)形成的土坡,产生滑坡时其滑动面近似于平面,常用直线滑动法分析土坡稳定性。

对于无黏性土边坡,稳定分析较为简单,其滑动模式一般为平面破坏,如图 2-6-21 所示。取单位长度土坡,按平面应变问题考虑,任取一滑动平面与水平面间夹角为 θ,滑动体的重力 W 已知,$W = \gamma \Delta ABC$,作用在滑动体上的支撑力已知,$N = W\cos\theta$,则作用在滑动面上的平均正应力 $\sigma = \dfrac{N}{AC} = \dfrac{W\cos\theta}{AC}$。重力 W 对应的下滑分力已知,$S = W\sin\theta$,剪应力 $\tau = \dfrac{S}{AC} = \dfrac{W\sin\theta}{AC}$。

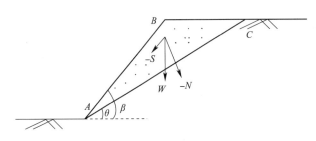

图 2-6-21　无黏性土坡稳定分析

抗剪强度与剪应力之比为土坡稳定安全系数:$K = \dfrac{\tau_f}{\tau} = \dfrac{\sigma\tan\varphi}{\tau} = \dfrac{\tan\varphi}{\tan\theta}$。

显然,当 $\theta = \beta$ 时,安全系数 K 最小,即稳定安全系数为

$$K = \frac{\tan\varphi}{\tan\beta} \tag{2-6-35}$$

式中:φ——土的内摩擦角。

由式(2-6-35)可见,对于均质砂性土坡,只要坡角 β 小于土的内摩擦角 φ,则无论土坡的高度为多少,土坡总是稳定的。当 $K = 1$ 时,土坡处于极限平衡状态,此时的坡角 β

就等于砂性土的内摩擦角 φ，称为自然休止角。

为了保证土坡的稳定，必须使稳定安全系数大于1，通常为了保证土坡具有足够的安全储备，可取 $K = 1.25 \sim 1.5$。

（二）有渗流作用时的无黏性土坡

砂性土土坡有渗流，且为顺坡出流时（见图2-6-22），由于土块将受到水的浮力作用，则其所受重力 $W = \gamma' V$，而顺坡方向的下滑力 $T = W\sin\beta = (\gamma' + \gamma_w)V\sin\beta = \gamma_{sat}V\sin\beta$，阻止该土块下滑的力仍是小块土体与坡面间的抗剪力 $T' = N\tan\varphi = \gamma'V\cos\beta\tan\varphi$。所以，有渗流作用时的砂性土坡稳定安全系数 K 则为

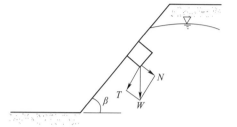

图2-6-22　有渗流作用时的砂性土土坡

$$K = \frac{T'}{T} = \frac{N\tan\varphi}{W\sin\beta} = \frac{\gamma'V\cos\beta\tan\varphi}{(\gamma' + \gamma_w)V\sin\beta} = \frac{\gamma'\tan\varphi}{\gamma_{sat}\tan\beta}$$

$$(2\text{-}6\text{-}36)$$

式（2-6-36）和没有渗流作用的公式（2-6-35）相比，相差 γ'/γ_{sat} 倍，此值接近于1/2。因此，当坡面有顺坡渗流作用时，无黏性土土坡的稳定安全系数将近乎降低1/2。

【例题2-6-5】 某均质无黏性土土坡，其饱和重度 γ_{sat} 为 19.5kN/m³，内摩擦角 φ 为30°，若要求这个土坡的稳定安全系数为1.25。试问在干坡或完全浸水情况下以及坡面有顺坡渗流时其坡角应为多少度？

解： 干坡或完全浸水时，由式（2-6-35）可得：

$$\tan\beta = \frac{\tan\varphi}{K} = \frac{0.577}{1.25} = 0.462$$

$$\beta = 24.8°$$

有顺坡渗流时，由式（2-6-36）可得：

$$\tan\beta = \frac{\gamma'\tan\varphi}{\gamma_{sat}K} = \frac{9.69 \times 0.577}{19.5 \times 1.25} = 0.230$$

$$\beta = 12.93°$$

第二种情况的坡角几乎只有第一种情况的1/2。

例题解析

①均质无黏性土土坡稳定性由稳定性系数确定。

②有顺坡渗流时，坡脚应放缓。

（三）均质黏性土土坡的稳定分析

均质黏性土土坡由于剪切破坏而失去稳定时，常沿着一曲面滑动，一般在破坏前坡顶先有张力裂缝发生，继而沿某一曲面产生整体滑动，但在理论分析时，通常将滑动曲面近似地假设为圆弧滑动面。圆弧滑动面的形式一般有下列3种：

（1）圆弧滑动面通过坡脚 B 点，如图2-6-23a）所示，称为坡脚圆。

（2）圆弧滑动面通过坡面上 E 点，如图2-6-23b）所示，称为坡面圆。

（3）圆弧滑动面通过坡脚以外的 A 点，如图2-6-23c）所示，且圆心位于坡面的竖直中

线上,称为中点圆。

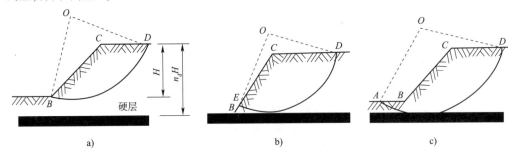

图 2-6-23 均质黏性土土坡的 3 种圆弧滑动面

a)坡脚圆;b)坡面圆;c)中点圆

上述 3 种圆的形成与坡角 β、土强度指标、土中硬层等因素有关。

土坡稳定分析时采用圆弧滑动面首先由彼德森(K. E. Petterson,1916 年)提出,此后费伦纽斯(W. Fellenius,1927 年)和泰勒(D. W. Taylor,1948 年)做了研究和改进。他们提出的分析方法可以分为以下两种:

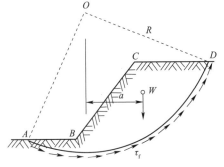

图 2-6-24 土坡的整体稳定分析

(1)土坡圆弧滑动按整体稳定分析法,主要适用均质简单土坡。所谓简单土坡是指土坡上、下两个土面是水平的,坡面 BC 是一平面,如图 2-6-24 所示。

(2)用条分法分析土坡稳定,条分法对非均质土坡、土坡外形复杂、土坡部分在水下时均适用。

如图 2-6-24 所示为均质的黏性土坡,AD 为假定的一个滑弧,圆心在 O 点,半径为 R。假定土体 $ABCD$ 为刚体,在重力 W 的作用下,将绕圆心 O 旋转。

使土体绕圆心 O 下滑的滑动力矩为

$$M_s = Wa \tag{2-6-37}$$

式中:W——滑动体 $ABCDA$ 的重力(kN);

a——W 对 O 点的力臂(m)。

阻止土体滑动的力是滑弧上的抗滑力,其值等于抗剪强度 τ_f 与滑弧 AD 长度 $\hat{L}$ 的乘积,故阻止土体 $ABCD$ 向下滑动的抗滑力矩(对 O 点)为

$$M_r = \tau_f \hat{L} R \tag{2-6-38}$$

式中:τ_f——土的抗剪强度(kPa),按库仑定律 $\tau_f = c + \sigma\tan\varphi$ 计算;

$\hat{L}$——滑动圆弧 AD 的长度(m);

R——滑动圆弧面的半径(m)。

土坡的稳定安全系数 K 也可以用稳定力矩 M_r 与滑动力矩 M_s 的比值表示,即

$$K = \frac{M_r}{M_s} = \frac{\tau_f \hat{L} R}{Wa} \tag{2-6-39}$$

为了保证土坡的稳定,K必须大于 1.0。验算一个土坡的稳定性时,先假定多个不同的滑动面,通过试算找出多个相应的 K 值,相应于最小稳定安全系数 K_{min} 的滑弧为最危险滑动面。评价一个土坡的稳定性时,要求最小的安全系数应不小于有关规范要求的数值。

一般情况下,土的抗剪强度由黏聚力 c 和摩擦力 $\sigma \tan\varphi$ 两部分组成。它是随着滑动面上法向应力的改变而变化的,沿整个滑动面并非一个常数,因此,直接采用式(2-6-39)计算土坡的稳定安全系数有一定的误差。

(四) 瑞典条分法

对于外形比较复杂,且 $\varphi > 0$ 的土坡,滑动面各点的抗剪强度与该点的法向应力有关,在假定整个滑动面各点 K 值均相等的前提下,首先要设法求出滑动面上法向应力的分布,才能求出 K 值。常用的方法是将滑动土体分成若干竖直土条,分析每一土条底面上的剪切力和抗剪力,再根据整个滑动土体的力矩平衡条件,求得安全系数的表达式。这种方法首先由瑞典学者使用,常称为瑞典条分法。

瑞典条分法是条分法中最古老而又最简单的方法,除假定滑动面为圆柱面及滑动土体为不变形的刚体外,还假定不考虑土条两侧面上的作用力。现以均质土坡为例说明其基本原理及安全系数表达式。

如图 2-6-25 所示为一均质土坡,AD 是假定的滑动面,其圆心为 O,半径为 R。现将滑动土体 $ABCDA$ 分成若干土条,而取其中任一土条(第 i 条)分析其受力情况。

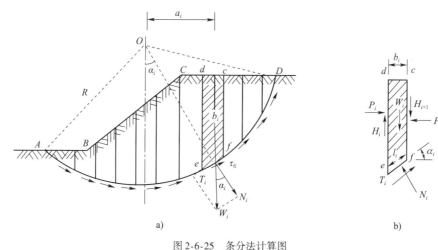

图 2-6-25　条分法计算图

具体分析步骤如下:

(1)按比例绘制土坡剖面图,如图 2-6-25a)所示。

(2)选任意一点 O 为圆心,以 OA 为半径 R,作圆弧 AD,ADC 为假定的滑弧面。

(3)将滑弧面以上土体竖直分成宽度相等的若干土条并依次编号。编号时可以令通过圆心 O 的竖直线为 0 号土条的中线,图中向右为正,向左为负。为使计算方便,可取各土条宽度 $b = 0.1R$,则 $\sin\alpha_i = 0.1i$,可减少大量三角函数的计算。

(4)计算土条自重 W_i 在滑动面 ef 上的法向分力 N_i 和切向分力 T_i。

如图 2-6-25b)所示,若不考虑土条侧面上的作用力,则土条上作用着的力有以下几种。

①土条自重 W_i,方向竖直向下,其值为

$$W_i = \gamma b_i h_i \tag{2-6-40}$$

式中:γ——土的重度;

b_i、h_i——分别为该土条的宽度与平均高度。

将 W_i 引至分条滑动面上,分解为通过滑动圆心的法向力 N_i 和与滑弧相切的剪切力 T_i。若以 α_i 表示该土条底面中点的法线与竖直线的交角,则有:

$$N_i = W_i \cos\alpha_i \qquad T_i = W_i \sin\alpha_i$$

②作用在土条底面上的法向反力 $\overline{N}_i$,与 N_i 大小相等、方向相反。

③作用在土条底面上的抗剪力 $\overline{T}_i$,其可能发挥的最大值等于土条底面上土的抗剪强度与滑弧长度 l_i 的乘积,方向则与滑动方向相反。当土坡处于稳定状态并假定各土条底部滑动面上的安全系数均等于整个滑动面上的安全系数时,则实际发挥的抗剪力为

$$\overline{T}_i = \frac{\tau_{\text{fi}} l_i}{K} = \frac{(c + \sigma_i \tan\varphi) l_i}{K} = \frac{c l_i + \overline{N}_i \tan\varphi}{K} \tag{2-6-41}$$

现将整个滑动土体内各土条对圆心 O 取力矩平衡,可得:

$$\sum T_i R = \sum \overline{T}_i R \tag{2-6-42}$$

故得:

$$K = \frac{\sum (c l_i + \overline{N}_i \tan\varphi)}{\sum T_i} = \frac{\sum (c l_i + W_i \cos\alpha_i \tan\varphi)}{\sum W_i \sin\alpha_i} = \frac{\sum (c l_i + \gamma b_i h_i \cos\alpha_i \tan\varphi)}{\sum \gamma b_i h_i \sin\alpha_i} \tag{2-6-43}$$

式中:α_i——土条 i 滑动面的法线(即半径)与竖直线的夹角;

l_i——土条 i 滑动面 ef 的弧长;

c、φ——滑动面上的黏聚力及内摩擦角。

稳定分析时可假定多个滑弧面,利用式(2-6-43)分别计算相应的 K 值,其中 $K_{\min}$ 所对应的滑弧面为最危险滑动面,当 $K_{\min} > 1$ 时,土坡是稳定的。

对于均质土坡,若取各土条宽度均相等,式(2-6-43)可简化为

$$K = \frac{c \hat{L} + \gamma b \tan\varphi \sum h_i \cos\alpha_i}{\gamma b \sum h_i \sin\alpha_i} \tag{2-6-44}$$

式中:$\hat{L}$——滑弧的弧长。

在计算时要注意土条的位置,如图 2-6-25a)所示,当土条底面中心在滑弧圆心 O 的垂线右侧时,剪切力 T_i 方向与滑动方向相同,起剪切作用,应取正号;而当土条底面中心在圆心的垂线左侧时,T_i 的方向与滑动方向相反,起抗剪作用,应取负号。$\overline{T}_i$ 则无论何处

其方向均与滑动方向相反。

假定不同的滑弧,就能求出不同的 K 值,从中可找出最小的 $K_{\min}$,即土坡的稳定安全系数。此安全系数若达不到设计要求,应修改原设计,重新进行稳定分析。

瑞典条分法也可用有效应力法进行分析,此时土条底部实际发挥的抗剪力为

$$\overline{T}_i = \frac{\tau_{\text{fi}}l_i}{K} = \frac{[c' + (\sigma_i - u_i)\tan\varphi'] \cdot l_i}{K} = \frac{c'l_i + (W_i\cos\alpha_i - u_il_i)\tan\varphi'}{K}$$

故有:

$$K = \frac{\sum [c'l_i + (W_i\cos\alpha_i - u_il_i)\tan\varphi']}{\sum W_i\sin\alpha_i} \tag{2-6-45}$$

式中:c'、φ'——土的有效应力强度指标;

u_i——第 i 条土条底面中点处的孔隙水压力;

其余符号意义同前。

瑞典条分法由于不计土条两侧面 cf 和 de 上的法向力 P_i 和剪切力 H_i 的影响,如图 2-6-25b) 所示,使超静定问题转化为静定问题,并不能满足所有的平衡条件,由此算出的稳定安全系数比用其他严格的方法算出的稳定系数,可能偏低 10% ~ 20%。这种误差随着滑弧圆心角和孔隙水压力的增大而增大,严重时偏差可能达到 50%。

 思考练习题

1. 何谓静止土压力、主动土压力及被动土压力?

2. 静止土压力属于哪一种平衡状态?它与主动土压力与被动土压力状态有何不同?

3. 朗肯土压力理论是如何得到计算主动与被动土压力公式的?

4. 什么是"临界高度"?如何计算临界高度?

5. 库仑土压力理论与朗肯土压力理论的区别是什么?

6. 当挡土墙后填土中存在地下水时,水土分算与水土合算土压力的方法有什么区别?

7. 挡土结构物的位移及变形对土压力有着什么样的影响?

8. 土坡稳定分析的目的是什么?何谓稳定安全系数?

9. 在研究均质黏性土的稳定分析时,一般圆弧滑动面的形式有哪几种?

10. 图 2-6-26 所示的挡土墙,墙背垂直且光滑,墙高 10m,墙后填土表面水平,其上作用着连续均布的荷载 q 为 20kPa,填土由两层无黏性土组成,土的性质指标和地下水位如图 2-6-26 所示,试求:

(1)绘主动土压力和水压力分布图。

(2)总压力(土压力和水压力之和)的大小。

(3)总压力的作用点。

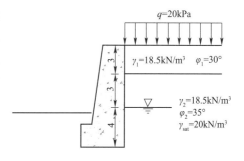

图 2-6-26　题 10 图(尺寸单位:m)

11.按朗肯土压力理论计算如图 2-6-27 所示的挡土墙,其墙背垂直且光滑,墙高 8.0m,墙后填土表面水平,其上作用着连续均布的超载 $q=18\text{kPa}$,填土由无黏性土 4.0m 和黏土 4.0m 组成,土的性质指标和地下水位如图 2-6-27 所示,试求:

(1)绘被动土压力和水压力分布图。

(2)总压力(土压力和水压力之和)的大小。

(3)总压力的作用点。

12.某挡土墙高 4m,墙背倾斜角 $\alpha=20°$,填土面倾角 $\beta=10°$,填土重度 $\gamma=20$ kN/m³,$\varphi=30°$,$c=0$,填土与墙背的摩擦角 $\delta=15°$,按库仑理论试求:

(1)主动土压力大小、作用点位置和方向。

(2)主动土压力强度沿墙高的分布。

13.用库仑公式求图 2-6-28 中所示挡土墙上的主动土压力的大小。

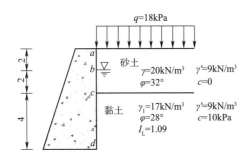

图 2-6-27　题 11 图(尺寸单位:m)

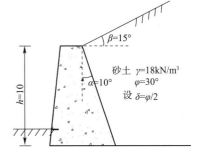

图 2-6-28　题 13 图(尺寸单位:m)

模块三 岩土工程地质分析

单元一 不良地质现象分析

教学目标

掌握不良地质现象:岩溶、崩塌、滑坡、泥石流、地震的概念及特点,形成条件及影响因素,以及各种不良地质现象的防治与处治措施。

重点难点

各种不良地质现象的防治与处治措施。

一、岩溶

(一)岩溶的概念及其形态特征

1.概念

岩溶,又称为喀斯特(karst),是指可溶性岩石,在漫长的地质年代里,受地表水和地下水以化学溶蚀为主、机械侵蚀和岩浆为辅的地质营力的综合作用,由此产生的各种现象的统称。岩溶在我国分布广泛,主要分布在我国的西南、中南地区,其中桂、黔、滇、川东、鄂西、粤北连成一片,面积达56万 km^2。另外,在华北、华东、东北地区也有分布。

2.岩溶地貌形态特征

图 3-1-1 所示为岩溶形态块状示意图。

图 3-1-1 岩溶形态块状示意图

①-峰林;②-岩溶洼地;③-岩溶盆地;④-岩溶平原;⑤-孤峰;⑥-岩溶漏斗;⑦-岩溶坍陷;⑧-溶洞;⑨-地下河;a-石钟乳;b-石笋;c-石柱

（1）溶沟和石芽。例如，云南路南县的石林奇观，堪称世界之最，其中石芽最高达30m以上，峭壁林立，各有姿态。

（2）漏斗和落水洞。

（3）溶蚀洼地和坡立谷（溶蚀盆地）。例如，广西一带溶蚀洼地很多，其直径由数百米甚至于1~2km，洼地底部有厚2~3m的红土覆盖，表面有耕地分布。

（4）峰丛、峰林和孤峰。

（5）干谷（岩溶地区干涸的河谷）。

（6）溶洞。例如，美国肯塔基州的猛犸洞长达240km，为世界之冠。

（7）暗河。

（二）岩溶的形成条件

岩溶的形成条件如下：

（1）可溶性岩石。

（2）岩石的裂隙性。

（3）水的溶蚀能力。

（4）岩溶水的运动与循环。

（三）岩溶的防治措施

岩溶的防治措施包括挖填、跨盖、灌注和排导。

1.挖填

挖填是指挖除岩溶形态中的软弱充填物或凿出局部的岩石露头，回填碎石、混凝土和各种可压缩性材料以达到改良地基的目的。

2.跨盖

跨盖是指采用梁式基础或拱形结构等跨越溶洞、沟槽等，或用刚性大的平板基础覆盖沟槽、溶洞等。

3.灌注

对于埋深大、体积也大的溶洞，采用挖填、跨盖处理不经济时，则可用灌注的方法处理，通过钻孔向洞内灌入水泥砂浆或混凝土以堵塞洞穴。

4.排导

水的活动常常对岩溶地基中的胶结物或充填物进行溶蚀和冲刷，促使岩溶中的裂隙扩大，引起溶洞顶板坍塌，故必须对岩溶水进行排导处理。在处理前，首先应查明水的来源情况，实地的地形、生产条件和场地情况，然后采用不同的排导方法。如对降雨、生产废水则采用排水沟、截水盲沟排除；对地下水可采用排水洞、排水管等排除，使水流改道疏干建筑地段；对洞穴或裂隙涌水，用黏土、浆砌片石或其他止水材料堵塞等。

二、崩塌

（一）崩塌的概念

崩塌是指陡峻斜坡上的岩、土体在重力作用下突然脱离坡体向下崩落的现象。崩塌常发生在新近上升的山体边缘,坚硬岩石组成的悬崖峡谷地带,河、湖、海岸的陡岸等。大规模的崩塌能摧毁铁路、公路、隧道和桥梁,破坏工厂、矿山、城镇、村庄和农田,甚至危及人民的生命安全,造成巨大灾害,在工程建筑物上视为"山区病害"之一。

崩塌的规模大小相差悬殊。若陡峻斜坡上有个别、少量岩块、碎石脱离坡体向下坠落,称为落石;小型崩塌,称为坠石;规模巨大的山区崩塌称为山崩。

(二) 崩塌的形成条件及影响因素

1. 地形地貌条件

地形是引起崩塌的基本因素。斜坡坡度大于55°、高度超过30m的地段易发生崩塌。

2. 岩性条件

岩性对崩塌有明显的控制作用。坚硬脆性的岩石组成的高陡边坡易发生崩塌,如图3-1-2所示。另外,硬、软岩相间构成的边坡,因风化的差异性造成硬岩突出、软岩内凹,这样突出悬空的硬岩也易于发生崩塌,如图3-1-3所示。

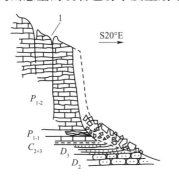

图3-1-2 长江三峡月亮洞崩塌
1-张裂缝
注:N70°E/70°~80°S,长100余m,张开40cm

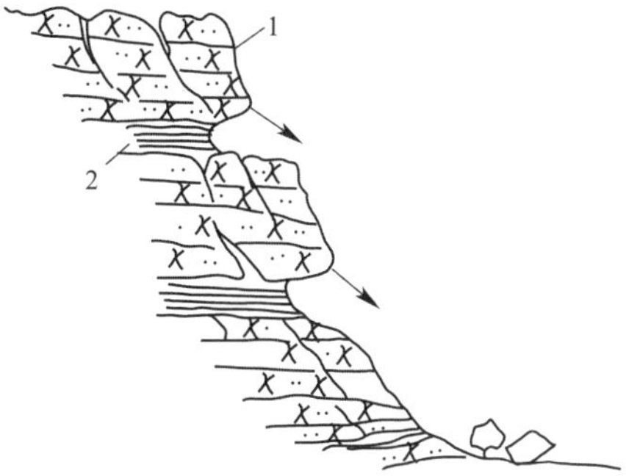

图3-1-3 软硬互层坡体的局部崩塌与坠落
1-砂岩;2-页岩

3. 地质构造

岩体中各种不连续面的存在是产生崩塌的基本条件。当各种不连续面的产状和组合有利于崩塌时,就成为发生崩塌的决定性因素。

坚硬岩石中节理的大量存在有利于岩石的崩塌。随着风化作用的进行,节理发育和扩大,使陡岩边坡越来越趋于不稳定状态,一旦遇到地震、暴雨、地表水冲击或人工开挖及爆破等因素的触发,就会沿裂隙发生崩落。此外,岩石中层理、片理、劈理的倾向如与斜坡倾向一致,沿这些构造面也容易发生崩塌。

4. 水文条件

水是诱发崩塌的必要条件。一般来说,崩塌绝大多数发生在雨季,特别是大雨过后不久,渗入节理裂隙中的水增大了岩体质量,软化了岩体强度,增加了水的静、动水压力,促使节理扩展、连通,诱发了崩塌。

5. 气候因素

高寒地区冰劈作用广泛发育,干旱、半干旱气候区日温差及年温差较大,这些地区物理风化强烈,岩石易破碎成碎块,崩落极易发生。

6. 其他条件

主要是人为因素和振动影响。如果在工程设计和施工中处理不当,会促使崩塌的发生;地震、列车、爆破施工引起的振动,也是诱发崩塌的因素。

(三) 崩塌的防治

1. 排水

水的参与加大了发生崩塌的可能性,所以要在可能发生崩塌的地段上方修建截水沟,防止地表水流入崩塌区内。崩塌地段地表岩石的节理、裂隙可用黏土或水泥砂浆填封,防止地表水下渗。

2. 对于落石和小型崩塌的防治

对于落石和小型崩塌,可采用清除危岩、支护加固、拦挡工程等进行防治。

3. 对于大型崩塌的防治

对于大型崩塌,可采用棚洞或明洞等防护工程进行防治。若各种方法均不能解决问题时,只能采取绕避方案,将线路内移做隧道,或者将线路改移到河对岸等。

三、滑坡

(一) 滑坡的概念

斜坡上大量的岩土体,在一定的自然条件(地质结构、岩性和水文地质条件等)及其自身重力的作用下,使部分岩土体失去稳定性,沿斜坡内部一个或几个滑动面(带)整体向下滑动的现象,称为滑坡。

特别是在强震区,由于滑坡的存在和发展,有的迫使交通线路中断,有的导致房屋大量倒塌,有的严重危害水利枢纽工程的安全,还有的带来生命财产损失等。总之,滑坡往往会干扰各项工程建设,耽误工期,耗费大量的人力、物力,因此,对强震区滑坡应给予足够的重视并加强相应的研究。在这里列举受地震影响滑坡的计算与处治(见附录C)。

(二) 滑坡的形态特征

一个典型的、比较完全的滑坡,在地表会显现出一系列滑坡形态特征,这些形态特征成为正确识别和判断滑坡的主要标志,如图3-1-4所示。

1. 滑坡体

沿滑动面向下滑动的那部分岩土体。

2. 滑动面

滑坡体沿其下滑的面。

3. 滑坡床和滑坡周界

滑动面下稳定不动的岩土体称为滑坡床。在平面上,滑坡体与周围稳定不动的岩土体的分界线称为滑坡周界。

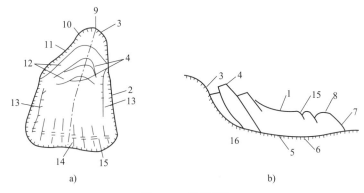

图 3-1-4　滑坡要素

1-滑坡体;2-滑坡周界;3-滑坡壁;4-滑坡台阶;5-滑动面;6-滑动带;7-滑坡舌;8-滑动鼓丘;9-滑坡轴;10-破裂缘;
11-封闭洼地;12-拉张裂缝;13-剪切裂缝;14-扇形裂缝;15-鼓胀裂缝;16-滑坡床

4. 滑坡壁

滑体后缘与母体脱离开的分界面,平面上多呈围椅状。

5. 滑坡台阶

滑坡体上、下各段运动速度的差异,滑坡体断开或沿不同滑面多次滑动,在滑坡上构成多级台阶。每一台阶由滑坡平台及陡壁组成。

6. 滑坡舌和滑坡鼓丘

滑坡体前缘形如舌状伸入沟堑或河道中的部分称为滑坡舌。如滑坡体前缘受阻,被挤压鼓起成丘状者称为滑坡鼓丘。

7. 滑坡裂隙

滑坡体内出现的裂隙,有的呈环形,有的呈放射状,有的呈羽毛状;有的是由拉张力造成的,有的是由剪切力造成的,常发生在滑坡的初中期。

此外,在滑坡体上还常见各种地貌、地物特征,可作为确定滑坡的重要参考。例如,滑坡体上房屋开裂甚至倒塌,滑坡体上的"醉林""马刀树"等现象,如图 3-1-5 所示。

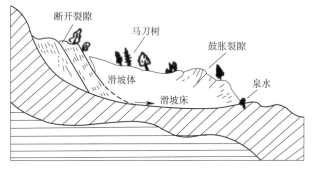

图 3-1-5　滑坡特征

(三) 滑坡的形成条件及影响因素

1. 地形地貌

高而陡峻的斜坡较不稳定,因为地形上的有效临空面提供了滑动的空间,是滑坡形成的重要条件。

2. 地层岩性

沉积物和岩石是产生滑坡的物质基础。松散沉积物尤其是黏土与黄土容易发生滑坡,坚硬岩石较难发生滑坡。斜坡的岩石性质不一,特别是当上层为松散堆积层,而下部是坚硬岩石时,则沿两者接触面最容易产生滑坡。

3. 地质构造

滑坡的产生与地质构造关系极为密切。滑动面常常是构造软弱面,如层面、断层面、断层破碎带、节理面和不整合面等。另外,岩层的产状也影响滑坡的发育。如果岩层向斜坡内部倾斜,斜坡比较稳定;如果岩层的倾向和斜坡坡向相同,就有利于滑坡发育,特别是当倾斜岩层中有含水层存在时,滑坡最易形成。

4. 地下水

绝大多数滑坡的发生发育都有地下水的参与。因为地下水进入滑动体,到达滑动面,会使滑动体自重增大,使滑动面抗剪强度降低,再加上对滑动体的静、动水压力,都成为诱发滑坡形成和发展的重要因素。

5. 人为因素及其他因素

人工切坡、开挖渠道、露采矿坑等人类的工程活动,设计施工不当都可能破坏斜坡平衡面引起滑坡。此外,地震、大爆破和各种机械振动常诱发滑坡,因为地面振动不仅增加了土体下滑力,而且破坏了土体的内部结构。

(四) 滑坡分类

目前滑坡的分类方法较多,现介绍常用的分类。

1. 按滑坡力学特征分类

(1)牵引式滑坡。滑体下部先失去平衡发生滑动,逐渐向上发展,使上部滑体受到牵引而跟随滑动,如图3-1-6所示。

(2)推移式滑坡。滑体上部局部破坏,上部滑动面局部贯通,向下挤压下部滑体,最后整个滑体滑动,如图3-1-6所示。

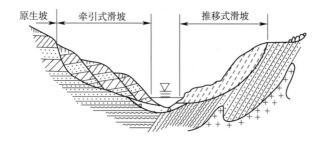

图 3-1-6 牵引式、推移式滑坡断面

2. 按滑坡体的厚度分类

(1)浅层滑坡:<6m。

(2)中层滑坡:6~20m。

（3）深层滑坡：20～30m。

（4）超深层滑坡：＞30m。

3.按滑坡的规模大小分类

（1）小型滑坡：＜3 万 m^3。

（2）中型滑坡：3 万～50 万 m^3。

（3）大型滑坡：50 万～300 万 m^3。

（4）巨型滑坡：＞300 万 m^3。

4.按形成的年代划分

（1）新滑坡：由于开挖山体形成的滑坡。

（2）古滑坡：旧已存在的滑坡。

（五）滑坡的防治

滑坡的防治措施主要有排、挡、减、固等，具体如下。

1.排水

（1）排除地表水。对滑坡体地表水要截流旁引，不使它流入滑坡内。因此可在滑坡边界处设环形截水沟，在滑坡内修筑树枝状排水沟。

（2）排除地下水。其中水平排水设施有盲沟、盲洞和水平钻孔；垂直排水设施有井和钻孔等。

2.刷方减载

凡属头重脚轻的滑坡以及有可能产生滑坡的高而陡的斜坡，可将滑坡上部或斜坡上部的岩土体削去一部分，减轻上部荷载，这样可减小滑坡或斜坡上的滑动力，而增加滑坡或斜坡内的抗滑力，因而增加了稳定性。

3.修建支挡工程

支挡工程的作用主要是增加抗滑力，直到不再滑动。常用的支挡工程有挡土墙、抗滑桩和锚固工程。

（1）挡土墙。它是防治滑坡常用的有效措施之一，并常与排水等措施联合使用。它是借助自身的重力以支挡滑体的下滑力。挡土墙的基础一定要砌置于最低的滑动面之下，以避免其本身滑动而失去抗滑作用。

（2）抗滑桩。抗滑桩是用以支挡滑体下滑力的桩柱，一般集中设置在滑坡的前缘附近。这种支挡工程对正在活动的浅层和中厚层滑坡效果较好。

（3）锚固工程。锚固工程包括锚杆加固和锚索加固。通过对锚杆或锚索预加应力，增大了垂直滑动面的法向压应力，从而增加滑动面的抗剪强度，阻止滑坡的发生。

4.改良土质

改良土质的目的在于提高岩土体的抗滑能力，主要用于对土体性质的改善。一般有电化学加固法、硅化法、水泥胶结法、冻结法、焙烧法、石灰灌浆法及电渗排水法等。

5.防御绕避

当线路工程遇到严重不稳定斜坡地段，处理又很困难时，则可采用防御绕避措施。

四、泥石流

(一)泥石流的概念

含有大量泥沙、石块等固体物质,突然爆发的,具有很大破坏力的特殊洪流称为泥石流。

我国是世界上泥石流最发育的国家之一,主要集中分布在西南、西北、华北山区,在华东、中南及东北部分山区也有零星分布。

(二)泥石流的形成条件

泥石流的形成必须具备丰富的松散固体物质、足够的突发性水源和陡峻的地形3个基本条件。另外,某些人为因素对泥石流的形成也有不可忽视的影响。

1. 松散固体物质(地质条件)

在形成区内有大量易于被水流侵蚀冲刷的疏松土石堆积物,是泥石流形成的最重要的条件。地质条件决定了这些松散固体物质的来源,若形成区的物质供应区内有大量松散堆积物质且分布广、厚度大,或岩石风化剧烈、构造活动频繁、断裂节理发育,给泥石流的发生提供了丰富的物质资源。

2. 地形条件

形成泥石流的地质条件要求大气降水能迅速汇聚,并拥有巨大动能。为此,沟上游应有一个汇水面积较大,地形、沟床坡度比较陡的区域。典型的泥石流流域可划分为形成区、流通区和沉积区3个区段,如图3-1-7所示。

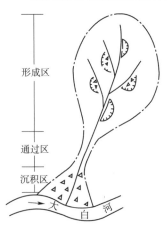

图3-1-7　泥石流流域分区

(1)形成区(上、中游)。一般位于泥石流沟的上、中游。该区多为三面环山、一面出口的半圆形宽阔地段,周围山坡陡峻(大多为30°~60°),沟谷纵坡降可达30°以上。斜坡常被冲沟切割,且有崩塌、滑坡发育。坡体光秃,无植被覆盖,这样的地形,有利于汇集周围山坡上水流挟带的固体物质。形成区又可分为汇水动力区和物质供给区。

(2)流通区(中、下游)。该区是泥石流搬运通过的地段,多为狭窄而深切的峡谷或冲沟,谷壁陡峻而纵坡降较大,常出现陡坎和跌水,所以泥石流物质进入本区后具有极强的冲刷能力。流通区形似颈状或喇叭状。

(3)沉积区(下游)。该区是泥石流物质的停积场所。一般位于山口外或山间盆地的边缘,地形较平缓。泥石流至此速度急剧变小,最终堆积下来,形成扇形、锥状堆积体。

3. 水源条件

泥石流形成必须有强烈的地表径流,地表径流是暴发泥石流的动力条件。泥石流的地表径流源于暴雨、高山冰雪强烈融化或水体溃决等。因此,在时间上多发生在降雨集中的雨季或高山冰雪消融的季节,主要是在每年的夏季。

4.人为因素

人类工程活动的不当,可促进泥石流的发生、发展、复活或加重其危害程度。山区滥伐森林,不合理开垦土地,破坏植物和生态平衡,造成水土流失,并产生大面积山体崩塌和滑坡。开矿采石、筑路中任意堆放弃渣等都会直接或间接地为泥石流提供了固体物质来源和地表流水迅速汇聚的条件。

(三)泥石流的分类

1.按所挟带固体物质成分分类

(1)泥流。

(2)泥石流。

(3)水石流。

2.按泥石流规模大小分类

(1)小型泥石流。

(2)中型泥石流。

(3)大型泥石流。

(4)特大型泥石流。

3.泥石流按发育阶段分期

(1)发育初期泥石流。

(2)旺盛期泥石流。

(3)间歇期泥石流。

(四)泥石流地区道路位置的选择

一般来说,公路通过泥石流区,应遵循以下原则:

(1)绕避处于发育旺盛期的特大型、大型泥石流或泥石流群,以及淤积严重的泥石流沟。

(2)远离泥石流堵河严重地段的河岸。

(3)线路高程应考虑泥石流发展趋势。

(4)峡谷河段以高桥大跨通过。

(5)宽谷河段、线路位置及高程应根据主河床与泥石流沟淤积率、主河摆动趋势确定。

(6)当线路跨越泥石流沟时,应避开河床纵坡由陡变缓和平面上急弯部位;不宜压缩沟床断面,改沟并桥或沟中设墩;桥下应留足净空。

(7)严禁在泥石流扇上挖沟设桥或做路堑。

(五)泥石流的防治措施

1.拦挡工程

拦挡工程主要用于上游形成区的后缘,主要建筑物是各种形成的拦挡坝。它的作用主要是拦泥滞流和护床固坡。

2. 排导工程

排导工程主要用于下游的洪积扇上,其目的是防止泥石流漫流改道,减小冲刷和淤积的破坏以保护附近的居民点、工矿点和交通线路。排导工程主要包括排导沟、渡槽和急流槽和导流堤等,排洪道就是排泄泥石流的工程建筑物之一。

3. 水土保持

水土保持是泥石流的治本措施,包括平整山坡、植树造林、保护植被等,以维持较优化的生态平衡。由于水土保持需长时间才能见效,往往常与前述工程措施配合使用。

五、地震

(一)地震的概念

地震是地壳发生的颤动或振动,是由地球内动力作用引起的。它是地壳运动的一种特殊形式,是一种与地质构造有密切关系的物理现象。由于地震作用,使地表产生一系列的地质现象,如地面隆起及陷落、滑坡及山崩、褶皱和断裂、地下水的流失与集中、喷水冒砂等。

(二)地震的类型

1. 地震按成因分类

(1)构造地震:地壳运动引起的地震。

(2)火山地震:火山喷发引起的地震。

(3)陷落地震:山崩、巨型滑坡或地面塌陷引起的地震。

(4)人工地震:人类工程活动引起的地震。

2. 按震源深度的不同分类

(1)浅源地震:<70km。

(2)中源地震:70～300km。

(3)深源地震:>300km。

3. 按地震震级大小分类

(1)微震:<2～2.5级。

(2)有震感:2～4级。

(3)破坏性地震:5～6级。

(4)强烈地震或大地震:≥7级。

(三)震源、震中和地震波

在地壳内部振动的发源地称为震源;震源在地面上的垂直投影称为震中,可看作是地面上震动的中心,如图3-1-8所示;震中到震源的距离称为震源深度;地面上任何地方到震中的距离称为震中距。

地震发生时,震源处产生剧烈振动,以弹性波方式向四周传播,此弹性波称为地震波。

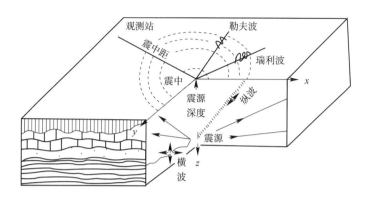

图 3-1-8　地震名词

地震发生后,纵波先到达地表,横波和面波随后到达。由于横波、面波振动更剧烈,造成的破坏也更大。震中距越大,地震造成的破坏程度越小,直至消失,破坏最严重的是震中区。地面上地震影响相同地点的连线称为等震线。

(四)地震震级与地震烈度

1.地震震级

地震震级是一次地震本身大小的等级,它是用来衡量地震能量大小的量度。震源放出的能量越多,震级就越大。

地震震级分为 9 级:

(1)一般将小于 1 级的地震称为超微震。

(2)大于、等于 1 级,小于 3 级的称为弱震或微震。

(3)大于、等于 3 级,小于 4.5 级的称为有感地震。

(4)大于、等于 4.5 级,小于 6 级的称为中强震。

(5)大于、等于 6 级,小于 7 级的称为强震。

(6)大于、等于 7 级,小于 8 级的称为大地震。

(7)大于、等于 8 级的称为巨大地震。

2.地震烈度

地震烈度是指某地区地表面和建筑物受地震影响和破坏的程度。地震烈度的大小除与地震震级、震中距和震源深浅有关外,还与当地地质构造、地形、岩土性质等因素有关。

我国将地震烈度分为 12 度:

(1)1 度:无感——仅仪器能记录到。

(2)2 度:微有感——个别敏感的人在完全静止中有感。

(3)3 度:少有感——室内少数人在静止中有感,悬挂物轻微摆动。

(4)4 度:多有感——室内大多数人,室外少数人有感,悬挂物摆动,不稳器皿作响。

(5)5 度:惊醒——室外大多数人有感,家畜不宁,门窗作响,墙壁表面出现裂纹。

(6)6度:惊慌——人站立不稳,家畜外逃,器皿翻落,简陋棚舍损坏,陡坎滑坡。

(7)7度:房屋损坏——房屋轻微损坏,牌坊,烟囱损坏,地表出现裂缝及喷水冒砂。

(8)8度:建筑物破坏——房屋多有损坏,少数破坏,路基塌方,地下管道破裂。

(9)9度:建筑物普遍破坏——房屋大多数破坏,少数倾倒,牌坊,烟囱等崩塌,铁轨弯曲。

(10)10度:建筑物普遍摧毁——房屋倾倒,道路毁坏,山石大量崩塌,水面大浪扑岸。

(11)11度:毁灭——房屋大量倒塌,路基堤岸大段崩毁,地表产生很大变化。

(12)12度:山川易景——一切建筑物普遍毁坏,地形剧烈变化,动植物遭毁灭。

3.地震震级与地震烈度的关系

地震震级与地震烈度既有区别,又有内在联系,它们是一个问题的两个方面。一次地震中,只有一个震级,而地震烈度却在不同地区有不同的烈度。一般认为,当环境条件相同时,震级越高,震源越浅,震中距越小,地震烈度越高。

(五)地震对地表建筑物的影响

1.地面断裂

地震造成的地面断裂和错动,能引起断裂附近及跨越断裂的建筑物发生位移和破坏。

2.地基效应

地震使建筑物地基的岩土体产生振动压密、下沉、振动液化及疏松地层发生塑性变形,从而导致地基失效、建筑物破坏。

3.斜坡破坏

地震使斜坡失去稳定,发生崩塌、滑坡等各种变形和破坏,引起在斜坡上或坡脚附近建筑物的位移或破坏。

思考练习题

1.岩溶形成条件及防治处治措施有哪些?

2.崩塌的形成条件及防治处治措施有哪些?

3.滑坡的形态特征主要包括哪些?滑坡如何分类?滑坡的形成条件及防治处治措施有哪些?

4.泥石流的形成条件及防治处治措施有哪些?

5.地震震级分为几级?地震烈度指的是什么?地震震级与地震烈度之间的关系?

单元二 特殊土分析

一、软土

(一)软土的概念及特点

1. 软土的概念

软土是淤泥和淤泥质土及其他高压缩性土的总称。它主要是由天然含水率大、压缩性高、承载能力低的淤泥沉积物及少量腐殖质所组成的土,广泛分布于我国东南沿海地区和内陆江河湖泊的周围。

2. 软土特点

(1)含水率较高,孔隙比大。一般含水率为35%～80%,孔隙比为1～2。

(2)抗剪强度很低。根据土工试验的结果,软土的天然不排水抗剪强度一般小于20kPa。

(3)压缩性较高。一般正常固结的软土的压缩系数为 $\alpha_{1-2}=0.5\sim1.5\mathrm{MPa}^{-1}$,最大可达 $\alpha_{1-2}=4.5\mathrm{MPa}^{-1}$;压缩指数为 $C_c=0.35\sim0.75$。

(4)渗透性很小。软土的渗透系数一般为 $1\times10^{-6}\sim1\times10^{-8}\mathrm{cm/s}$。

(5)具有明显的流变性。在荷载作用下,软土承受剪应力的作用产生缓慢的剪切变形,并可能导致抗剪强度的衰减,在主固结沉降完毕之后还可能继续产生可观的次固结沉降。

(二)软土处治方法

1. 反压护道

反压护道主要用于当路堤在施工中达不到要求的滑动破坏安全系数时,进行反压路堤两侧,以期达到路堤稳定的目的。应避免过高堆填,分层铺平,充分压实,并应有一定的横坡度,以利于排水。

2. 土工格栅

土工格栅具有强度高、模量高、耐腐蚀、膨胀系数低和尺寸稳定性好等特点。在软土地基上修筑路堤时,在地基与路基中铺设一定量的土工格栅,然后在其上进行填土压实处理,可增强土体的整体性,降低不均匀沉降,提高地基和填土的强度,阻抗土体破坏面的形成,从而达到加固土体、快速施工和快速通车的目的。

3. 砂砾垫层

砂垫层是浅层处理最常用的方法,这种方法是在软土地基上铺设厚度为0.5～1.2m的砂垫层。其主要目的在于加速土体的排水固结过程,提高路基承载力,减小沉降量,分散地基所承受的压力等。施工时应做到摊铺均匀,注意不要有很大的集中荷载作用。当路堤透水性不好、路堤坡脚附近砂垫层被路堤覆盖时,可能会阻碍侧向排水,所以必须做好砂垫层端部的处理。

4. 片石换填

片石换填是指在一定范围内,将软土全面挖除或局部挖除,用无片石材料置换,然后分层碾压或夯实。其目的在于提高路基承载力,减小沉降量,分散地基所承受的压力等,同时也起到了排水功能的作用。

5. 塑料排水板

塑料板排水处理软土地基是根据排水通道插入塑料排水板,土中孔隙水通过塑料排水板通道排出,从而使土中孔隙水体积逐渐减少,地基土固结变形、有效应力提高,地基强度得到提高。应注意使排水通道畅通,确保软基中的水能够及时排出。

6. 碎石桩

在饱水软土中,使用旋转钻将软土钻出,再将填料碎石填入,形成粗大密实的桩体,称为碎石桩。碎石桩一般按三角形或方形进行平面布置,但要结合填土路堤的宽度及软土情况而定,并应特别注意桩的对称性、受力均匀性以防止路基产生不均匀沉降。桩的直径应按复合地基的容许承载力进行计算,桩距则可依据桩径和桩数而定。碎石桩适用于松散的且地下渗水量大饱水软土地基,对饱水软土具有置换、挤密、促进排水固结的作用。

7. 粉喷桩

粉喷桩是指使用旋转钻将软土钻出,再向软土地基内喷入以生石灰粉、水泥粉或粉煤灰为黏结料的砂或黏土等混合加固材料,原位搅拌混合,通过化学反应达到改善软土力学性能的目的。粉喷桩具有较高的刚度和抗侧向变形能力;能够有效地减少软基的压缩量,调整横断面差异沉降,并且可以承受较快的加荷速度。在路基填土过程中,不宜使用冲击力过大的压路机,可适当增加碾压遍数,尽量使处理后的基底桩间土相对固结稳定,以增加抗剪能力。粉体搅拌桩不能改善地基排水条件,但通过吸水固结可提高桩间土的结构性,同时桩顶铺垫砂层可便于地基排水,从而可适当加速桩间土的固结,降低工后沉降量。

8. 强夯法

所谓强夯法,是指将数吨至数十吨的重锤从高处自由落下,对软土地基进行强力夯实,以提高其强度。用强夯法加固的土基,承载力会明显提高,沉降量也会降低。该项技术已广泛应用于软土地基加固中。

二、膨胀土

(一)膨胀土的概念与特点

1. 膨胀土的概念

膨胀土是由强亲水性矿物质(蒙脱石)组成的一种具有显著胀缩性高塑性黏土。膨胀土的主要黏粒成分为黏土,一般呈棕、黄、褐色及灰白。膨胀土在我国的分布范围很广,如在广西、云南、河南、湖北、四川、陕西、河北、安徽、江苏等地均有不同范围的分布。

2. 膨胀土特点

膨胀土一般承载力较高,具有吸水膨胀、失水收缩和反复胀缩变形、浸水承载力衰减、干缩裂隙发育等特性,性质极不稳定。常使其上建筑物产生不均匀的竖向或水平的胀缩变形,造成位移、开裂、倾斜甚至破坏。

(二)膨胀土处治方法

膨胀土具有吸水膨胀,失水收缩并往复变形的性质,对路基的破坏作用不可低估,并且构成的破坏是不易修复的。膨胀土路堤一般会造成沉陷、边坡溜塌、路肩坍塌和滑坡等破坏现象。路堑易出现剥落、冲蚀、溜塌、滑坡等破坏。

为了保证道路在较长时间内路基的稳定和路面的平整度,达到安全、舒适行车的目的,因而针对膨胀土造成的一系列工程问题提出了一些常用的处治措施。

(1)填高不足1m的路堤,必须换填,并按规定压实。

(2)使用膨胀土做填料时,为增加其稳定性,采用石灰处治,石灰剂量范围10% ~ 12%。要求掺灰处理后的膨胀土,其胀缩总率接近零为佳。

(3)路堤两边边坡部分及路堤顶面要用非膨胀土做封层,必要时须铺一层土工布,从而形成包心填方。但此法不适用于高等级公路。

(4)路堑边坡不要一次挖到设计线,沿边坡预留厚度30~50cm,待路堑挖完后,再削去预留部分,并以浆砌花格网护坡封闭。

(5)路堤与路堑分界处,即填挖交界处,两者土内的含水率不一定相同,原有的密实度也不尽相同,压实时应使其压实得均匀紧密,避免发生不均匀沉陷。因此,填挖交界处2m范围内的挖方地基表面上的土应挖成台阶、翻松,并检查其含水率是否与填土含水率相近,同时采用适宜的压实机具,将其压实到规定的压实度。

(6)施工时应避开雨季作业,加强现场排水。路基开挖后各道工序要紧密衔接,连续施工,时间不宜间隔太久。路堤、路堑边坡按设计修整后,应立即浆砌护墙护坡,防止雨水直接侵蚀。

(7)膨胀土地区路床的强度及压实标准应严格遵守国家的有关规定和规范。

三、湿陷性黄土

(一)湿陷性黄土的概念与特点

1. 湿陷性黄土的概念

湿陷性黄土在上覆土层自重应力的作用下,或者在自重应力和附加应力共同作用下,因浸水后土的结构破坏而发生显著附加变形的土称为湿陷性黄土。广泛分布于我国东北、西北、华中和华东部分地区。

2. 湿陷性黄土特点

湿陷性黄土是一种特殊性质的土,其土质较均匀、结构疏松、孔隙发育。在未受水浸湿时,一般强度较高,压缩性较小。当在一定压力下受水浸湿,土结构会迅速破坏,产生较大沉降,强度迅速降低。

(二)湿陷性黄土的处治方法

湿陷性黄土地基处理的目的主要是通过消除黄土的湿陷性,提高地基的承载力。在湿陷性黄土场地上进行建设,应根据建筑物的重要性、地基受水浸湿可能性的大小和在使用期间对不均匀沉降限制的严格程度,采取合理的综合措施,防止地基湿陷对建筑产生危害。其处治方法措施主要有以下几种:

(1)换填垫层法。如土或灰土垫层。

(2)深层密实法。如土桩或灰土桩、桩基础等。

(3)置换法。

(4)排水固结法。

(5)预浸水法。

(6)化学加固法。

(7)强夯法。以其处理地基施工简便、速度快、效果好和造价低等优点,在全国湿陷性黄土地区得到了广泛的应用和推广。

思考练习题

1. 软土的特点及处治方法有哪些?

2. 膨胀土的特点及处治方法有哪些?

3. 湿陷性黄土的特点及处治方法有哪些?

单元三　地下洞室围岩分析

教学目标

了解围岩压力重新分布的特征;熟悉影响隧道围岩稳定性的因素及围岩失稳的类型和特征;掌握围岩的分级和分类方法,能对围岩进行分级;会对围岩压力进行计算;能说明保障围岩稳定常用的处理措施。

重点难点

影响围岩稳定性的因素;围岩的分类和分级;围岩压力的计算。

一、概述

地下洞室泛指修建于地下岩土体内,具有一定断面形状和尺寸,并有较大延伸长度的各种形式和用途的建筑。地下洞室是岩土工程中重要的组成部分,公路工程建设中的地下建筑物主要是隧道。

由于地应力的存在,地下洞室开挖势必打破原来岩(土)体的自然平衡状态,引起地下洞室周围一定范围内的岩(土)体应力重新分布,产生变形、位移甚至破坏,直至出现新的应力平衡为止。洞室周围的岩土体简称围岩。狭义上,围岩常指洞室周围受到开挖影响,大体相当于地下洞室宽度或平均直径 3 倍左右范围内的岩土体。

洞室开挖前,岩土体一般处于天然应力平衡状态,称为一次应力状态或初始应力状态。在岩体内开挖地下洞室将引起围岩内部的应力重新分布,出现二次应力,这就打破了原来岩体的自然应力平衡状态,势必导致围岩产生变形和破坏,从而在地下洞室的支护结构上引起应力和位移的变化,甚至破坏支护结构。

围岩应力重分布与岩体的初始应力状态及洞室断面的形状等因素有关。如对于侧压力系数为 1 的圆形地下洞室,开挖后应力重分布的主要特征是径向应力 σ_r 向洞壁方向逐渐减小,至洞壁处为零,而切向应力 σ_0 向洞壁方向逐渐增大,如图 3-3-1 所示。通常所谓的围岩,是指受应力重分布影响的那一部分岩体。

由此可见,地下开挖后由于应力重分布,引起洞周产生应力集中现象。当围岩应力小于岩体的强度极限(脆性岩石)或屈服极限(塑性岩石)时,洞室围岩稳定。当围岩应力超过了岩体屈服极限时,围岩就由弹性状态转化为塑性状态,形成一个塑性松动圈,如图 3-3-2 所示。在松动圈形成的过程中,原来洞室周边集中的高应力逐渐向松动圈外转移,形成新的应力升高区,该区岩体挤压得紧密,宛如一圈天然加固的岩体,故称为承载圈。如果岩体非常软弱或处于塑性状态,则洞室开挖后,由于塑性松动圈的不断扩展,自然承载圈很难形成,在这种情况下,岩体始终处于不稳定状态,开挖洞室十分困难。如果岩体坚硬完整,则洞室周围岩石始终处于弹性状态,围岩稳定不形成松动圈。在生产实践中,松动圈一旦形成,围岩就会坍塌或向洞内产生大的塑性变形,要维持围岩稳定就要进行支撑或衬砌。

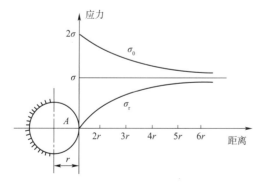

图 3-3-1 隧道开挖洞周应力状态
σ_0-切向应力;σ_r-径向应力

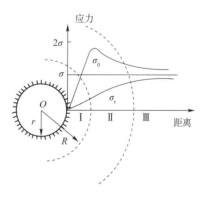

图 3-3-2 围岩的松动圈和承载圈
I-松动圈;II-承载圈;III-原始应力区

二、隧道围岩稳定性分析

(一)影响隧道围岩稳定性的地质因素

1.岩石性质

岩石是构成隧道及其他地下洞室的物质成分,岩性的好坏当然关系到洞室围岩的稳定。一般说来,在裂隙较少的岩体中,由坚硬岩石构成的围岩强度大,稳定性要好些;而由较软弱的岩石构成的围岩强度低,其稳定性要差些;从岩性分析,坚硬的岩浆岩、石灰岩和砂岩等构成的洞室围岩,由于其强度高,抵抗外力破坏的性能好,则其稳定性要好些;而千枚岩、片岩、页岩、泥岩和炭质岩等构成的围岩,由于其强度低,抵抗外力破坏的性能差,稳定性就差些。特别是当这些软弱岩石中含有炭质、绢云母、绿泥石、滑石等易风化、软化的矿物成分较多时,或虽岩石坚硬,但在裂隙面、节理面上具有这些矿物时,则围岩的稳定性更会大大降低。因为这些矿物的存在不仅仅使岩石易于风化或软化,降低岩石的强度,并且由于这些具有滑感的矿物分布在层面、裂隙面、节理面等结构面上,会使结构面的抗剪强度显著降低,岩体易于沿结构面变形和破坏。因而由这类岩石构成的围岩,其失稳多表现为掉块或滑移。

对于由松散土层,如卵石土、碎石土等构成的围岩,由于结构松散,颗粒间的联结力差,开挖洞室后,仅靠颗粒间的摩擦效应和微弱的胶结而起成拱作用。因此这类围岩很不稳定,极易发生坍塌,有地下水时更甚,并且常是突然发生的。在浅埋条件下可使地表沉陷,危及地面邻近建筑物的安全。

对于由一些松软岩层或挤压破碎带等构成的围岩,由于岩性松软,含水时具有塑性,强度低,当围岩中应力超过这些围岩的强度时,松软塑性的物质就会沿最大应力梯度方向向洞室临空面挤出。而当围岩为富含黏土矿物(特别是蒙脱石)的塑性岩石,如泥质岩、黏土岩、蛇纹岩、石墨片岩、膨胀性黏土等松软岩层所构成时,由于透水性弱、亲水性强,浸水后容易产生体积膨胀或产生较大的塑性变形甚至流动,而使洞室断面净空大为缩小。

2.地下水

地下水的存在与作用,与隧道或其他地下洞室的工程建设有着密切的关系。隧道施工的大量实践表明,水是造成施工坍塌,使洞室围岩丧失稳定性的重要原因之一。

地下水的存在,表现在以下两个方面:一方面是坑道掘进过程中可能出现的突然涌水现象,影响施工;并且由于地下水涌向洞身产生的渗透压力,会对围岩产生推挤作用;另一方面是水对岩石的浸泡软化、溶蚀和水化等作用。由于地下水的这些作用,岩石软化,抗压强度会降低,特别是软弱岩石更为明显。试验表明,当含水率增加到4%时,硬砂岩抗压强度减小50%;而泥板岩却由于含水率增加1.5%,强度减小到最初值的1/3。由于水的冲蚀作用,可冲走结构面的充填物或使夹层泥化,因而使得结构面间的摩擦阻力降低,促使岩块沿结构面滑动。由于水的化学作用可使岩石中某些可溶性物质被溶蚀,因而使得岩石孔隙度增加,岩石强度降低。如前所述,水的作用还可使膨胀性岩石、硬石膏岩膨胀变形等。由此可见,地下水的存在,它的作用和影响,对于洞室围岩的稳定性都将产生不利的影响。

3. 岩体结构特征

(1)软弱结构面是影响洞室稳定的关键因素。岩体中普遍具有各种各样的结构面,其中的软弱结构面,尽管不同类型有不同的特征,但总的说来,它们的强度都较低。特别是泥化软弱夹层,是软弱夹层中工程性质最差、强度最弱的,对隧道和地下洞室中岩体的滑移起着控制作用。

(2)结构面影响着隧道围岩的应力分布状态。结构面的存在和处在隧道的不同部位,将影响围岩中的应力重分布,并可能产生应力分布不均匀的现象,特别是应力集中现象。当应力超过洞室围岩岩体的强度时,便会出现洞室围岩的失稳。

(3)结构面的组数和密度关系着隧道围岩岩体的强度。许多实验表明,一定尺寸的由硬性结构面切割的岩体,随着结构体块度的减小,岩体的强度明显下降。

(4)结构体的几何形态和方位关系着隧道围岩的稳定。由于结构面在空间的分布及其组合状态不同,结构体具有不同的块体形态。这些结构体由于出露在隧道的不同部位,其稳定性可能有很大的不同。

4. 岩体中初始应力的存在

隧道开挖前,岩体中的初始应力处于相对平衡状态;而当隧道开挖后,岩体中原先的初始应力状态必然要发生变化;其变化的结果又必然会影响到隧道围岩的受力状态,影响到围岩的变形与破坏;而初始应力状态的特点不同,围岩的变形和破坏又将呈现不同状况。因此,岩体中初始应力状态及其不同特点与隧道围岩的稳定有着密切关系。

(二)围岩失稳的类型和特征

如前所述,围岩稳定性主要受岩性、岩体结构、地下水特征以及初始应力的影响。但在实际工程中,这 4 种地质因素又是共同发生作用的。因此,根据这 4 个方面因素的具体组合情况,即根据岩性的软硬,岩石强度的高低,岩体结构特征,特别是软弱结构面的特征,结构面的抗剪强度,地下水的水量、水压和运动特征,以及岩体中初始应力的大小、方向和主应力的比值等的具体情况,围岩的稳定性是不同的,因而围岩的变形和破坏的类型也是不同的。通过实践观测和分析归纳,围岩失稳的类型可分为以下几类。

1. 岩体的破裂

这种类型的破坏主要发生在裂隙较少的坚硬、脆性的围岩岩体中。由于这类岩体在工程中可视为均质的连续介质,因而围岩稳定性主要取决于岩石本身的强度和岩体中应力重分布的情况。当重分布应力小于围岩岩石的强度时,岩体只产生弹性变形,在岩石弹性变形不大的情况下,围岩是稳定的。但若岩体中重分布应力超过围岩岩石的强度,在洞顶或边墙上便可能产生拉裂、剪断、压溃和剥离等破坏现象。而对于薄层状岩层,则可能由于洞室开挖的卸荷回弹等作用,引起岩层弯折内鼓的变形破坏。

2. 岩块的滑移和坠落

这类变形破坏主要是发生在由各种结构面切割的、比较坚硬的岩体中。当围岩中的初始应力超过结构面的抗剪强度,或者在重力作用下,洞室周边的结构体沿结构面产生的松弛、滑移和坠落等变形破坏现象。特别是当软弱结构面在地下水的作用下,更易发生这类的变形和破坏。

3. 破碎松散岩(土)体的坍塌

当洞室穿过较大的断层破碎带、密集结构面切割形成的破碎岩体或松散的堆积层中时,由于这类岩体的自承能力很低,因而在洞室开挖过程中,洞顶或侧壁产生的坍塌破坏现象。对这类变形破坏现象如不及时支护,坍塌可能会很快发展,以至坍塌到很大的高度。特别是在有地下水的情况下,破坏现象则更为严重。

4. 松软岩体的塑性变形

软岩、膨胀性岩层、松软土层以及含黏土的破碎岩层、强度低、塑性强,与水作用强烈,在外力作用下易于变形。洞室开挖后或在开挖过程中,由于应力作用或由于向洞室临空面的膨胀、流动,可使这类围岩产生向洞内膨胀、挤入和流动等塑性变形的现象。

(三) 隧道围岩分级

根据《公路隧道设计规范 第一册 土建工程》(JTG 3370.1—2018)规定,隧道围岩分级的综合评判方法宜采用两步分级,并按以下顺序进行:

(1)根据岩石的坚硬程度和岩体完整程度两个基本因素的定性特征和定量的岩体基本质量指标 BQ,进行初步分级。

(2)在岩体基本质量分级基础上,考虑修正因素的影响,修正岩体基本质量指标值,得出基本质量指标修正值 $[BQ]$,再结合岩体的定性特征进行综合评判,确定围岩的详细分级。

1. 岩质围岩基本质量指标 BQ 的确定

(1)岩质围岩基本质量指标 BQ 应根据分级因素的定量指标值 R_c 值和 K_V 值按式(3-3-1)计算:

$$BQ = 100 + 3R_c + 250K_V \qquad (3\text{-}3\text{-}1)$$

使用式(3-3-1)时应遵守下列限制条件:

①当 $R_c > 90K_V + 30$ 时,应以 $R_c = 90K_V + 30$ 和 K_V 代入计算 BQ 值。

②当 $K_V > 0.04R_c + 0.4$ 时,应以 $K_V = 0.04R_c + 0.4$ 和 R_c 代入计算 BQ 值。

(2)岩石坚硬程度定量指标用岩石单轴饱和抗压强度 R_c 表达。宜采用实测值,若无实测值时,可采用实测的岩石点荷载强度指数 $I_{S(50)}$ 的换算值,即按式(3-3-2)计算。

$$R_c = 22.82I_{S(50)}^{0.75} \qquad (3\text{-}3\text{-}2)$$

(3)岩体完整程度的定量指标用岩体完整性系数 K_V 表达。

①K_V 宜用弹性波探测值;若无探测值时,可用岩体体积节理数 J_V 按表3-3-1确定对应的 K_V 值。

J_V 与 K_V 对照表   表3-3-1

J_V(条/m³)	<3	3~10	10~20	20~35	≥35
K_V	>0.75	0.75~0.55	0.55~0.35	0.35~0.15	≤0.15

②岩体完整性指标 K_V 测试和计算方法,应针对不同的工程地质岩组或岩性段,选择有代表性的点、段,测试岩体弹性纵波速度,并应在同一岩体取样测定岩石纵波速度,按式(3-3-3)计算:

$$K_V = \left(\frac{V_{pm}^2}{V_{pr}} \right) \qquad (3-3-3)$$

式中: V_{pm} ——岩体弹性纵波速度(km/s);

$\qquad V_{pr}$ ——岩石弹性纵波速度(km/s)。

③岩体体积节理数 J_V (条/m³)测试和计算方法,应针对不同的工程地质岩组或岩性段,选择有代表性的露头或开挖壁面进行节理(结构面)统计。除成组节理外,对延伸长度大于1m的分散节理亦应予以统计。已为硅质、铁质、钙质充填再胶结的节理,可不统计。每一测点的统计面积不应小于 $2m \times 5m^2$ 。岩体 J_V 值应根据节理统计结果,按式(3-3-4)计算:

$$J_V = S_1 + S_2 + \cdots + S_n + S_k \qquad (3-3-4)$$

式中: S_n ——第 n 组节理每米长测线上的条数;

$\qquad S_k$ ——每立方米岩体非成组节理条数(条/m³)。

2. 岩质围岩基本质量指标 BQ 的修正

(1)岩质围岩详细定级时,应根据地下水、主要软弱结构面、初始应力状态的影响程度,对岩体基本质量指标 BQ 进行修正,按式(3-3-5)计算:

$$[BQ] = BQ - 100(K_1 + K_2 + K_3) \qquad (3-3-5)$$

式中: $[BQ]$ ——岩体修正质量指标;

$\qquad BQ$ ——岩体基本质量指标;

$\qquad K_1$ ——地下水影响修正系数,见表3-3-2;

$\qquad K_2$ ——主要软弱结构面产状影响修正系数,见表3-3-3;

$\qquad K_3$ ——初始应力状态影响修正系数,见表3-3-4 。

地下水影响修正系数 K_1 表3-3-2

地下水出水状态	BQ			
	>550	550~451	350~251	<250
潮湿或点滴状出水, $p \leq 0.1$ 或 $Q \leq 25$	0	0	0.2~0.3	0.4~0.6
淋雨状或涌流状出水, $0.1 < p \leq 0.5$ 或 $25 < Q \leq 125$	0~0.1	0.1~0.2	0.4~0.6	0.7~0.9
淋雨状或涌流状出水, $p > 0.5$ 或 $Q > 125$	0.1~0.2	0.2~0.3	0.7~0.9	1.0

注:在同一地下水状态下,岩体基本质量指标 BQ 越小,修正系数 K_1 取值越大;同一岩体,地下水量、水压越大,修正系数 K_1 取值越大。

主要软弱结构面产状影响修正系数 K_2　　　　　　　　表 3-3-3

结构面产状及其与洞轴线的组合关系	结构面走向与洞轴线夹角 <30°,结构面倾角 30°~75°	结构面走向与洞轴线夹角 >60°,结构面倾角 >75°	其他组合
K_2	0.4~0.6	0~0.2	0.2~0.4

注:1. 一般情况下,结构面走向与洞轴线夹角越大,结构面倾角越大,修正系数 K_2 取值越小;结构面走向与洞轴线夹角越小,结构面倾角越小,修正系数 K_2 取值越大。

2. 本表特指存在一组起控制作用结构面的情况,不适用于有两组或两组以上起控制作用结构面的情况。

初始应力状态影响修正系数 K_3　　　　　　　　表 3-3-4

初始应力状态	BQ				
	>550	550~451	450~351	350~251	≤250
极高应力区	1.0	1.0	1.0~1.5	1.0~1.5	1.0
高应力区	0.5	0.5	0.5	0.5~1.0	0.5~1.0

注:BQ 值越小,修正系数 K_3 值越大。

（2）围岩极高及高初始应力状态的评估。

根据岩体（围岩）钻探和开挖过程中出现的主要现象,如岩芯饼化或岩爆现象,可按表 3-3-5 评估围岩的应力情况。

高初始应力地区围岩在开挖过程中出现的主要现象　　　　表 3-3-5

应力情况	主要现象	R_c / σ_{max}
极高应力	1. 硬质岩:开挖过程中有岩爆发生,有岩块弹出,洞壁岩体发生剥离,新生裂缝多,成洞性差; 2. 软质岩:岩芯常有饼化现象,开挖过程中洞壁岩体有剥离,位移极为显著,甚至发生大位移,持续时间长,不易成洞	<4
高应力	1. 硬质岩:开挖过程中可能出现岩爆,洞壁岩体有剥离和掉块现象,新生裂缝较多,成洞性差; 2. 软质岩:岩芯时有饼化现象,开挖过程中洞壁岩体位移显著,持续时间较长,成洞性差	4~7

注:σ_{max} 为垂直洞轴线方向的最大初始应力。

3. 确定围岩级别

可根据调查、勘探、试验等资料,隧道岩质围岩定性特征、岩体基本质量指标 BQ 或岩体修正质量指标[BQ]、土质围岩中的土体类型、密实状态等定性特征,按表 3-3-6 确定围岩级别,并应符合下列规定:

（1）围岩分级中岩石坚硬程度、岩体完整程度两个基本因素的定性划分。

公路隧道围岩级别划分   表3-3-6

围岩级别	围岩岩体或土体主要定性特征	岩体基本质量指标 BQ 或岩体修正质量指标 $[BQ]$
Ⅰ	坚硬岩，岩体完整	>550
Ⅱ	坚硬岩，岩体较完整； 较坚硬岩，岩体完整	$550\sim451$
Ⅲ	坚硬岩，岩体较破碎； 较坚硬岩，岩体较完整； 较软岩，岩体完整，整体状或巨厚层状结构	$450\sim351$
Ⅳ	坚硬岩，岩体破碎； 较坚硬岩，岩体较破碎～破碎； 较软岩，岩体较完整～较破碎； 软岩，岩体完整～较完整	$350\sim251$
Ⅳ	土体：1. 压密或成岩作用的黏性土及砂性土； 2. 黄土（Q_1、Q_2）； 3. 一般钙质、铁质胶结的碎石土、卵石土、大块石土	
Ⅴ	较软岩，岩体破碎； 软岩，岩体较破碎～破碎； 全部及软岩和全部极破碎岩	$\leqslant250$
Ⅴ	一般第四系的半干硬至硬塑的黏性土及稍湿至潮湿的碎石土、卵石土、圆砾、角砾土及黄土（Q_3、Q_4）。 非黏性土呈松散结构，黏性土及黄土呈松软结构	
Ⅵ	软塑状黏性土及潮湿、饱和粉细砂层、软土等	

注：本表不适用于特殊条件的围岩分级，如膨胀性围岩、多年冻土等。

①岩石坚硬程度可按表3-3-7定性划分。

岩石坚硬程度的定性划分   表3-3-7

名称		定性鉴定	代表性岩石
硬质岩	坚硬岩	锤击声清脆，有回弹，振手，难击碎；浸水后，大多无吸水反应	未风化～微风化的花岗岩、正长岩、闪长岩、辉绿岩、玄武岩、安山岩、片麻岩、石英片岩、硅质板岩、石英岩、硅质胶结的砾岩、石英砂岩、硅质石灰岩等
硬质岩	较坚硬岩	锤击声较清脆，有轻微回弹，稍振手，较难击碎；浸水后，有轻微吸水反应	1. 中等（弱）风化的坚硬岩； 2. 未风化～微风化的熔结凝灰岩、大理岩、板岩、白云岩、石灰岩、钙质胶结的砂页岩等

名 称		定 性 鉴 定	代表性岩石
软质岩	较软岩	锤击声不清脆,无回弹,较易击碎;浸水后,指甲可刻出印痕	1. 强风化的坚硬岩; 2. 中等(弱)风化的较坚硬岩; 3. 未风化~微风化的凝灰岩、千枚岩、砂质泥岩、泥灰岩、泥质砂岩、粉砂岩、页岩等
	软岩	锤击声哑,无回弹,有凹痕,易击碎;浸水后,手可掰开	1. 强风化的坚硬岩; 2. 中等(弱)风化~强风化的较坚硬岩; 3. 中等(弱)风化的较软岩; 4. 未风化的泥岩、泥质页岩、绿泥石片岩、绢云母片岩等
	极软岩	锤击声哑,无回弹,有较深凹痕,手可捏碎;浸水后,可捏成团	1. 全风化的各种岩石; 2. 强风化的软岩; 3. 各种半成岩

②岩石风化程度可按表3-3-8确定。当波速比 K_v、风化系数 K_f 及野外特征与表列不对应时,岩石风化程度宜综合判断。

岩石风化程度的划分 表3-3-8

名称	野 外 特 征	风化程度参数指标	
		波速比 K_v	风化系数 K_f
未风化	岩石结构构造未变,岩质新鲜	0.9~1.0	0.9~1.0
微风化	岩石结构构造、矿物成分和色泽基本未变,部分裂隙面有铁锰质渲染或略有变色	0.8~0.9	0.8~0.9
中等(弱)风化	岩石结构构造大部分破坏,矿物成分和色泽已明显变化,长石、云母和铁镁矿物已风化蚀变	0.6~0.8	0.4~0.8
强风化	岩石结构构造大部分破坏,矿物成分和色泽已明显变化,长石、云母和铁镁矿物已风化蚀变	0.4~0.6	<0.4
全风化	岩石结构构造完全破坏,已崩解和分解成松散土状或砂状,矿物全部变色,光泽消失,除石英颗粒外的矿物大部分风化蚀变为次生矿物	0.2~0.4	—

注:1. 波速比 K_v 为风化岩石弹性纵波速度与新鲜岩石弹性纵波速度之比。

2. 风化系数 K_f 为风化岩石单轴饱和抗压强度之比。

③岩体节理发育程度可按表3-3-9划分。

岩体节理发育程度划分 表3-3-9

节理间距 d(mm)	$d>400$	$200<d\leqslant400$	$20<d\leqslant200$	$d\leqslant20$
节理发育程度	不发育	发育	很发育	极发育

④R_c 与岩石坚硬程度的定性划分可按表3-3-10确定。

R_c与岩石坚硬程度的定性划分　　　　　　　　　　　　表 3-3-10

R_c（MPa）	>60	60～30	30～15	15～5	<5
坚硬程度	坚硬岩	较坚硬岩	较软岩	软岩	极软岩

⑤岩体完整程度的定性划分可按表 3-3-11 确定。

岩体完整程度的定性划分　　　　　　　　　　　　表 3-3-11

名称	结构面发育程度		主要结构面的结合程度	主要结构面类型	相应结构类型
	组数	平均间距（m）			
完整	1～2	>1.0	好或一般	节理、裂隙、层面	整体状或巨厚层结构
较完整	1～2	>1.0	差	节理、裂隙、层面	块状或厚层状结构
	2～3	1.0～0.4	好或一般		块状结构
较破碎	2～3	1.0～0.4	差	节理、裂隙、层面、小断层	裂隙块状或中厚层结构
	≥3	0.2～0.4	好		镶嵌碎裂结构
			一般		中、薄层状结构
破碎	≥3	0.2～0.4	差	各种类型结构面	裂隙块状结构
		≤0.2	一般或差		碎裂状结构
极破碎	无序		很差		散体状结构

注：平均间距指主要结构面(1～2 组)间距的平均值。

⑥结构面结合程度划分可按表 3-3-12 确定。

结构面结合程度划分　　　　　　　　　　　　表 3-3-12

结合程度	结构面特征
好	张开度小于1mm，为硅质、铁质或钙质胶结，或结构面粗糙、无填充物； 张开度 1～3mm，为硅质或铁质胶结； 张开度大于 3mm，结构面粗糙，为硅质胶结
一般	张开度小于1mm，结果面平直，钙泥质胶结或无填充物； 张开度 1～3mm，为钙质胶结； 张开度大于3mm，结构面粗糙，为铁质或钙质胶结
差	张开度 1～3mm，结果面平直，为泥质胶结或钙泥质胶结； 张开度大于3mm，多为泥质或岩屑胶结
很差	泥质充填或泥夹岩屑充填，充填物厚度大于起伏差

⑦岩层厚度分类可按表 3-3-13 确定。

岩层厚度分类　　　　　　　　　　　　表 3-3-13

单层厚度 h（m）	$h>1.0$	$0.5<h≤1.0$	$0.1<h≤0.5$	$h≤0.1$
岩层厚度分类	巨厚层	厚层	中厚层	薄层

⑧K_V 与定性划分的岩体完整程度的对应关系可按表 3-3-14 确定。

K_V 与定性划分的岩体完整程度的对应关系 表 3-3-14

K_V	>0.75	0.75~0.55	0.55~0.35	0.35~0.15	<0.15
完整程度	完整	较完整	较破碎	破碎	极破碎

（2）围岩岩体主要特征定性划分与根据 BQ 或 $[BQ]$ 值确定的级别不一致时,应重新审查定性特征和定量指标计算参数的可靠性,并对它们重新观察、测试。

（3）在工可和初步勘察阶段,可采用定性或工程类比方法进行围岩级别划分。

（4）各级岩质围岩的物理力学参数,宜通过室内或现场试验获取,无试验数据和初步分级时,可按表 3-3-15 选用。岩体结构面抗剪断峰值强度参数,可按表 3-3-16 选用。无实测数据时,各级土质围岩的物理力学参数可按表 3-3-17 选用。

各级围岩的物理力学指标标准值 表 3-3-15

围岩级别	重度 γ （kN/m³）	弹性抗力系数 k （MPa/m）	变形模量 E （GPa）	泊松比 μ	内摩擦角 φ （°）	黏聚力 c （MPa）	计算摩擦角 φ_c （°）
Ⅰ	>26.5	1800~2800	>33	<0.2	>60	>2.1	>78
Ⅱ		1200~1800	20~33	0.2~0.25	50~60	1.5~2.1	70~78
Ⅲ	26.5~24.5	500~1200	6~20	0.25~0.3	39~50	0.7~1.5	60~70
Ⅳ	24.5~22.5	200~500	1.3~6	0.3~0.35	27~39	0.2~0.7	50~60
Ⅴ	17~22.5	100~200	<1.3	0.35~0.45	20~27	0.05~0.2	40~50
Ⅵ	15~17	<100	<1	0.4~0.5	<20	<0.2	30~40

注:1. 本表数值不包括黄土地层。

2. 选用计算摩擦角时,不再计内摩擦角和黏聚力。

岩体结构面抗剪断峰值强度 表 3-3-16

序　号	两侧岩体的坚硬程度及结构面的结合程度	内摩擦角 φ（°）	黏聚力 c（MPa）
1	坚硬岩,结合好	>37	>0.22
2	坚硬~较坚硬岩,结合一般; 较软岩,结合好	37~29	0.22~0.12
3	坚硬~较坚硬岩,结合差; 较软岩~软岩,结合一般	29~19	0.12~0.08
4	较坚硬~较软岩,结合差~结合很差; 软岩,结合差;软质岩的泥化面	19~13	0.08~0.05
5	较坚硬岩及全部软质岩,结合很差; 软质岩泥化层本身	<13	<0.05

各级土质围岩物理力学参数 表 3-3-17

围岩级别	土体类别	重度（kN/m^3）	弹性抗力系数 k（kPa/m）	变形模量 E（GPa）	泊松比 μ	内摩擦角 φ（°）	黏聚力 c（MPa）
IV	黏质土	20 ~ 30	200 ~ 300	0.030 ~ 0.045	0.25 ~ 0.33	30 ~ 45	0.060 ~ 0.250
	砂质土	18 ~ 19		0.024 ~ 0.030	0.29 ~ 0.31	33 ~ 40	0.012 ~ 0.024
	碎石土	22 ~ 24		0.050 ~ 0.075	0.15 ~ 0.30	43 ~ 50	0.019 ~ 0.030
V	黏质土	16 ~ 18	100 ~ 200	0.005 ~ 0.030	0.33 ~ 0.43	15 ~ 30	0.015 ~ 0.060
	砂质土	15 ~ 18		0.003 ~ 0.024	0.31 ~ 0.36	25 ~ 33	0.003 ~ 0.012
	碎石土	17 ~ 22		0.010 ~ 0.050	0.20 ~ 0.35	30 ~ 43	<0.019
VI	黏质土	14 ~ 16	<100	<0.005	0.43 ~ 0.50	<15	<0.015
	砂质土	14 ~ 15		0.003 ~ 0.005	0.36 ~ 0.42	10 ~ 25	<0.003

（5）各级围岩的自稳能力，可根据围岩变形量测和理论计算分析评定，或按表 3-3-18 确定。

隧道各级围岩自稳能力判断 表 3-3-18

围岩级别	自稳能力
I	跨度≤20m，可长期稳定，偶有掉块，无塌方
II	跨度 10 ~ 20m，可基本稳定，局部可发生掉块或小塌方； 跨度 <10m，可长期稳定，偶有掉块
III	跨度 10 ~ 20m，可稳定数日至 1 个月，可发生小 ~ 中塌方； 跨度 5 ~ 10m，可稳定数月，可发生局部块体位移及小 ~ 中塌方； 跨度 <5m，可基本稳定
IV	跨度 >5m，一般无自稳能力，数日至数月内可发生松动变形、小塌方，进而发展为中 ~ 大塌方；埋深小时，以拱部松动破坏为主；埋深大时，有明显塑性流动变形和挤压破坏； 跨度 ≤5m，可稳定数日至 1 月
V	无自稳能力，跨度 5m 或更小时，可稳定数日
VI	无自稳能力

注：1. 小塌方是指塌方高度 <3m，或塌方体积 <30m^3。

2. 中塌方是指塌方高度 3 ~ 6m，或塌方体积 30 ~ 100m^3。

3. 大塌方是指塌方高度 >6m，或塌方体积 >100m^3。

【例题 3-3-1】 某隧道工程中岩体定量指标如下：单轴饱和抗压强度 R_c = 62MPa；岩石弹性纵波速度为 4200m/s；岩体弹性纵波速度为 2400m/s；岩体所处地应力场中与工程主轴线垂直的最大主应力 σ_{max} = 9.5MPa；岩体中主要结构面倾角为 20°，岩体处于潮湿状态。该岩体的基本质量分级及工程岩体的级别可确定为多少？

解：（1）岩体的完整性指数 K_V 为

$$K_V = (V_{pm}/V_{pr})^2 = (2.4/4.2)^2 = 0.33$$

（2）岩体的基本质量指标 BQ

① $90K_V + 30 = 90 \times 0.33 + 30 = 59.7$

$R_c = 62 > 59.7$，取 $R_c = 59.7$

② $0.04R_c + 0.4 = 0.04 \times 62 + 0.4 = 2.88$

$K_V = 0.33 < 2.88$，取 $K_V = 0.33$

③ $BQ = 100 + 3R_c + 250K_V = 100 + 3 \times 59.7 + 250 \times 0.33 = 361.6$

（3）岩体基本质量分级：由 $BQ = 361.6$ 可初步确定岩体基本质量分级为Ⅲ级。

（4）基本质量指标的修正：

①地下水影响修正系数 K_1：岩体处在潮湿状态，$BQ = 361.6$，因此，取 $K_1 = 0.1$。

②主要软弱结构面产状影响修正系数 K_2：因为主要软弱结构面倾角为20，故取 $K_2 = 0.3$。

③初始应力状态影响修正系数 K_3：$R_c/\sigma_{max} = 62/9.5 = 6.53$，岩体应力情况为高应力区。由 $BQ = 361.6$ 查得高应力区初始应力状态影响修正系数 $K_3 = 0.5$。

④基本质量指标的修正值 $[BQ]$。

$[BQ] = BQ - 100(K_1 + K_2 + K_3) = 361.6 - 100(0.1 + 0.3 + 0.5) = 271.6$

（5）工程岩体的详细定级

因为修正后的基本质量指标 $[BQ] = 271.6$，所以该岩体的级别应确定为Ⅳ级，即该岩体基本质量级别为Ⅲ级，详细定级为Ⅳ级。

例题解析

①岩体坚硬程度采用饱和单轴抗压强度划分，也可采用点荷载强度指标换算；岩体完整程度可用岩体完整性指数 K_V 划分，也可采用体积节理数 J_V 查表确定。

②计算岩体基本质量指标 BQ 时：

当 $R_c > 90K_V + 30$ 时，应以 $R_c = 90K_V + 30$ 和 K_V 代入计算 BQ 值；

当 $K_V > 0.04R_c + 0.4$ 时，应以 $K_V = 0.04R_c + 0.4$ 和 R_c 代入计算 BQ 值。

③在确定工程岩体级别时，应对岩体基本质量指标进行修正，以修正后的岩体基本质量指标确定工程岩体的级别。

（四）隧道围岩压力计算

洞室围岩由于应力重分布而形成塑性变形区，在一定条件下，围岩稳定性便可能遭到破坏。为保证洞室的稳定，常需进行支护和衬砌。这样，洞室支护和衬砌上便必然受到围岩变形与破坏的岩土体的压力。这种由于围岩的变形与破坏而作用于支护或衬砌上的压力，称为围岩压力。围岩压力是设计支护或衬砌的依据之一，它关系到洞室正常运用、安全施工、节约资金和多快好省地进行建设等问题。围岩稳定程度的判别与围岩压力的确定紧密相关。现根据《公路隧道设计规范　第一册　土建工程》（JTG 3370.1—2018）规定，对隧道围岩压力的计算进行介绍。

1.浅埋和深埋隧道的判定

浅埋和深埋隧道的分界，按荷载等效高度值，并结合地质条件、施工方法等因素综合

判定。按荷载等效高度的判定公式为

$$H_P = (2 \sim 2.5)h_q \tag{3-3-6}$$

式中:H_P——浅埋隧道分界深度(m);

h_q——荷载等效高度(m),按下式计算:

$$h_q = \frac{q}{\gamma} \tag{3-3-7}$$

式中:q——用式(3-3-8)算出的深埋隧道垂直均布压力(kN/m^2);

γ——围岩重度(kN/m^3)。

在矿山法施工的条件下,Ⅳ~Ⅵ级围岩取值为

$$H_P = 2.5h_q \tag{3-3-8}$$

Ⅰ~Ⅲ级围岩取值为

$$H_P = 2h_q \tag{3-3-9}$$

2.深埋隧道围岩压力的计算

(1)Ⅰ~Ⅳ级围岩中的深埋隧道,围岩压力为主要形变压力,其值可按释放荷载计算。

(2)Ⅳ~Ⅵ级围岩中深埋隧道的围岩压力为松散荷载时,其垂直均布压力及水平均布压力可按下列公式计算:

① 垂直均布压力按式(3-3-10)计算

$$q = \gamma h \tag{3-3-10}$$

$$h = 0.45 \times 2^{S-1}\omega \tag{3-3-11}$$

式中:q——垂直均布压力(kN/m^2);

γ——围岩重度(kN/m^3);

S——围岩级别;

ω——宽度影响系数,$\omega = 1 + i(B - 5)$;

B——隧道宽度(m);

i——B每增减1m时的围岩压力增减率,以$B = 5$m的围岩垂直均布压力为准,当$B < 5$m时,取$i = 0.2$;$B > 5$m时,取$i = 0.1$。

②围岩水平均布压力按表3-3-19的规定确定。

围岩水平均布压力　　　　　　　　　表3-3-19

围岩级别	Ⅰ、Ⅱ	Ⅲ	Ⅳ	Ⅴ	Ⅵ
水平均布压力 e	0	0.15q	(0.15 ~ 0.3)q	(0.3 ~ 0.5)q	(0.5 ~ 1.0)q

注:应用式(3-3-10)及表3-3-19必须同时具备下列条件:

1.$H/B < 1.7$,H为隧道开挖高度(m),B为隧道开挖宽度(m)。

2.不产生显著偏压及膨胀力的一般围岩。

【例题3-3-2】　某隧道围岩类别为Ⅳ类,岩体重度为$24kN/m^3$,隧道为深埋隧道,宽度为8.0m,高度为10m。该隧道围岩垂直均布压力为多少?

解:(1)宽度影响系数 ω：

取 $i = 1$，$\omega = 1 + i(B - 5) = 1 + 0.1 \times (8 - 5) = 1.3$

(2)围岩垂直均布压力 q

$q = 0.45 \times 2^{s-1}\omega\gamma = 0.45 \times 2^{4-1} \times 1.3 \times 24 = 112.32(kPa)$

该隧道围岩均布压力为 112.32kPa。

例题解析

①注意宽度影响系数的取值。

②注意 s 的取值。

3. 浅埋隧道围岩压力的计算

浅埋隧道荷载分下述两种情况分别计算：

(1)埋深(H)小于或等于等效荷载高度 h_q 时，荷载视为均布垂直压力。

$$q = \gamma H \tag{3-3-12}$$

式中：q——垂直均布压力(kN/m^2)；

γ——隧道上覆围岩重度(kN/m^3)；

H——隧道埋深，指坑顶至地面的距离(m)。

侧向压力 e 按均布考虑时其值为

$$e = \gamma\left(H + \frac{1}{2}H_t\right)\tan^2\left(45 - \frac{\varphi_c}{2}\right) \tag{3-3-13}$$

式中：e——侧向均布压力(kN/m^2)；

H_t——隧道高度(m)；

φ_c——围岩计算摩擦角(°)，其值可查表 3-3-16。

(2)埋深大于 h_q 小于等于 H_p 时，作用在 HG(见图 3-3-3)面上的总垂直压力 $Q_{浅}$ 为

$$Q_{浅} = \gamma H(B_r - H\lambda\tan\theta) \tag{3-3-14}$$

式中：B_r——坑道宽度(m)；

γ、H——意义同式(3-3-12)；

λ——侧压力系数，其值见公式(3-3-15)。

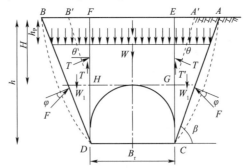

图 3-3-3　隧道上覆岩体示意图

$$\lambda = \frac{\tan\beta - \tan\varphi_c}{\tan\beta[1 + \tan\beta(\tan\varphi_c - \tan\theta) + \tan\varphi_c\tan\theta]} \tag{3-3-15}$$

$$\tan\beta = \tan\varphi_c + \sqrt{\frac{(\tan^2\varphi_c + 1)\tan\varphi_c}{\tan\varphi_c - \tan\theta}} \qquad (3\text{-}3\text{-}16)$$

式中：θ——滑面的摩擦角，见表 3-3-20；

其余符号意义同前。

各级围岩的 θ 值

表 3-3-20

围岩级别	Ⅰ、Ⅱ、Ⅲ	Ⅳ	Ⅴ	Ⅵ
θ 值	0.9φ	$(0.7\sim0.9)\varphi$	$(0.5\sim0.7)\varphi$	$(0.3\sim0.5)\varphi$

三、保障围岩稳定性的措施

研究洞室围岩稳定性的目的不仅在于正确地据以进行工程设计与施工，也为了有效地改造围岩，提高其稳定性，这是至关重要的。

保障围岩稳定性的途径有两点：一是保护围岩原有稳定性，使之不至于降低；二是赋予岩体一定的强度，使其稳定性有所增高。前者主要是采用合理的施工和支护衬砌方案，后者主要是加固围岩。

（一）合理施工

围岩稳定程度不同，应选择不同的施工方案。施工方案选定合理，对保护围岩稳定性有很大意义；所遵循的原则有两个：一是尽可能先挖断面尺寸较小的导洞；二是开挖后及时支撑或衬砌。这样就可以缩小围岩松动范围，或制止围岩早期松动；防止围岩松动，或把松动范围限制在最小程度。针对不同稳定程度的围岩，已有不少施工方案。归纳起来，可分为 3 类。

1. 分部开挖，分部衬砌，逐步扩大断面

围岩不太稳定，顶围易塌，那就在洞室最大断面的上部先挖导洞，立即支撑，达到要求的轮廓，做好顶拱衬砌。然后在顶拱衬砌保护下扩大断面，最后做侧墙衬砌。这便是上导洞开挖、先拱后墙的办法。为减少施工干扰和加速运输，还可以用上下导洞开挖、先拱后墙的办法。

围岩很不稳定，顶围坍落，侧围易滑。这样可先在设计断面的侧部开挖导洞，由下处向上逐段衬护。到一定高程，再挖顶部导洞，做好顶拱衬砌，最后挖除残留岩体。这便是侧导洞开挖、先墙后拱的方法，称为核心支撑法。

2. 导洞全面开挖，连续衬砌

围岩较稳定，可采用导洞全面开挖、连续衬砌的办法施工，或上下双导洞全面开挖，或下导洞全面开挖，或中央导洞全面开挖。将整个断面挖成后，再由边墙到顶拱一次衬砌。这样，施工速度快，衬砌质量高。

3. 全断面开挖

围岩稳定，可全断面一次开挖。施工速度快，出渣方便。小尺寸隧洞常用这种方法。

（二）支撑、衬砌与锚喷加固

支撑是临时性加固洞壁的措施，衬砌是永久性加固洞壁的措施。此外，还有喷浆护壁、喷射混凝土、锚筋加固及锚喷加固等。

支撑手续简便,开挖后立即进行,可防止围岩早期松动,是保护围岩稳定性的简易可行的办法。

衬砌的作用与支撑相同,但经久耐用,使洞壁光坦。砖、石衬砌较便宜,钢筋混凝土、钢板衬砌的成本最高。衬砌一定要与洞壁紧密结合,填严塞实其间空隙才能起到良好效果。作顶拱的衬砌时,一般还要预留压浆孔。衬砌后,再回填灌浆,达到严实的目的,在渗水地段也可起防渗作用。

喷浆护壁、喷射混凝土、锚筋加固等,与前述衬砌有许多相同的作用,但成本低得多,又能充分利用围岩自身强度来达到保护围岩并使之稳定的目的。

喷浆护壁既简便又经济,对保护易风化围岩的稳定性效果较好。当洞室开挖后及时在洞壁上喷射水泥砂浆,形成保护层,保护围岩原有强度。

喷射混凝土与喷浆方法相仿,但作用大不相同。混凝土内加速凝剂,及时(越早越好)喷射到洞壁上,它便很快地凝固并有较大强度,可防止洞壁早期松动。

锚筋加固又称为锚杆加固,是指将锚筋插入围岩,使洞周松动围岩与稳定围岩固定,起到钉子的作用。

(三)灌浆加固

裂隙严重的岩体和极不稳定的第四纪堆积物中开挖洞室,常需要加固以增大围岩稳定性,降低其渗水性。最常用的加固方法就是水泥灌浆、沥青灌浆、水玻璃(硅酸性)灌浆及冻结法等。通过这种办法,在围岩中大体形成一圆柱形或球形的固结层。

思考练习题

1. 什么是围岩压力?
2. 影响隧道围岩稳定性的因素有哪些?
3. 围岩失稳的类型和特征有哪些?
4. 论述保障围岩稳定常用的处理措施。
5. 某工程岩体定量指标如下:
(1)单轴饱和抗压强度 $R_c = 68$ MPa。
(2)岩石弹性纵波速度为 5.6km/s。
(3)岩体弹性纵波速度为 4.2km/s。
(4)岩体所处地应力场中与工程主轴线垂直的最大主应力 $\sigma_{max} = 10$ MPa。
(5)岩体中主要结构面倾角为 60°,结构面产状影响修正系数为 0.5;岩体处于干燥状态。
该岩体的基本质量分级及工程岩体的级别可确定为多少?
6. 某公路隧道宽度为 14.25m,高位 12m,围岩类别为Ⅲ类,岩体重度为 22kN/m³,隧道平均埋深为 50m。该隧道围岩垂直均布压力为多少?

模块四　道路工程岩土勘察

教学目标

了解公路工程岩土地质勘察的目的和任务;掌握一般路基的岩土工程地质的问题和勘察的要点;掌握桥梁的岩土工程地质的问题和勘察的要点;掌握隧道的岩土工程地质的问题和勘察的要点。

重点难点

路基的勘察要点;桥梁的勘察要点;隧道的勘察要点。

一、概述

(一)公路工程岩土地质勘察的目的与任务

公路是陆地交通运输的干线之一,桥梁是公路跨越河流、山谷或不良地质现象发育地段等而修建的构筑物,它们是公路选线时考虑的重要因素之一。作为既是线型建筑物又是表层建筑物的公路和桥梁,往往要穿越许多地质条件复杂的地区和不同的地貌单元,使公路的结构复杂化。在山区路线中,塌方、滑坡、泥石流等不良地质现象对它们构成威胁,而地形条件又是制约路线的纵坡和曲率半径的重要因素。

道路的结构由 3 类建筑物所组成:第一类为路基工程,它是路线的主体建筑物(如路堤和路堑等);第二类为桥隧工程(如桥梁、隧道、涵洞等),它们是为了使路线跨越河流、深谷、不良地质现象和水文地质地段,穿越高山峻岭或使路线从河、湖、海底下通过;第三类是防护建筑物(如护坡、挡土墙、明洞等)。在不同的路线中,各类建筑物的比例也不同,主要取决于路线所经过地区工程地质条件的复杂程度。

公路工程地质勘察的任务,包括以下几项:

(1)查明公路沿线的工程地质条件,如地形与地貌、地层与岩性、地质构造等情况。

(2)在路线基本走向范围内,根据工程地质条件,优选路线方案,并对各路段可能布线的区间进行初步勘察。

(3)对定线后的各路段的工程地质条件,作出定性和定量评价。

(4)配合路线测设、施工,根据不同路段的工程地质条件,对路基、桥涵、挡防等工程建筑物类型、结构以及施工方法,提出可行性的建议。

(5)对不良地质的路段进行开挖、切坡施工时和工程兴建后所要发生的变化,制订出相应的安全措施。

(二) 公路路线的岩土勘察

公路工程地质勘察可分为预可行性研究阶段勘察、工程可行性研究阶段工程地质勘察、初步设计阶段工程地质勘察和施工图设计阶段工程地质勘察。

公路路线勘察主要是初步勘察(简称初勘)和详细勘察(简称详勘)。

公路路线初步勘察应以工程地质调绘为主,勘探测试为辅,基本查明下列内容:

(1)地形地貌、地层岩性、地质构造和水文地质条件。

(2)不良地质和特殊岩土的成因、类型、性质和分布范围。

(3)区域性断裂、活动性断层、区域性储水构造、水库及河流等地表水体、可供开采和利用的矿体的发育情况。

(4)斜坡或挖方路段的地质构造,有无控制边坡稳定的外倾结构面,工程项目实施有无诱发或加剧不良地质的可能性。

(5)陡坡路堤、高填路段的地质结构,有无影响基底稳定的软弱地层。

(6)大桥及特大桥、长隧道及特长隧道等控制性工程通过地段的工程地质条件和主要工程地质问题。

公路路线详勘应查明公路沿线的工程地质条件,为确定路线和构筑物的位置提供地质资料。公路路线详勘应对初勘资料进行复核,当路线偏离初步设计线位较远或地质条件进一步查明时,应进行补充工程地质调绘,补充工程地质调绘的比例尺为1:2000。

二、路基岩土工程勘察

(一) 公路选线的岩土工程地质

在公路选线中,工程地质工作的主要任务是查明各比较路线方案沿线的工程地质条件。在满足设计规范要求的前提下,经过技术经济比较,选出最优方案。路线一经选定,对今后的运营则带来长期而深远的影响,一旦发现问题而改线,即使局部改线,都会造成很大的浪费。因此,选线的任务是繁重的,技术上是复杂的,必须全面而慎重地考虑。

1. 沿河线

其优点是坡度缓,路线顺直,工程简易,挖方少,施工方便。但在平原河谷选线常遇有低地沼泽、洪水危害;而丘陵河谷的坡度大,阶地常不连续,河流冲刷路基,泥石流掩埋路线,遇支流时需修较大桥梁。山区河谷,弯曲陡峭,阶地不发育,开挖方量大,不良地质现象发育,桥隧工程量大。

2. 山脊线

其优点是地形平坦,挖方量少,无洪水,桥隧工程量少。但山脊宽度小,不便于工程布置和施工。有时地形不平,地质条件复杂。若山脊全为土体组成,则需外运道渣,更严重的是取水困难。

3. 山坡线

其最大优点是可以选任意路线坡度,路基多采用半填半挖,但路线曲折,土石方量大,不良地质现象发育,桥隧工程多。

4. 越岭线

其最大优点是通过巨大山脉,降低坡度和缩短距离,但地形崎岖,展线复杂,不良地质现象发育,要选择适宜的垭口通过。

工程地质选线实例(图 4-0-1):其路线 A、B 两点间共有 3 个基本选线方案,其中,"Ⅰ"方案需修两座桥梁和一座长隧洞,路线虽短,但隧洞施工困难,不经济;"Ⅱ"方案需修一座短隧洞,但西段为不良物理地质现象发育地区,整治困难,维修费用大,也不经济;"Ⅲ"方案为跨河走对岸线,需修两座桥梁,比修一座隧洞容易,但也不经济。综合上述 3 个方案的优点,从工程地质观点提出较优的第"Ⅳ"方案:把河湾过于弯曲地段取直,改移河道,取消西段两座桥梁而改用路堤通过,使路线既平直,又避开物理地质现象发育地段,而东段则连接"Ⅱ"方案的沿河路线。此方案的路线虽稍长,但工程条件较好,维修费用少,施工方便,从长远来看还是经济的,故为最优方案。

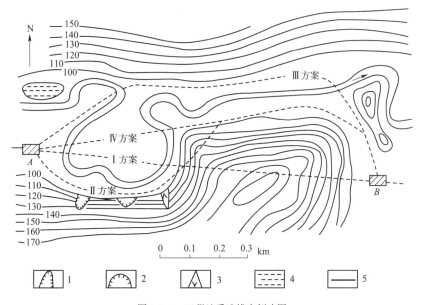

图 4-0-1 工程地质选线实例略图

1-滑坡群;2-崩塌区;3-泥石流堆积区;4-沼泽带;5-路线方案Ⅰ、Ⅱ

(二)公路路基岩土工程地质问题

1. 路基边坡稳定性问题

路基边坡包括天然边坡、傍山路线的半填半挖路基边坡以及深路堑的人工边坡等。具有一定的坡度和高度的边坡在重力作用下,其内部应力状态也不断变化。当剪应力大于岩土体的强度时,边坡即发生不同形式的变化和破坏。其破坏形式主要表现为滑坡、崩塌和错落。土质边坡的变形主要决定于土的矿物成分,特别是亲水性强的黏土矿物及其含量,除受地质、水文地质和自然因素影响外,施工方法是否正确也有很大关系。岩质边坡的变形主要决定于岩体中各种软弱结构面的性状及其组合关系,它们对边坡的变形起着控制作用。只有同时具备临空面、滑动面和切割面 3 个基本条件,岩质边坡的变形才有发生的可能。

一方面,由于开挖路堑形成的人工边坡,加大了边坡的陡度和高度,使边坡的边界条件发生变化,破坏了自然边坡原有应力状态,进一步影响边坡岩土体的稳定性。另一方面,路堑边坡不仅可能产生工程滑坡,而且在一定条件下,还能引起古滑坡复活。由于古滑坡发生时间长,在各种外营力的长期作用下,其外表形迹早已被改造成平缓的边坡地形,很难被发现,若不注意观测,当施工开挖形成滑动的临空面时,就可能造成边坡失稳。

2. 路基基底稳定性问题

一般路堤和高填路堤对路基基底要求要有足够的承载力,基底土的变形性质和变形量的大小主要取决于基底土的力学性质、基底面的倾斜程度、软土层或软弱结构面的性质与产状等,它往往使基底发生巨大的塑性变形而造成路基的破坏。此外,水文地质条件也是促使基底不稳定的因素。如路基底下有软弱的泥质夹层,当其倾向与坡向一致时,或在其下方开挖取土或在其上方填土加重,都会引起路堤的整个滑移,当高填路堤通过河漫滩或阶地时,若基底下分布有饱水厚层淤泥,在高填路堤的压力下,往往使基底产生挤出变形,也有因基底下岩溶洞穴的塌陷而引起路堤严重变形。

路基基底若由软黏土、淤泥、泥炭、粉砂、风化泥岩或软弱夹层所组成,应结合岩土体的地质特征和水文地质进行稳定性分析。若不稳定时,可选用下列措施进行处理,放缓路堤边坡,扩大基底面积,使基底压力小于岩土体的容许承载力;在通过淤泥软土地区时路堤两侧修筑反压护道,把基底软弱土层部分换填或在其上加垫层;采用砂井(桩)排除软土中的水分,提高其强度,架桥通过或改线绕避等。

3. 公路冻害问题

公路冻害问题包括冬季路基土体因冻结作用而引起路面冻胀和春季因融化作用而使路基翻浆,结果都会使路基产生变形破坏,甚至形成显著的不均匀冻胀,使路基土强度发生极大改变,危害道路的安全和正常使用。

根据地下水的补给情况,公路冻胀的类型可分为表面冻胀和深源冻胀。前者是在地下水埋深较大地区,其冻胀量一般为 30 ~ 40mm,最大达 60mm。其主要原因是路基结构不合理或养护不周,致使道砟排水不良造成。深源冻胀多发生在冻结深度大于地下水埋深或毛细管水带接近地表水的地区,地下水补给丰富,水分迁移强烈,其冻胀量较大,一般为 200 ~ 400mm,最大达 600mm。公路的冻害具有季节性,冬季在负气温长期作用下,使土中水分重新分布,形成平行于冻结界面的数层冻层,局部尚有冻透镜体,因而使土体积增大约 9% 而产生路基隆起现象;春季地表面冰层融化较早,而下层尚未解冻,融化层的水分难以下渗,致使上层土的含水率增大而软化,在外荷作用下,路基出现翻浆现象。

防止公路冻害的措施包括:铺设毛细水割断层,以断绝水源;把粉黏粒含量较高的冻胀性土换为粒粗、分散的砂砾石抗冻胀性土;采用纵横盲沟和竖井,排除地表水,降低地下水位,减少路基土的含水率;提高路基高程;修筑隔热层,防止冻结路基深处发展等。

4.天然建筑材料问题

路基工程需要的天然建筑材料种类较多,包括道砟、土料、片石、砂和碎石等。它不仅在数量上需要量较大,而且要求各种材料产地沿线两侧零散分布。但在山区修筑高路堤时却常遇土料缺乏的情况,在平原地区和软岩山区,常常找不到强度符合要求的片石和道砟等。因此,寻找符合需要的天然建材有时成为选线的关键性问题,并且这些材料品质的好坏和运输距离的远近,直接影响工程的质量和造价。

(三)公路路基岩土工程地质勘察的要点

在可行性研究阶段的工程地质勘察工作是收集资料、现场核对和概略了解地质条件,为此着重介绍初步勘察阶段和详勘阶段的工作内容。

一般路基初勘应根据现场的地形地质条件,结合路线填挖设计,划分工程地质区段,分段基本查明下列内容:

(1)地形地貌的成因、类型、分布、形态特征和地表植被情况。

(2)地层岩性、地质构造、岩石的风化程度、边坡的岩体类型和结构类型。

(3)层理、节理、断裂、软弱夹层等结构面的产状、规模、倾向路基的情况。

(4)覆盖层的厚度、土质类型、密实度、含水状态和物理力学性质。

(5)不良地质和特殊性岩土的分布范围、性质。

(6)地下水和地表水发育情况及腐蚀性。

一般路基工程地质调绘可与路线工程地质调绘一并进行;工程地质条件较复杂或复杂,填挖变化较大的路段,应进行补充工程地质调绘,工程地质调绘的比例尺宜为1:2000。

一般路堤的详细勘察应对初勘调绘资料进行复核。当路线偏离初步设计线位或地质条件需进一步查明时,应进行补充工程地质调绘,补充工程地质调绘的比例尺为1:2000。在路基岩土工程勘察中还要注意高路堤、陡坡路段、深路堑的初勘和详勘。

三、桥梁岩土工程勘察

(一)桥梁工程地质问题

桥梁是公路建筑工程中的重要组成部分,不同类型的桥梁,对地基有不同的要求,所以岩土工程地质条件是选择桥梁结构的主要依据,桥梁的岩土工程地质问题主要包括以下两个方面的问题。

1.桥梁墩台地基稳定性问题

桥梁墩台地基稳定性主要取决墩台地基中岩土体承载力的大小。它对选择桥梁的基础和确定桥梁的结构形式起决定作用。当桥梁为静定结构时,由于各桥孔是独立的,相互之间没有联系,对工程地质条件的适应范围较广。但对超静定结构的桥梁,对各桥墩台之间是否均匀沉降特别敏感,故取用其地基容许承载力时应予以慎重考虑。岩质地基容许承载力的确定取决于岩体的力学性质及水文地质条件等,应通过室内试验和原位测试等综合判定。

2.桥墩台地基的冲刷问题

桥墩和桥台的修建,使原来的河槽过水断面减少,局部增大了河水流速,改变了流态。对桥基产生强烈冲刷,威胁桥墩台的安全。因此,桥墩台基础的埋深,除决定于持力层的部位外,还应满足以下要求:

(1)桥位应尽可能选在河道顺直,水流集中,河床稳定的地段,以保护桥梁在使用期间不受河流强烈冲刷的破坏或由于河流改道而失去作用。

(2)桥位应选择在岸坡稳定,地基条件良好,无严重不良地质现象的地段,以保证桥梁和引道的稳定,减低工程造价。

(3)桥位应尽可能避开顺河方向及平行桥梁轴线方向的大断裂带,尤其不可在未胶结的断裂破碎带和具有活动可能的断裂带上建桥。

(4)在无冲刷处,除坚硬岩石地基外,应埋置在地面以下不小于1m处;在有冲刷处,应埋置在墩台附近最大冲刷线以下规范规定的数值;当基础建于抗冲刷较差的岩石时,应适当加深。

(二)桥梁岩土工程地质勘察要点

桥梁初勘应根据现场地形地质条件,结合拟定的桥型、桥跨、基础形式和桥梁的建设规模等确定勘察方案,基本查明下列内容:

(1)地貌的成因、类型、形态特征、河流及沟谷岸坡的稳定状况和地震动参数。

(2)褶皱的类型、规模、形态特征、产状及其与桥位的关系。

(3)断裂的类型、分布、规模、产状、活动性、破碎带宽度、物质组成及胶结程度。

(4)覆盖层的厚度、土质类型、分布范围、地层结构、密实度和含水状态。

(5)基岩的埋深、起伏形态、地层及其岩性组合,岩石的风化程度及节理发育程度。

(6)地基岩土的物理力学性质及承载力。

(7)特殊性岩土和不良地质的类型、分布及性质。

(8)地下水的类型、分布、水质和环境水的腐蚀性。

(9)水下地形的起伏形态、冲刷和淤积情况以及河床的稳定性。

(10)深基坑开挖对周围环境可能产生的不利影响。

(11)桥梁通过气田、煤层、采空区时,有害气体对工程建设的影响。

根据岩土地质条件选择桥位应符合:桥位应选择在河道顺直、岸坡稳定、地质构造简单、基底地质条件良好的地段;桥位应避开区域性断裂及活动性断裂,无法避开时,应垂直断裂构造线走向,以最短的距离通过;桥位应避开岩溶、滑坡、泥石流等不良地质即软土和膨胀土等特殊岩土发育的地带。

桥梁详细勘察应根据现场地形地质条件和桥型、桥跨、基础形式制订勘察方案,查明桥位工程地质条件,其内容应符合初勘的规定。桥梁详勘应对初勘工程地质调绘资料进行复核。当桥梁偏离初步设计桥位或地质条件需进一步查明时,应进行补充工程地质调绘,补充工程地质调绘的比例尺为1:2000。

四、隧道岩土工程勘察

隧道多是路线布设的控制点,长隧道可影响路线方案的选择。隧道勘察工作通常包括两项内容:一是隧道方案与位置的选择;二是隧道洞口与洞身的勘察。前者除隧道方案的比较外,有时还包括隧道展线或明挖的比较;对重点隧道或工程地质和水文地质条件复杂的隧道,应进行区域性的工程地质调查、测绘;当地下水对隧道影响较大时,应进行地下水动态观测,并计算隧道涌水量。

（一）隧道岩土工程地质问题

最常遇到的工程地质问题主要包括:围岩压力及洞室围岩的变形与破坏问题;地下水及洞室涌水问题;洞室进出口的稳定问题。

1. 围岩压力及洞室围岩的变形与破坏问题

岩体在自重和构造应力作用下,处于一定的应力状态。在没有开挖之前岩体原应力状态是稳定的,不随时间而变化。隧道开挖后,原来处于挤压状态的围岩,由于解除束缚而向洞室空间松胀变形,这种变形超过了围岩本身所能承受的能力,便发生破坏,从母岩中分离、脱落,形成坍塌、滑移、底鼓和岩爆等。围岩压力通常指围岩发生变形或破坏而作用在洞室衬砌上的力。围岩压力和洞室围岩变形破坏是围岩应力重分布和应力集中引起的。因此,研究围岩压力,应首先研究洞室周围应力重分布和应力集中的特点,以及研究测定围岩的初始应力大小及方向,并通过分析洞室结构的受力状态,合理地选型和设计洞室支护,选取合理的开挖方法。

2. 地下水及洞室涌水问题

当隧道穿过含水层时,将会有地下水涌进洞室,给施工带来困难。地下水也是造成塌方围岩失稳的重要原因。地下水对不同围岩的影响程度不同,其主要表现如下:

（1）以静水压力的形式作用于隧道衬砌。

（2）使岩质软化,强度降低。

（3）促使围岩中的软弱夹层泥化,减少层间阻力,易于造成岩体滑动。

（4）石膏、岩盐及某些以蒙脱石为主的黏土岩类,在地下水的作用下发生剧烈的溶解和膨胀而产生附加的围岩压力。

（5）如地下水的化学成分中含有害化合物（硫酸、二氧化碳、硫化氢等）,对衬砌将产生侵蚀作用。

（6）最为不利的影响是突然发生的大量涌水。在富水的岩体中开挖洞室,开挖中当遇到相互贯通又富含水的裂隙、断层带、蓄水洞穴、地下暗河时,就会产生大量的地下水涌入洞室内已开挖的洞室,如有与地面贯通的导水通道,当遇暴雨、山洪等突发性水源时,也可造成地下洞室大量涌水。这样,新开挖的洞室就成了排泄地下水的新通道。若施工时排水不及时,积水严重时就影响工程作业,甚至可以淹没洞室,造成人员伤亡。因此,在勘察设计阶段,正确预测洞室涌水量是十分重要的问题。

3. 洞口稳定问题

洞口是隧道工程的咽喉部位,洞口地段的主要工程地质问题是边、仰坡的变形问题。其变形常引起洞门开裂、下沉或坍塌等灾害。

4. 腐蚀

地下洞室围岩的腐蚀主要指岩、土、水、大气中的化学成分和气温变化,对洞室混凝土的腐蚀。地下洞室的腐蚀性对洞室衬砌造成严重破坏,从而影响洞室稳定性。成昆铁路百家岭隧道,由三叠系中、上统石灰岩、白云岩组成的围岩中含硬石膏层($CaSO_4$),开挖后,水渗入围岩使石膏层水化,膨胀力使原整体道床全部风化开裂,地下水中(SO_4^{2-})高达 1000mg/L,致使混凝土腐蚀得像豆腐渣一样。

5. 地温

对于深埋洞室,地下温度是一个重要问题,铁路规范规定隧道内温度不应超过 28℃,交通运输部规定隧道内气温不宜高于 30℃,超过这个界线就应采取降温措施。当隧道温度超过 32℃ 时,施工作业困难,劳动效率大大降低,所以深埋洞室必须考虑地温影响。

6. 瓦斯

地下洞室穿过含煤地层时,可能遇到瓦斯。瓦斯能使人窒息致死甚至引起爆炸,造成严重事故。瓦斯是地下洞室有害气体的总称,其中以 CH_4 为主,包括 CO_2、CO、H_2S、SO_2 和 N_2 等。瓦斯一般主要指甲烷或甲烷与少量有害气体的混合体。当瓦斯在空气中浓度小于 5% 或 6% 时,能在高温下燃烧;当瓦斯浓度由 5% 或 6% 升至 14% 或 16% 时,容易爆炸,特别是含量为 8% 时最易爆炸;当浓度过高,达到 42%~57% 时,使空气中含氧量降至 9%~12%,足以使人窒息。

瓦斯爆炸必须具备两个条件:一是洞室内空气中瓦斯浓度已达到爆炸限度,二是有火源。通常在洞内温度、压力下,各种爆炸气体与正常成分空气合成的混合物的爆炸限度。地下洞室一般不宜修建在含瓦斯的地层中,如必须穿越含瓦斯的煤系地层,则应尽可能与煤层走向垂直,并呈直线通过。洞口位置和洞室纵坡要利于通风、排水。施工时应加强通风,严禁火种,并及时进行瓦斯检测;开挖时,当工作面上的瓦斯含量超过 1% 时,就不准装药放炮;超过 2% 时,工作人员应撤出,进行处理。

7. 岩爆

地下洞室在开挖过程中,围岩突然猛烈释放弹性变形能,造成岩石脆性破坏,或将大小不等的岩块弹射或掉落,并常伴有响声的现象称为岩爆。发现岩爆虽已有 200 多年的历史,但只在 20 世纪 50 年代以来才逐渐认清了岩爆的本质和发生条件。

轻微的岩爆仅使岩片剥落,无弹射现象,无伤亡危险。严重的岩爆可将几吨重的岩块弹射到几十米以外,释放的能量可相当于 200t 的 TNT 炸药所释放的能量。岩爆可造成地下工程严重破坏和人员伤亡。严重的岩爆像小地震一样,可在 100km 外测到,现测到最大震级为里氏 4.6 级。

（二）隧道位置选择的一般原则

1. 一般原则

隧道洞身位置的选择，主要以地形、地质为主等综合考虑。在实际工作中，宜首先排除显著不良地质地段，按地形条件拟定隧道及接线方案，然后再进行深入的地质调查。综合各方面因素，最后选定隧道洞身的位置。

2. 洞口位置的选择

洞口位置选择应分清主次，综合考虑，全面衡量。在保证隧道稳定性、安全性，没有隐患的前提下再考虑造价、工期等因素。一般应根据周围的地质环境、地表径流、人工构造物、地表和地下水对隧道的影响等综合考虑。高速公路、一级公路和风景区洞门设计力求与环境相协调，隧道洞门应与隧道轴线正交，关于隧道洞口位置选择的具体要求如下：

（1）确保洞口、洞身的稳定，不留地质隐患。

（2）便于施工场地布置，便于运输和弃渣处理，少占或不占耕地。

（3）洞口外接线工程数量少，里程短、工程造价低等。

（4）对于水下隧道，主要考虑地表水对洞口倒灌的影响。

3. 隧道围岩的稳定性

隧道围岩系指隧道周围一定范围内，对隧道稳定性能产生影响的岩体。山体压力既是评定隧道围岩稳定性的主要原因，也是隧道衬砌设计的主要依据。

（三）隧道岩土工程地质勘察要点

（1）隧道初勘应根据现场地形地质条件，结合隧道的建设规模、标准和方案比选，确定勘察的范围、内容和重点，并应基本查明以下内容：

①地形地貌、地层岩性、水文地质条件和地震动参数。

②褶皱的类型、规模、形态特征。

③断裂的类型、规模、产状、破碎带宽度、物质组成、胶结程度、活动性。

④隧道围岩岩体的完整性、风化程度、围岩等级。

⑤隧道进出口地带的地质结构、自然稳定状况、隧道施工诱发滑坡等地质灾害的可能性。

⑥隧道浅埋段覆盖层的厚度、岩体的风化程度、含水状态及稳定性。

⑦水库、河流、煤层、采空区、气田、含盐地层、膨胀性地层、有害矿体及富含放射性物质的地层的发育情况。

⑧不良地质和特殊性岩土的类型、分布、性质。

⑨深埋隧道及构造应力集中地段的地温、围岩产生岩爆或大变形的可能性。

⑩岩溶、断裂、地表水体发育地段产生突水、突泥及塌方冒顶的可能性。

⑪傍山隧道存在偏压的可能性及其危害。

⑫洞门基底的地质条件、地基岩土的物理力学性质和承载力。

⑬地下水的类型、分布、水质、涌水量。

⑭平行导洞、斜井、竖井等辅助坑道的工程地质条件。

(2)当两个或两个以上的隧道工程方案需进行同深度比选时,应进行同深度勘察。根据地质条件选择隧道的位置应符合下列规定:

①隧道应选择在地层稳定、构造简单、地下水不发育、进出口条件有利的位置,隧轴线宜与岩层、区域构造线的走向垂直。

②隧道应避免沿褶皱轴部,平行于区域性大断裂,以及在断裂交汇部位通过。

③隧道应避开高应力区,无法避开时洞轴线宜平行最大主应力方向。

④隧道应避免通过岩溶发育区、地下水富集区和地层松软地带。

⑤隧道洞口应避开滑坡、崩塌、岩堆、危岩和泥石流等不良地质以及排水困难的沟谷低洼地带。

⑥傍山隧道、洞轴线宜向山体一侧内移,避开外侧构造复杂、岩体卸荷开裂、风化严重以及堆积层和不良地质地段。

隧道详细勘察应根据现场地形地质条件和隧道类型、规模制订勘察方案,查明隧址的水文地质及工程地质条件,其内容应符合初勘的规定。隧道的详细勘察应对初勘工程地质调绘资料进行核实。当隧道偏离初步设计位置或地质条件需进一步查明时,应进行补充工程地质调绘,补充工程地质调绘的比例尺为1:2000。

 思考练习题

1.试述公路工程地质勘察的主要任务。

2.试分析公路路基勘察中的主要岩土工程地质问题及勘察内容。

3.试分析公路桥梁勘察中的主要岩土工程地质问题及勘察内容。

4.试分析公路隧道勘察中的主要岩土工程地质问题及勘察内容。

附录

附录 A 岩土性质试验实训

A-1 岩石密度试验

一、目的和适用范围

岩石的密度(颗粒密度)是选择建筑材料、研究岩石风化、评价地基基础工程岩体稳定性及确定围岩压力等必需的计算指标。

本试验法用洁净水作试液时适用于不含水溶性矿物成分的岩石的密度测定,对含水溶性矿物成分的岩石应使用中性液体,如煤油作试液。

二、仪器设备

(1)密度瓶:短颈量瓶,容积 100mL。

(2)天平:分度值 0.001g。

(3)轧石机、球磨机、瓷研钵、玛瑙研钵、磁铁块和孔径为 0.315mm(0.3mm)的筛子。

(4)砂浴、恒温水槽(灵敏度 ±1℃)及真空抽气设备。

(5)烘箱:能使温度控制在 105～110℃范围内。

(6)干燥器:内装氯化钙或硅胶等干燥剂。

(7)锥形玻璃漏斗和瓷皿、滴管、中骨匙和温度计等。

三、试样制备

取代表性岩石试样在小型轧石机上初碎(或手工用钢锤捣碎),再置于球磨机中进一步磨碎,然后用研钵研细,使之全部粉碎成能通过 0.315mm 筛孔的岩粉。

四、试验步骤

(1)将制备好的岩粉放在瓷皿中,置于温度为 105～110℃的烘箱中烘至恒量,烘干时间一般为 6～12h,然后再置于干燥器中冷却至室温(20℃±2℃)备用。

(2)用四分法取两份岩粉,每份试样从中称取 15g(m_1),精确至 0.001g(本试验称量精度皆同),用漏斗灌入洗净烘干的密度瓶中,并注入试液至瓶的 1/2 处,摇动密度瓶使岩粉分散。

（3）当使用洁净水作试液时，可采用沸煮法或真空抽气法排除气体。采用沸煮法排除气体时，沸煮时间自悬液沸腾时算起不得少于1h。

（4）将经过排除气体的密度瓶取出擦干，冷却至室温，再向密度瓶中注入排除气体且同温条件的试液，使其接近满瓶；然后置于恒温水槽（20℃±2℃）内，待密度瓶内温度稳定，上部悬液澄清后，塞好瓶塞，使多余试液溢出；从恒温水槽内取出密度瓶，擦干瓶外水分，立即称其质量（m_3）。

（5）倾出悬液，洗净密度瓶，注入经排除气体并与试验同温度的试液至密度瓶；再置于恒温水槽内，待瓶内试液的温度稳定后，塞好瓶塞，将逸出瓶外试液擦干，立即称其质量（m_2）。

五、结果整理

（1）计算岩石密度值（精确至0.01g/cm^3）为

$$\rho_t = \frac{m_1}{m_1 + m_2 - m_3} \times \rho_{wt}$$

式中：ρ_t——岩石的密度（g/cm^3）；

m_1——岩粉的质量（g）；

m_2——密度瓶与试液的合质量（g）；

m_3——密度瓶、试液与岩粉的总质量（g）；

ρ_{wt}——与试验同温度试液的密度（g/cm^3），洁净水的密度可由规范查得。

（2）以两次试验结果的算术平均值作为测定值。当两次试验结果之差大于0.02g/cm^3时，应重新取样进行试验。

（3）试验记录。密度试验记录应包括岩石名称、试验编号、试样编号、试液温度、试液密度、烘干岩粉试样质量、瓶和试液合质量以及瓶、试液和岩粉试样总质量、密度瓶质量。

岩石密度试验记录

工程名称：＿＿＿＿＿＿＿＿＿＿　　　　　　　试验日期：＿＿＿＿＿＿＿＿＿＿

试样编号：＿＿＿＿＿＿＿＿＿＿　　　　　　　试 验 者：＿＿＿＿＿＿＿＿＿＿

试验次数	密度瓶质量	烘干石粉试样＋密度瓶质量（g）	密度瓶＋试液＋岩粉的质量（g）	密度瓶＋试液＋岩粉的质量（g）	密度瓶＋试液的质量（g）	与试验同温度试液的密度（g/cm^3）	密度（g/cm^3）	平均值

A-2　岩石毛体积密度试验（水中称量法）

一、目的和适用范围

岩石的毛体积密度（块体密度）是一个间接反映岩石致密程度、孔隙发育程度的参数，也是评价工程岩体稳定性及确定围岩压力等必需的计算指标。根据岩石含水状态，毛体积密度可分为干密度、饱和密度和天然密度。水中称量法测岩石的毛体积密度适用于除遇水崩解、溶解和干缩湿胀外的其他各类岩石。

二、仪器设备

（1）切石机、钻石机、磨石机等岩石试件加工设备。
（2）天平：分度值 0.01g，称量大于 500g。
（3）烘箱：能使温度控制在 105~110℃ 范围内。
（4）水中称量装置。

三、试件制备

水中称量法试件制备，试件尺寸应符合规定：试件可采用规则或不规则形状，试件尺寸应大于组成岩石最大颗粒粒径的 10 倍，每个试件质量不宜小于 150g。

四、试验步骤

（1）测天然密度时，应取有代表性的岩石制备试件并称量；测干密度时，将试件放入烘箱，在 105~110℃ 范围内烘至恒量，烘干时间一般为 12~24h。取出试件置于干燥器内冷却至室温后，称干试件质量。

（2）将干试件浸入水中进行饱和，饱和方法可依岩石性质选用煮沸法或真空抽气法。

（3）取出饱和浸水试件，用湿纱布擦去试件表面水分，立即称其质量。

（4）将试样放在水中称量装置的丝网上，称取试样在水中的质量（丝网在水中质量可事先用砝码平衡）。在称量过程中，称量装置的液面应始终保持同一高度，并记下水温。

（5）本试验称量精确至 0.01g。

五、结果整理

（1）水中称量法岩石毛体积密度按下列公式计算，即

$$\rho_0 = \frac{m_0}{m_s - m_w} \times \rho_w$$

$$\rho_s = \frac{m_s}{m_s - m_w} \times \rho_w$$

$$\rho_d = \frac{m_d}{m_s - m_w} \times \rho_w$$

式中：ρ_0——天然密度（g/cm³）；

ρ_s——饱和密度（g/cm³）；

ρ_d——干密度（g/cm³）；

ρ_w——洁净水的密度（g/cm³）；

m_0——试件烘干前的质量（g）；

m_s——试件强制饱和后的质量（g）；

m_d——试件烘干后的质量（g）；

m_w——试件强制饱和后在洁净水中的质量（g）。

（2）毛体积密度试验结果精确至 0.01g/cm³，3 个试件做平行试验。

（3）孔隙率计算。求得岩石的毛体积密度及密度后，用下式计算总孔隙率 n，试验结果精确至 0.1%，即

$$n = \left(1 - \frac{\rho_d}{\rho_t}\right) \times 100\%$$

式中：n——岩石总孔隙率（%）；

ρ_t——岩石的密度（g/cm³）。

六、试验记录

毛体积密度试验记录应包括岩石名称、试验编号、试件编号、试件描述、试验方法、试件在各种含水状态下的质量、试件水中称量、试件尺寸、洁净水的密度和石蜡的密度等。

岩石毛体积密度试验记录

工程名称：_____　　　　　　　试验日期：_____

试样编号：_____　　　　　　　试　验　者：_____

试验次数	岩石烘干前的质量（g）	岩石强制饱和后的质量（g）	岩石烘干后的质量（g）	岩石强制饱和后在洁净水中的质量（g）	洁净水的密度（g/cm³）
1					
2					
岩石天然密度					
岩石饱和密度					
岩石干密度					
孔隙率					

A-3　岩石单轴抗压强度试验

一、目的和适用范围

单轴抗压强度试验是测定规则形状岩石试件单轴抗压强度的方法,主要用于岩石的强度分级和岩性描述。

本试验法采用饱和状态下的岩石立方体(或圆柱体)试件的抗压强度来评定岩石强度(包括碎石或卵石的原始岩石强度)。

在某些情况下,试件含水状态还可根据需要选择天然状态、烘干状态或冻融循环后状态。试件的含水状态要在试验报告中注明。

二、仪器设备

(1)压力试验机或万能试验机。

(2)钻石机、切石机、磨石机等岩石试件加工设备。

(3)烘箱、干燥器、游标卡尺、角尺及水池等。

三、试件制备

(1)建筑地基的岩石试验,采用圆柱体作为标准试件,直径为 $50mm \pm 2mm$、高径比为 2:1。每组试件共 6 个。

(2)桥梁工程用的石料试验,采用立方体试件,边长为 $70mm \pm 2mm$。每组试件共 6 个。

(3)路面工程用的石料试验,采用圆柱体或立方体试件,其直径或边长和高均为 $50mm \pm 2mm$。每组试件共 6 个。

(4)有显著层理的岩石,分别沿平行和垂直层理方向各取试件 6 个。试件上、下端面应平行和磨平,试件端面的平面度公差应小于 $0.05mm$,端面对于试件轴线垂直度偏差不应超过 $0.25°$。

四、试验步骤

(1)用游标卡尺量取试件尺寸(精确至 $0.1mm$),对立方体试件在顶面和底面上各量取其边长,以各个面上相互平行的两个边长的算术平均值计算其承压面积;对于圆柱体试件在顶面和底面分别测量两个相互正交的直径,并以其各自的算术平均值分别计算底面和顶面的面积,取其顶面和底面面积的算术平均值作为计算抗压强度所用的截面积。

(2)试件的含水状态可根据需要选择烘干状态、天然状态、饱和状态和冻融循环后的状态。

(3)按岩石强度性质,选定合适的压力机。将试件置于压力机的承压板中央,对正上、下承压板,不得偏心。

(4)以0.5~1.0MPa/s的速率进行加荷直至破坏,记录破坏荷载及加载过程中出现的现象。抗压试件试验的最大荷载记录以N为单位,精度1%。

五、结果整理

(1)岩石的抗压强度和软化系数分别按下式计算,即

$$R = \frac{P}{A}$$

式中:R——岩石的抗压强度(MPa);

P——试件破坏时的荷载(N);

A——试件的截面积(mm^2)。

$$K_P = \frac{R_w}{R_d}$$

式中:K_P——软化系数;

R_w——岩石饱和状态下的单轴抗压强度(MPa);

R_d——岩石烘干状态下的单轴抗压强度(MPa)。

(2)单轴抗压强度试验结果应同时列出每个试件的试验值及同组岩石单轴抗压强度的平均值;有显著层理的岩石,分别报告垂直与平行层理方向的试件强度的平均值;计算值精确至0.1MPa。

软化系数计算值精确至0.01,3个试件做平行试验,取算术平均值;3个值中最大值与最小值之差不应超过平均值的20%,否则,应另取第4个试件,并在4个试件中取最接近的3个值的平均值作为试验结果,同时在报告中将4个值全部给出。

六、试验记录

单轴抗压强度试验记录应包括岩石名称、试验编号、试件编号、试件描述、试件尺寸、破坏荷载及破坏形态。

岩石单轴抗压强度试验记录

工程名称:_____   试验方法:_____   试验日期:_____

试 验 者:_____   计 算 者:_____   校 核 者:_____

试验编号	含水状态	立方体高(mm)		立方体顶面边长(mm)	立方体底面边长(mm)	相互平行的两个面边长的平均值(mm)	试件受压面积(mm^2)	极限荷载(kN)	抗压强度值(MPa)	抗压强度平均值(MPa)
		单值	平均值							

A-4　土的密度试验(环刀法)

一、目的和适用范围

土的密度指土单位体积的质量。土在天然状态下的密度称为土的天然质量密度。土的密度测定方法有环刀法、蜡封法、灌水法和灌砂法等。其中,环刀法适用于一般黏性土;蜡封法适用于易碎裂的土或形状不规则的坚硬土;灌水法、灌砂法适用于现场测定原状砂和砾土的密度。下面仅介绍环刀法。

二、仪器设备

(1)环刀:内径为 61.8mm 或 64mm,高为 20mm 或 40mm,刃口厚度 0.3mm,刃口角度 10°。

(2)天平:称量 500g,分度值 0.1g;或称量 200g,分度值 0.01g。

(3)其他:削土刀、玻璃片和凡士林等。

三、操作步骤

1. 准备工作

(1)取直径和高度略大于环刀的原状土样,放在玻璃片上。

(2)在天平上称环刀质量 m_1。

2. 环刀取土

(1)环刀内壁涂一薄层凡士林,将环刀刀口向下放在土样上。

(2)用削土刀将土样削成略大于环刀直径的土柱。

(3)环刀垂直下压,边压边削,直到土样上端伸出环刀为止。

(4)将环刀两端余土削去修平(严禁在土面上反复刮),然后擦净环刀外壁,两端盖上玻璃片。

3. 天平称量

将取好土样的环刀放在天平上称量,记下环刀加土总质量 m_2。

四、结果整理

计算土的质量密度:

$$\rho = \frac{m}{V} = \frac{m_2 - m_1}{V}\,(\text{g/cm}^3)$$

式中:V——试样体积(即环刀内净体积)(cm^3);

$\quad\quad m$——试样质量(g);

m_1——环刀质量(g);

m_2——环刀加试样质量(g)。

密度试验需进行两次平行测定,要求平行差值 $0.03g/cm^3$,取其两次试验结果的平均值。

五、试验记录

密度试验记录

工程名称:＿＿＿＿＿＿　　　　　　　　　试验日期:＿＿＿＿＿＿

试样编号:＿＿＿＿＿＿　　　　　　　　　试　验　者:＿＿＿＿＿＿

环刀号	环刀质量 m_1	试样体积 V	环刀加试样总质量 m_2	试样质量 m	密度 ρ	平均密度

A-5　土的天然含水率试验(烘干法)

一、目的和适用范围

含水率指土中水的质量和土粒质量之比。土的含水率是指土在 $105 \sim 110℃$ 范围内烘至恒定的质量时所失去的水分质量和达恒定质量后干土质量的比值,以百分数表示。土在天然状态时的含水率称为土的天然含水率。

测定土的含水率常用的方法有烘干法和酒精燃烧法。

二、仪器设备

(1)烘箱:电热恒温烘箱。

(2)天平:分度值0.01g。

(3)其他:干燥器和称量盒等。

三、操作步骤

(1)从原状土样中,选取有代表性的试样,对于黏性土取 $15 \sim 20g$,对于粉土、砂土或有机质土约取50g,放入称量盒内盖好盒盖,称湿土加盒总质量 m_1,精确至0.01g。

(2)打开盒盖,放入烘箱内,在 $105 \sim 110℃$ 范围内恒温烘干(烘干时间,黏性土不少于 8h,粉土、砂土不少于 6h)。

(3)将烘干后的试样和盒取出,盖好盒盖,放入干燥器内冷却至室温,称干土加盒总质量 m_2,精确至 0.01g。

四、结果整理

计算含水率 $w(\%)$,即:

$$w = \frac{m_w}{m_s} \times 100 = \frac{m_1 - m_2}{m_2 - m_0} \times 100$$

式中: m_w——试样中水的质量(g);

m_s——试样中土粒的质量(即干土的质量)(g);

m_0——称量盒的质量(g);

m_1——湿土加盒总质量(g);

m_2——干土加盒总质量(g)。

含水率试验需进行两次平行试验。当 $w < 40\%$ 时,平行差值不得大于 1%;当 $w \geqslant 40\%$ 时,平行差值不得大于 2%。取两次试验值的平均值。

五、试验记录

含水率试验记录

工程名称:＿＿＿＿＿　　　　　　　　试验日期:＿＿＿＿＿

试样编号:＿＿＿＿＿　　　　　　　　试　验　者:＿＿＿＿＿

盒　　号	称量盒质量 m_0	湿土加盒总质量 m_1	干土加盒总质量 m_2	含水率 w	平均含水率

A-6　土粒比重试验(比重瓶法)

一、目的和适用范围

土粒比重是土的基本物理性指标之一,是计算孔隙比和评价土类的主要指标。本试验法适用于粒径小于 5mm 的土。

二、仪器设备

（1）比重瓶：容量100mL（或50mL）。

（2）天平：称量200g，分度值0.01g。

（3）恒温水槽：灵敏度±1℃。

（4）砂浴。

（5）温度计：刻度为0～50℃，分度值0.5℃。

（6）其他：如烘箱、蒸馏水、中性液体（如煤油）、孔径2mm及5mm筛、漏斗、滴管等。

三、操作步骤

（1）将比重瓶烘干，将15g烘干土装入100mL比重瓶内（若用50mL比重瓶，装烘干土约12g），称量。

（2）为排除土中空气，将已装有干土的比重瓶，注蒸馏水至瓶的1/2处，摇动比重瓶，土样浸泡20h以上，再将瓶在砂浴中煮沸，煮沸时间自悬液沸腾时算起，砂及低液限黏土应不少于30min，高液限黏土应不少于1h，使土粒分散。

注意：沸腾后调节砂浴温度，不得使土液溢出瓶外。

（3）如系长颈比重瓶，用滴管调整液面恰至刻度处（以弯月面下缘为准），擦干瓶外及瓶内壁刻度以上部分的水，称瓶、水、土总质量；如系短颈比重瓶，将纯水注满，使多余水分自瓶塞毛细管中溢出，将瓶外水分擦干后，称瓶、水、土总质量，称量后立即测出瓶内水的温度，准确至0.5℃。

（4）立即倾去悬液，洗净比重瓶，注入事先煮沸过且与试验时同温度的蒸馏水至同一体积刻度处，短颈比重瓶则注水至满，按第（3）步骤调整。

（5）本试验称量应准确至0.001g。

四、结果整理

用蒸馏水测定时，按下式计算土粒比重，即

$$G_s = \frac{m_s}{m_1 + m_s - m_2} \times G_{wt}$$

式中：G_s——土粒比重，计算至0.001；

m_s——干土质量（g）；

m_1——瓶、水总质量（g）；

m_2——瓶、水、土总质量（g）；

G_{wt}——t℃时蒸馏水的土粒比重，计算至0.001。

本试验必须进行二次平行测定，取其算术平均值，以两位小数表示，其平行差值不得大于0.02。

五、试验记录

粒比重试验记录（比重瓶法）

工程名称：＿＿＿＿　　试验方法：＿＿＿＿　　试验日期：＿＿＿＿

试　验　者：＿＿＿＿　　计　算　者：＿＿＿＿　　校　核　者：＿＿＿＿

试验编号	比重瓶号	温度（℃）	液体粒比重	比重瓶质量（g）	瓶、干土总质量（g）	干土质量（g）	瓶、液总质量（g）	瓶、液、土总质量（g）	与干土同体积的液体质量（g）	粒比重	平均粒比重值
		(1)	(2)	(3)	(4)	(5)	(6)	(7)	(8)	(9)	
						(4) − (3)			(5) + (6) − (7)	$\dfrac{(5)}{(8)} \times (2)$	
	1										
	2										

A-7　黏性土的液限、塑限试验（液塑限联合测定法）

一、目的和适用范围

液限指黏性土从流动状态转变到可塑状态的界限含水率；塑限指黏性土从可塑状态转变到半固体状态的界限含水率。

液限和塑限试验目的是测定黏性土的液限 w_L、塑限 w_P，并由此计算土的塑性指数 I_p，进行黏性土的定名，判别黏性土的软硬程度。

本试验适用于颗粒组成小于 0.5mm，有机质含量小于 5% 土壤的液限、塑限的测定。

二、仪器设备

（1）液塑限联合测定仪应包括带标尺的圆锥仪、电磁铁、显示屏、控制开关和试样杯。圆锥仪质量为 76g，锥角为 30°；读数显示宜采用光电式、游标式和百分表式。

（2）天平：称量 200g，分度值 0.01g。

（3）其他：如调土刀、盛土器、刮刀、凡士林、称量盒、酒精或烘箱等。

三、操作步骤

（1）取有代表性的天然含水率或风干土样进行试验。如土中含大于 0.5mm 的土粒或杂物时，应将风干土样用带橡皮头的研杵研碎或用木棒在橡皮板上压碎，过 0.5mm 的筛。

取 0.5mm 筛下的代表性土样 200g，分开放入 3 个盛土皿中，加不同数量的蒸馏水，土样的含水率分别控制在液限（ a 点）、略大于塑限（ c 点）和两者的中间状态（ b 点）。用调土刀调匀，盖上湿布，放置 18h 以上。测定 a 点的锥入深度，对于 100g 锥应为 20mm ±

0.2mm,对于76g锥应为17mm。测定 c 点的锥入深度,对于100g锥应控制在5mm以下,对于76g锥应控制在2mm以下。对于砂类土,用100g锥测定 c 点的锥入深度可大于5mm,用76g锥测定 c 点的锥入深度可大于2mm。

(2)将制备的土样充分搅拌均匀,分层装入盛土杯,用力压密,使空气逸出。对于较干的土样,应先充分搓揉,用调土刀反复压实。试杯装满后,刮成与杯边齐平。

(3)在锥尖附近涂以薄层凡士林。

(4)将装好土样的试杯放在联合测定仪的升降座上,转动升降旋钮,待锥尖与土样表面刚好接触时停止升降,扭动锥下降旋钮,同时开动秒表,经5s时,松开旋钮,锥体停止下落,此时游标读数即锥入深度 h_1。

(5)改变锥尖与土接触位置(锥尖两次锥入位置距离不小于1cm),重复本试验第(3)、第(4)步骤,得锥入深度 h_2。h_1、h_2 允许平行误差为0.5mm,否则,应重做。取 h_1、h_2 平均值作为该点的锥入深度 h。

(6)去掉锥尖入土处的凡士林,取10g以上的土样两个,分别装入称量盒内,称质量(准确至0.01g),测定其含水率 w_1、w_2(计算到0.1%)。计算含水率平均值 w。

(7)重复以上步骤,对其他两个含水率土样进行试验,测其锥入深度和含水率。

(8)用光电式或数码式液限塑限联合测定仪测定时,接通电源,调平机身,打开开关,提上锥体(此时刻度或数码显示应为零)。将装好土样的试杯放在升降座上,转动升降旋钮,试杯徐徐上升,土样表面和锥尖刚好接触,指示灯亮,停止转动旋钮,锥体立刻自行下沉,5s时,自动停止下落,读数窗上或数码管上显示键入深度。试验完毕,按动复位按钮,锥体复位,读数显示为零。

四、结果整理

(1)在双对数坐标上,以含水率 w 为横坐标,锥入深度 h 为纵坐标,点绘 a、b、c 3点含水率的 h-w 图,如图A-1所示。连接此3点,应呈一条直线。如3点不在同一直线上,要通过 a 点与 b、c 两点连成两条直线,根据液限(a 点含水率)在 h_P-w_L 图(图A-2)上查得 h_P,此外 h_P 再在 h-w 的 ab 及 ac 两直线上求出相应的两个含水率。当两个含水率的差值小于2%时,以该两点含水率的平均值与 a 点连成一直线。当两个含水率的差值不小于2%时,应重做试验。

(2)液限的确定方法。

①若采用76g锥做液限试验,则在 h-w 图上,查得纵坐标入土深度 $h=17$mm所对应的横坐标的含水率 w,即该土样的液限 w_L。

②若采用100g锥做液限试验,则在 h-w 图上,查

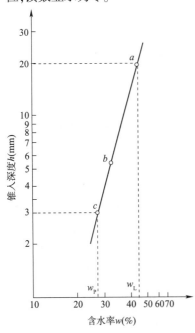

图A-1　锥入深度与含水率(h-w)关系

得纵坐标入土深度 $h = 20\text{mm}$ 所对应的横坐标的含水率 w，即该土样的液限 w_L。

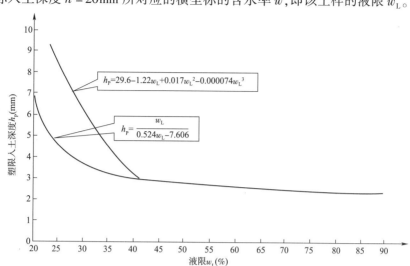

图 A-2　$h_P\text{-}w_L$ 关系曲线

（3）塑限的确定方法。

①根据液限的确定方法求出的液限，通过 76g 锥入土深度 h 与含水率 w 的关系曲线，查得锥入土深度为 2mm 所对应的含水率即该土样的塑限 w_L。

②根据液限的确定方法求出的液限，通过液限 w_L 与塑限时入土深度 h_P 的关系曲线，查得 h_P，再由图求出入土深度为 h_P 时所对应的含水率，即该土样的塑限 w_P。查 $h_P\text{-}w_L$ 关系图时，须先通过简易鉴别法及筛分法把砂类土与细粒土区别开来，再按这两种土分别采用相应的 $h_P\text{-}w_L$ 关系曲线。对于细粒土，用双曲线确定 h_P 值；对于砂类土，则用多项式曲线确定 h_P 值。

当 a 点的锥入深度在 $20\text{mm} \pm 0.2\text{mm}$ 范围内时，在 ab 线上查得入土深度为 20mm 处相对应的含水率，此为液限 w_L。再用此液限在图 $h_P\text{-}w_L$ 关系曲线上找出与之相对应的塑限入土深度 h'_P，然后到图 $h\text{-}w$ 直线 ad 上查得 h'_P 相对应的含水率，此为塑限 w_P。

本试验须进行两次平行测定，取其算术平均值，以整数（%）表示。其允许差值为：高液限土小于或等于 2%，低液限土小于或等于 1%。

五、试验记录

液限塑限联合试验记录

工程名称：_____　　　土样编号：_____　　　　试验日期：_____

试　验　者：_____　　　计　算　者：_____　　　校　核　者：_____

试验次数 ＼ 试验项目		1	2	3	计算
入土深度	h_1				
	h_2				
	$1/2(h_1 + h_2)$				

续上表

试验项目 试验次数		1	2	3	计算
含水率	盒号				
	盒质量(g)				$w_L =$
	盒 + 湿土质量(g)				
	盒 + 干土质量(g)				
	水分质量(g)				$w_p =$
	干土质量(g)				
	含水率(%)				

A-8 土的固结试验

一、目的和适用范围

土的压缩就是土体在荷载作用下体积逐渐减小的过程。本试验是测定土样在无侧向膨胀条件下,竖向压力与孔隙比之间的关系及土的压缩系数。

二、仪器设备

(1)单轴固结仪。

(2)测微表:量距 10mm,分度值 0.01mm。

(3)其他:如秒表、修土刀、铝盒、天平、凡士林、酒精或烘箱等。

三、操作步骤

(1)取面积大于环刀直径的原状土柱,整平其上下两端,再取已称得质量的环刀,先在环刀内壁涂一层凡士林,然后将环刀刀口向下放在土柱上,用手轻轻将环刀垂直下压,边压边修削环刀外围的土,直到环刀装满土样,用修土刀修平上下两端。在刮平试样时,注意不得用刮刀往复涂抹土面。要求试样与环刀内壁密合,并保持完整,若不符合要求应重新取。

(2)擦净环刀外壁,测出环刀中土样的质量,并取修下的余土测出其含水率。

(3)在装土样的环刀外壁涂一层凡士林,刀口向下放入环内。

(4)在容器底板上放透水石,将带土样的环刀和护环放入容器中,套上导环,土样上面放置透水石,再放上传压活塞。

(5)检查加压设备是否灵敏,将手轮顺时针旋转使升降杆上升至顶点,再逆时针旋3~5转,利用平衡铊调整杠杆横梁至水平位置。

(6)将装好土样的容器,放在加压台正中,使传压活塞上的钢球与加压横梁的球孔密合,然后装上测微表,并调节其伸长距离不小于 8mm,检查测微表是否灵活和垂直。

（7）为保证试样与仪器上下各部件间接触良好，先预加 1kPa（0.01kg/cm²）压力，调整测微表使指针初读数为一整数，并记下初读数。

（8）去掉预压荷重，立即加第一级荷重，加砝码时应避免冲击和摇晃，再加上砝码的同时，即开动秒表。荷重等级一般规定为 50kPa、100kPa、200kPa、300kPa 和 400kPa。

（9）荷重加上后，每隔 30min 记测微表读数一次，读数精确至 0.01mm。当两次读数变化不超过 0.01mm 时，即可认为已压缩稳定。在试验中应随时注意杠杆是否水平，倾斜时应逆时针旋转手轮，使杠杆保持水平。

（10）记下压缩稳定时的测微表读数，然后加次一级荷重，依次逐级加试验。

（11）最后一级荷重下的稳定读数记下后，如有必要可逐级减荷，观察土样的膨胀变形，这里省略。

（12）试验结束后拆除仪器，退出环刀，去除土样，洗净环刀，以备再用。

四、结果整理

（1）计算土样原始孔隙比为

$$e_0 = \frac{9.81 G_s}{\gamma}(1 + 0.01w) - 1$$

（2）计算各级荷重下压缩稳定时的孔隙比为

$$e_i = e_0 - \frac{S_i}{h_0}(1 + e_0)$$

（3）以孔隙比 e 为纵坐标，压应力 p 为横坐标，根据试验结果，画出压缩曲线即 e-p 曲线，如图 A-3 所示。

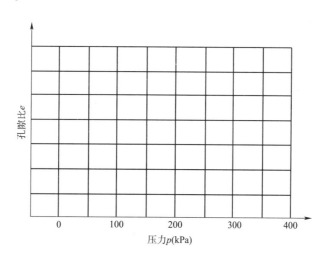

图 A-3　压缩曲线 e-p 曲线

（4）按下式计算各级压力变化范围内的压缩系数为

$$a = \frac{e_1 - e_2}{p_2 - p_1}$$

五、试验记录

固 结 试 验 记 录

土样编号：_____　　　土样说明：_____　　　　试验日期：_____

土样比重 G_s =　　　　　　重度 γ =　　　kN/m³　　　含水率 w =　　　%

试样面积 F =　　　cm²　　试样原始高度 h_0 =　　　mm　　原始孔隙比 e_0 =

压力 p_i(kPa)	试样压缩量 S_i (mm)	孔隙比 e_i	孔隙比变化量 Δe	压力变化量 Δp (kPa)	压缩系数 a (MPa⁻¹)
0					
12.5					
25					
50					
100					
200					
400					
800					

A-9　土的直接剪切试验(快剪)

一、目的和适用范围

土的抗剪强度是指土在外力作用下,土体的一部分对另一部分产生相对滑动时所具有的抵抗剪切破坏的极限强度。

测定不同正应力下土的抗剪强度,取决于土的内摩擦角 φ 和黏聚力 c。直接剪切试验分慢剪、固结快剪和快剪 3 种,应按地基土的实际受力和固结情况选定。教学试验因受时间限制,故采用快剪法。

二、仪器设备

应变式控制直接剪切仪主要包括杠杆式垂直加压设备、剪切盒、量力环(包括放于环中的测微表)及推力座等。

三、操作步骤

(1)用切土环刀取原状土样,要求同压缩试验,但若试样有空洞,允许用余土填补。

(2)对准剪切盒的上下盒,插入固定销,在下盒内放透水石及蜡纸各一个。

(3)将盛有试样的环刀,刀口向上,平口向下对准盒口,在试样上放蜡纸和透水石各一个,然后将试样徐徐压入盒中,直到底面接触为止,顺次加上传压活塞、钢珠及加压框架。

(4)施加垂直压力(本试验至少要取 4 个试样,分别加不同压力,一般为 50kPa、100kPa、200kPa、300kPa),现在砝码上多标有 kgf/cm² 值(1kgf/cm² = 100kPa),加荷载时应按垂直压力值,一次将砝码轻轻加上,防止冲击。若土质很软,当压力较大时,为防止土从上下盒的缝中被挤出,可分数次在 1min 内将砝码全部加足。如为饱和土样,还应往盒中注水。

(5)安装量力环及其中的测微表,徐徐转动手轮,使下盒的钢珠刚好与量力环接触,调整测微表读数为一整数,作为初读数记下。

(6)拔出固定销(这一步不可忽略),均匀转动手轮使量力环受力,快剪时手轮为 4 ~ 12 转/min,观看测微表指针的转动。若指针不再前进或明显后退,表示试样已剪坏,记下读数的峰值作为终读数(估读到 0.001mm)。若量力环中测微表指针随手轮的旋转而不断前进,则取剪切变形达 5mm 时的指针读数作为终读数,即可停止剪切。一般快剪宜在 3 ~ 5min 内完成。

(7)倒退手轮,卸去垂直压力,取出土样,将仪器擦洗干净,并在上下盒接触面上涂一层凡士林,以供再用。

(8)抄录量力环系数 K。

四、结果整理

按下式计算每个试样的抗剪强度为

$$\tau_f = KR$$

式中:K——量力环系数,kPa/0.01mm,见直接剪切仪中测力计上的标识;

R——量力环中测微表初读数与终读数之差值,即量力环的径向压缩量,0.01mm。

根据几个试样剪切试验的结果,绘出抗剪强度与垂直压应力的关系图,即抗剪强度线。该直线的倾角为 ϕ,其在纵坐标上的截距为 c,如图 A-4 所示。

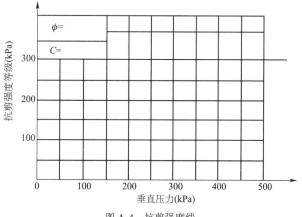

图 A-4　抗剪强度线

五、试验记录

直接剪切试验记录表

土样编号：_____   试验方法：_____   试验日期：_____

环刀面积：_____   土样说明：_____   试　验　者：_____

垂直压力 P_i (kN/m²)	土样面积 A (m²)	量力环系数 C (kN/m² · 0.01mm)	测微表读数 R_i (mm)	剪应力 $\tau = CR_i$ (kN/m²)	正应力 $\sigma = P_i$ (kN/m²)
50					
100					
200					
300					
400					

A-10　土的击实试验

一、目的和适用范围

　　击实试验是指用锤击使土密度增加的一种方法。土在一定的击实效应下，如果含水率不同，则所得的密度也不相同，能使土达到最大密度所要求的含水率，称为最优含水率，其相应的干密度称为最大干密度。

　　在标准击实方法下测定土的最大干密度和最优含水率，是控制路堤、土坝或填土地基等密实度的重要指标。

　　本试验分轻型击实和重型击实。轻、重型试验方法和设备的主要参数应符合表 A-1 的规定。

击实试验方法种类　　　　　　　　　　表 A-1

试验方法	类别	锤底直径 (cm)	锤质量 (kg)	落高 (cm)	试筒尺寸 内径 (cm)	试筒尺寸 高 (cm)	试样尺寸 高度 (cm)	试样尺寸 体积 (cm³)	层数	每层击数	击实功 (kJ/m³)	最大粒径 (mm)
轻型	I-1	5	2.5	30	10	12.7	12.7	997	3	27	598.2	20
	I-2	5	2.5	30	15.2	17	12	2177	3	59	598.2	40
重型	II-1	5	4.5	45	10	12.7	12.7	997	5	27	2687.0	20
	II-2	5	4.5	45	15.2	17	12	2177	3	98	2687.0	40

二、仪器设备

　　(1)标准击实仪。

　　(2)烘箱和干燥器。

　　(3)天平：称量200g，分度值0.01g。

（4）台秤：称量 10kg,分度值 5g。

（5）标准筛：孔径 5mm、20mm、25mm、40mm 各 1 个。

（6）拌和工具：400mm×600mm、深 70mm 的金属盘、土铲。

（7）其他：如喷水设备、碾土器、盛土盘、量筒、修土刀、铝盒及平直尺等。

三、操作步骤

根据工程要求,按表 A-1 中规定选择试验方法。根据土的性质(含易击碎风化石数量多少,含水率高低)用干法或湿法。

（1）取重约 3kg(小试筒)或 6.5kg(大试筒)的土样通过筛孔 5mm 的筛,并加水润湿,拌匀后焖料 12h 备用。

（2）一般最少做 5 个含水率,依次相差约 2%,且其中至少有 2 个大于最优含水率及 2 个小于最优含水率。

可按下式计算所需的加水量为

$$m_{\mathrm{w}} = \frac{m_0}{1+w_0} \times (w - w_0)$$

式中：m_{w}——所需的加水量(g)；

m_0——风干土样的质量(g)；

w_0——风干土样的含水率(%)；

w——要求达到的含水率(%)。

（3）将拌和均匀的土样分 3 层装入标准击实仪中击实：第一层松土厚约为击实筒容积的 2/3,击实后土样约为击实筒容积的 1/3;第二层松土厚装至与击实筒齐平,击实后土样约为击实筒容积的 2/3;然后安装上套筒,再装松土至套筒平(因套筒高约为击实筒的 1/3),这样击实后的土样可略高于击实筒。

（4）用修土刀沿套筒内壁削刮,使试样与套筒脱离后,扭动并取下套筒,齐筒顶细心削平试样,拆除底板,擦净筒外壁,称量,准确至 1g。

（5）用推土器推出筒内试样,从试样中心处取样测其含水率,计算至 0.1%。测定含水率用试样的数量按表 A-2 规定取样(取出有代表性的土样)。两个试样含水率的精确度应满足要求。

测定含水率用试样的数量　表 A-2

最大粒径(mm)	试样质量(g)	个数	最大粒径(mm)	试样质量(g)	个数
<5	15~20	2	约 20	约 250	1
约 5	约 50	1	约 40	约 500	1

四、结果整理

（1）按下式计算击实后各点的干密度,即

$$\rho_{\mathrm{d}} = \frac{\rho}{1 + 0.01w}$$

式中：ρ_{d}——干密度(g/cm³),计算至 0.01；

ρ——湿密度(g/cm^3);

w——含水率(%)。

(2)以干密度为纵坐标,含水率为横坐标,绘制干密度与含水率的关系曲线,如图 A-5所示,曲线上峰值点的纵、横坐标分别为最大干密度和最佳含水率。如曲线不能绘出明显的峰值点,应进行补点或重做。

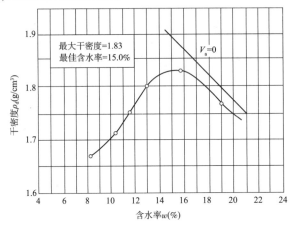

图 A-5　含水率与干密度的关系曲线

五、试验记录

击实试验记录表

校核者:_____　　　　　计算者:_____　　　　　试验者:_____

土样编号			筒号			落距		45cm
土样来源			筒容积		997cm²	每层击数		27
试验日期			击锤质量		4.5kg	大于5cm 颗粒含量		

	试验次数	1	2	3	4	5
干密度	筒+土质量(g)					
	筒质量(g)					
	湿土质量(g)					
	湿密度(g/cm³)					
	干密度(g/cm³)					
含水率	盒号					
	盒+湿土质量(g)					
	盒+干土质量(g)					
	盒质量(g)					
	水质量(g)					
	干土质量(g)					
	含水率(%)					
	最优含水率 =　　　(%)			最大干密度 =　　　(g/cm³)		

附录 B　工程地质图识读实训实例

某地区工程地质平面图如图 B-1 所示。A–B 工程地质剖面图如图 B-2 所示。

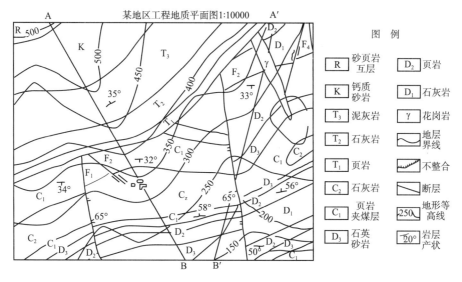

图 B-1　工程地质平面图

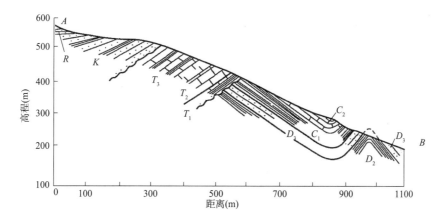

图 B-2　A–B 工程地质剖面图

附录 C　滑坡计算与处治措施实例

滇东北 95% 以上的土地为山区,且地形地质条件复杂,是滑坡灾害比较严重的地区之一。在高等级公路建设中,由于地形条件的限制,路线受技术指标的控制,不可避免地遇到滑坡地质灾害,由于人为工程活动对山坡坡体的扰动和破坏,加之对山坡坡体稳定性及老滑坡的认识不足,导致施工期间和施工后发生滑坡灾害,影响工程建设周期,使一些工程不得不增加大量投资甚至造成生命财产损失。在滇东北龙东格公路全线总的大、中、小型滑坡共 13 处,投入治理资金超过 6200 万元,其在公路建设总投资中占了相当的比重。因此,滑坡的治理在高等级公路建设中显得尤其重要。现以滇东北龙东格公路上的 K88 +710 处大型滑坡为特例进行分析。

一、滑坡特征及产生原因

1.滑坡特征

滑坡主滑轴为 1-1′断面,主滑轴总体呈 N50°E 方向。纵长:最大 275m,横宽:最大 107m,面积 3 万多平方米,平面形态大致呈纵长式瓢箕形,滑坡平面图如图 C-1 所示。

滑坡人为破坏严重,总的地表变形特征稍不太明显。但相对来说,路基中线以上较为明显,特别是老公路附近和 K88 +740 小冲沟一带曾发生多次小型坍塌滑移现象,滑坡后缘陡壁下方可见近期滑移现象,加之地裂缝(宽一般为 5 ~ 10cm,最大 15cm,深为 10 ~ 30cm,单条最长 7m,总体产状和后缘一致)时有分布,直接说明本滑坡近期正在活动。站在滑坡后缘和滑坡对面远距离观察该滑坡,则侧裂周边相对明显,侧裂周边除可见少量零星分布的下滑陡坎(坎高最高可达 2m)。老公路变形最明显的一次在距今 20 年前发生,导致老公路局部(大体位于 K88 +680 右侧老公路上)下沉约 2m,老公路发生变形下沉最近的一次是在 1999 年,路基开裂下沉约 30cm,遗留下路面起伏的痕迹,这也是此处侧裂周边不平直的依据;路上方负地形,路下方正地形,也是明显的滑坡地段结果。对于滑坡主滑动面特征,从钻孔揭露情况看,根据标准贯入试验(滑体与滑床土质结构差异较大,即滑体疏松而滑床紧密)、滑面附近及滑动面上土质软弱且颜色较杂就可综合确定主滑动面,如图 C-2 所示。据钻孔资料统计,滑体厚度:最小 9.60m,最大 17.80m,平均 12.32m,拟建公路中线上滑体厚度最大 17.80m。

按滑坡物质组成、滑坡规模、滑坡受力状态及滑坡形成原因等,将滑坡类型进行划分并列入表 C-1。

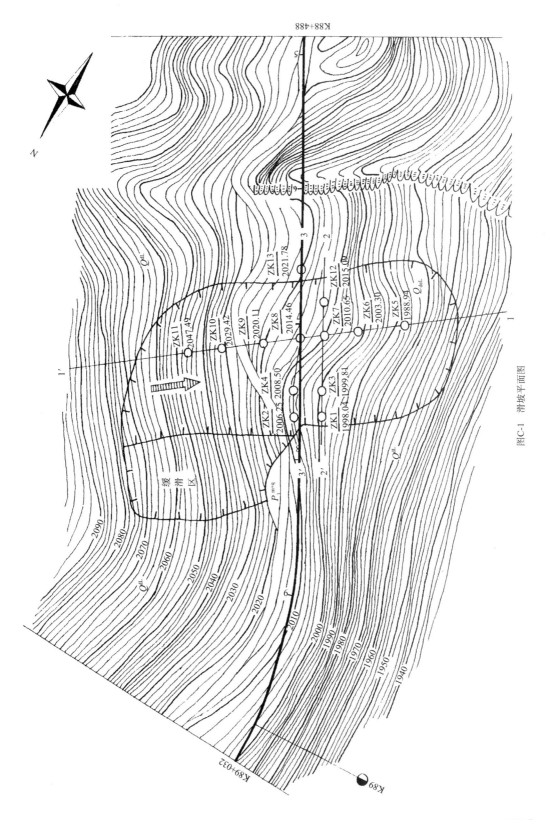

图C-1 滑坡平面图

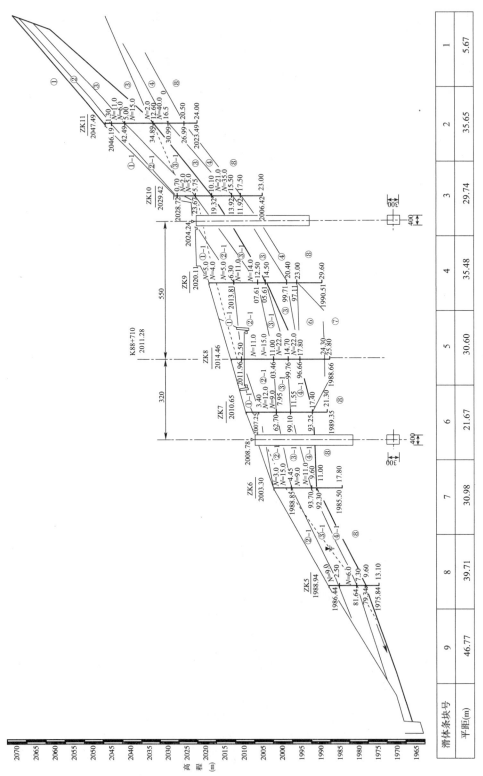

图C-2 滑坡工程地质纵断面图(1-1'主滑断面图)

滑体条块号	9	8	7	6	5	4	3	2	1
平距(m)	46.77	39.71	30.98	21.67	30.60	35.48	29.74	35.65	5.67

滑 坡 类 型 划 分

表 C-1

划 分 依 据	名 称 类 型	简 要 说 明	备 注
滑坡物质组分	堆积层滑坡	发生在堆积层内或沿基岩面滑动	滑坡规模划分依据:采用的是《公路工程地质勘察规范》(JTG C20—2011)规范,滑坡规模偏大
滑体规模	大型滑坡	滑坡面积:3 万多平方米 滑体厚度(即滑面埋深):平均12.32m 滑体体积:61.9 万 m^3	
滑体受力状态	牵引推动混合式滑坡	牵引与推动同时并存	
形成原因	自然滑坡	由自然地质作用产生	
形成后的活动性	活滑坡	目前正处于活动状态	

2.滑坡产生的原因

滑坡产生的主要条件是不利的岩土结构和地形地貌,滑坡产生的次要条件是水的作用影响、地震作用的影响、不利的气候条件影响、人为因素等。从滑坡产生的主次条件中可以看出,滑坡产生的原因主要由自然地质作用产生的,而非人工施工引起的滑坡,属自然滑坡。

二、滑坡稳定安全系数与滑坡推力计算分析

1.滑坡稳定安全系数 F_s 的计算

作业区域地形坡度较大,滑体表面起伏不平,处于当地侵蚀基准面上,滑面为折线滑动面。滑坡上缘上侧有一学校及村子,下缘下侧有小江,拟建公路只能选由滑坡中部通过。场地内无统一地下水位,且作业区域位于小江深大断裂带上,地震烈度≥9 度,属强震区。故滑坡稳定安全系数和滑坡推力就采用不考虑地震作用影响下的不平衡推力传递法公式与考虑地震作用影响的滑坡稳定分析公式进行计算。

(1)当不考虑地震作用影响时,则

$$P_i = F_s W_i \sin\alpha_i + P_{i-1}\Psi_i - W_i\cos\alpha_i\tan\varphi_i - c_i L_i$$

式中:Ψ_i——传递系数,$\Psi_i = \cos(\alpha_{i-1} - \alpha_i) - \sin(\alpha_{i-1} - \alpha_i)\tan\varphi_i$;

P_i、P_{i-1}——第 i 和第 $i-1$ 滑块剩余下滑力(kN/m);

F_s——稳定系数。

(2)考虑地震作用影响时:

$$P_i' = F_s'(W_i\sin\alpha_i + F_{EK}\cos\alpha_i) + P_{i-1}'\psi_i - (W_i\cos\alpha_i - F_{EK}\sin\alpha_i)\tan\varphi_i - c_i L_i$$

式中:ψ_i——传递系数,$\psi_i = \cos(\alpha_{i-1} - \alpha_i) - \sin(\alpha_{i-1} - \alpha_i)\tan\varphi_i$;

P_i'、P_{i-1}'——考虑地震作用影响时第 i 块、第 $i-1$ 块滑体的剩余下滑力(kN/m);

F_{EK}——水平地震荷载(kN);

F_s'——稳定系数;

W_i——第 i 滑块的自重力(kN/m);

α_i、α_{i-1}——第 i 和第 $i-1$ 滑块对应滑面的倾角(°);

φ_i——第 i 滑块滑面内摩擦角(°);

c_i——第 i 滑块滑面岩土黏聚力(kPa);

L_i——第 i 滑块滑面长度(m)。

(3)滑坡稳定系数 F_s 计算步骤:

①在主滑断面图上将滑体分成9条土条。

②计算每一单宽土条的重力 W_i。

③根据公式按每一土条参数 W_i、L_i、α_i、φ_i、c_i,逐一计算每一土条的滑动推力。综合内摩擦角 φ 和综合内黏结力 c 的取值,其对滑坡稳定性计算和抗滑工程设计是一个不可缺少的参数,它的正确与否直接影响到滑坡稳定性计算的正确性和抗滑工程设计的合理性。然后,根据试验结果和经验调查综合选取滑动面的 c、φ 值。现将滑坡各土层综合参数列于表 C-2(滑坡推力计算时同样采用此表中的综合参数)。

滑坡稳定安全系数、滑坡推力计算参数　　　表 C-2

土(岩)层编号	土(岩)层名称	天然重力密度 γ（kN/m³）	综合内摩擦角 φ（°）	综合黏聚力 c（kPa）	滑坡推力计算安全系数 F_s	备注
①-1	粉质黏土	19.33				考虑到场地内旱季较干旱,因此,计算时未考虑地下水因素
②-1	含黏性土砂砾	20.48	9.0	27.0	1.20	
③-1	含黏性土砂砾	21.09				
④-1	粉质黏土	18.90				

④经反复试算,将不考虑地震作用影响和考虑地震作用影响的滑坡稳定安全系数 F_s 与 F'_s 的计算结果列于表 C-3。

滑坡稳定安全系数计算结果　　　表 C-3

参数	滑体号	1-1'								
		1	2	3	4	5	6	7	8	9
P_i	$F_s=0.99$	11.73	1834.54	3173.18	744.38	4196.65	3609.16	893.41	1188.27	131.95
	$F_s=0.982$	8.97	1800.60	3113.84	3663.40	4093.58	3498.47	791.22	1065.38	4.76≈0
P'_i	$F'_s=0.99$	115.67	4493.40	8313.03	11941.06	16217.36	18301.91	18211.54	21629.48	21678.89
	$F'_s=0.396$	-138.52	655.18	1218.69	1505.01	1951.18	1900.62	819.85	923.89	9.34≈0

注:1. 当不考虑地震影响时,滑坡稳安全定系数 $F_s=0.982$。

　　2. 当考虑地震影响时,滑坡稳定安全系数 $F'_s=0.396$。

2. 滑坡推力 P_i 的计算

根据《公路路基设计规范》(JTG D30—2015)规定高速公路、一级公路抗滑稳定安全系数应采用 1.20 ~ 1.30,考虑地震力、多年暴雨等附加作用影响时安全系数可适当折减

$0.05 \sim 0.10$。本滑坡常用 $F_s = 1.20$ 时进行滑坡推力计算,计算结果列于表 C-4。

滑坡推力计算结果　　　　　　　　　　　　　　　　　表 C-4

参数 \ 滑体号		1-1′								
		1	2	3	4	5	6	7	8	9
P_i	$F_s = 1.20$	84.18	2725.61	4731.09	5870.36	6902.10	6514.39	3575.55	4413.96	3470.32
P_i'	$F_s' = 1.20$	205.54	5891.44	10861.51	15669.67	21299.53	24137.88	24395.58	28984.75	29374.19

注:1. 路基中线由第 5、第 6 交界处通过。

　　2. 当不考虑地震影响时,滑坡推力终滑块处 $P_i = 3470.32\text{kN/m}$,路基处 $P_i = 6902.10\text{kN/m}$。

　　3. 当考虑地震影响时,滑坡推力终滑块处 $P_i' = 29374\text{kN/m}$,路基处 $P_i' = 21299.53\text{kN/m}$。

3. 滑坡推力的分析比较

根据以上不同的滑坡稳定安全系数计算的结果,将处于极限平衡状态下的滑坡推力和滑坡条块号作出其关系对比曲线,如图 C-3 所示。

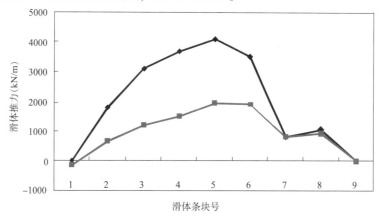

　─◆─ 不考虑地震影响时,极限平衡状态下滑坡稳定系数为 $F_s = 0.982$ 时的滑坡推力

　─■─ 考虑地震影响时,极限平衡状态下滑坡稳定系数为 $F_s = 0.396$ 时的滑坡推力

图 C-3　极限平衡状态下的滑坡推力对比

从图 C-3 中可以看出,在极限平衡状态下,无地震作用影响下的滑坡推力比考虑地震作用影响下的滑坡推力大得多。在路基处无地震作用影响下的滑坡推力 $P_i = 4093.58\text{kN/m}$、考虑地震作用影响下滑坡推力 $P_i' = 1951.18\text{kN/m}$,$P_i / P_i' = 2.10$,说明主滑动方向上路基通过处在极限平衡状态下无地震作用影响时的剩余下滑力是考虑地震作用影响时剩余下滑力的 2 倍多。

根据不同的滑坡推力和稳定安全系数计算的结果,将 $F_s = 1.20$、$F_s' = 1.20$ 和 $F_s = 0.99$、$F_s' = 0.99$ 时的滑坡推力与对应的滑体号作出其关系对比曲线,如图 C-4 所示。

从图 C-4 中可看出:

(1)即使滑体稳定安全系数相等,考虑地震作用影响时的滑坡推力均比不考虑地震作用影响时的滑坡推力大得多。

(2)考虑地震作用影响时,滑坡稳定系数 F_s' 越大,滑坡推力也就越大;同理,不考虑地震作用影响时,滑坡稳定系数 F_s 越大,滑坡推力 P_i 也越大。

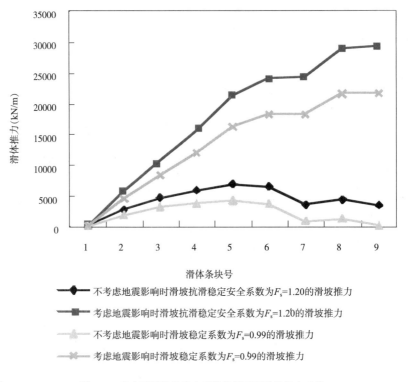

图 C-4　多个不同稳定安全系数条件下的滑坡推力对比

处于极限平衡状态时,考虑地震作用影响时的滑坡推力 P_i' 比不考虑地震作用影响时的滑坡推力 P_i 小得多($P_i' < P_i$),但在地震力影响下时,一旦滑体处于活动状态,地震作用下的滑坡推力 P_i' 比不在地震作用影响下的滑坡推力 P_i 增长得快。因此,处于相同的滑坡稳定系数下($F_s' = F_s$ 时),考虑地震作用影响的滑坡推力 P_i' 比不考虑地震作用影响的滑坡推力 P_i 大得多($P_i' > P_i$)。

4.滑坡稳定性评价

地表滑坡调查和勘察钻孔揭露显示:滑体下滑明显,滑体内土体开裂、松脱明显,综合分析与研究后确定滑坡目前正处于滑动状态。

滑坡稳定性计算结果显示,滑坡稳定性系数 F_s:当不考虑地震作用影响时,$F_s = 0.982$;当考虑地震作用影响时,$F_s' = 0.396$,它们均小于 1。通过滑坡稳定计算也同样得出滑坡目前正处于滑动状态的结论。

三、滑坡处治措施

滑坡病害的治理措施多种多样,本大型滑坡主要采用抗滑桩进行治理。抗滑桩是利用锚固在稳定地层中的桩的锚固力来抵抗边坡变形和水平推力的一种抗滑措施,它适用于滑面深与推力大的中、大型和巨型滑坡。抗滑桩具有抗力大、施工简便、对滑体扰动较小、桩位灵活、挖桩时能校核地质情况、便于按实际的地质资料对桩长进行修改等特点。

本滑坡抗滑桩设计时应重点考虑以下几点。

1. 平面位置的选择

在本滑坡治理时,在公路上方和下方各采用了一排抗滑桩,选定上下排抗滑桩平面位置时由前面的多个不同稳定安全系数条件下的滑坡推力对比折线图(图 C-4)及主滑断面图(图 C-2)均可看出:在老公路滑体条块 4 处的滑坡推力比条块 1、2、3 处的滑坡推力增长缓慢,而且在老公路处滑体厚度相对较薄一些,故上排抗滑桩就选在滑坡条块 4 处。上排抗滑桩由 16 根组成,它对上面滑体的稳定起到了至关重要的作用;在滑体条块 7 处,考虑地震作用时滑坡推力在增长趋势下出现明显降缓,不考虑地震作用影响时滑坡推力出现明显陡降,且在该条块处滑体厚度相对较薄,故下排抗滑桩就选在滑坡条块 7 处。下排抗滑桩由 16 根组成,它对公路的稳定起到了加固保护作用。上下排抗滑桩的平面布置如图 C-5 所示。

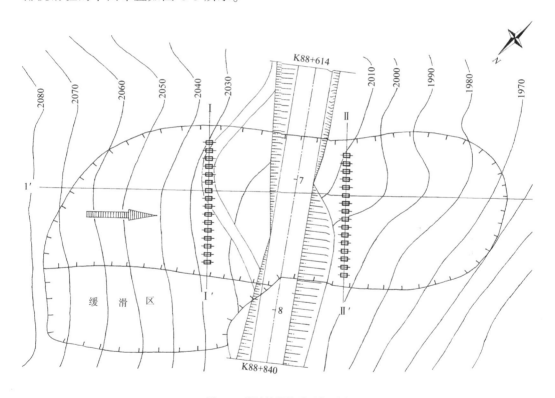

图 C-5　滑坡抗滑桩平面布置图

2. 抗滑桩的间距

由于抗滑桩间距的确定受许多不定因素的影响,合适的桩间距应该使桩间滑体具有足够的稳定性,在下滑力作用下土体不致从桩间挤出。一般可按在能形成土拱的条件下,两桩间土体与两侧被桩所阻止滑动的土体的摩擦力不小于桩所承受的滑坡推力来估计。规范规定对土质滑坡一般间距为 4~6m;对岩质滑坡,一般间距为 8~12m。本滑坡属土质滑坡,故上下排抗滑桩的桩距均采用 6m。

3. 桩的锚固深度

桩埋入滑面以下稳定土层(基岩)内的适宜锚固深度,与该地层的强度、桩所承受的滑坡推力、桩的相对刚度以及桩前滑面以上滑体对桩的反力等因素有关。原则上,桩的锚固段传递到滑面以下地层的侧向压应力不得大于该地层的容许侧向抗压强度,桩基底的压应力不得大于地基的容许承载力。锚固深度是抗滑桩发挥抵抗滑坡推力的作用赖以存在的前提条件,锚固深度不足,抗滑桩不足以抵抗滑体推力,容易引起桩的失效。但锚固过深则造成工程浪费,并增加了施工难度;可采用缩小桩间距、减少每根桩所承受的滑坡推力,或增加桩的相对刚度等措施来适当减少锚固深度。抗滑桩的一般锚固深度为桩长的1/2～1/3。当滑床为坚硬岩层时,可取1/3桩长,当桩长小于15m时,可取4m长的锚固深度;当滑床为黏土、软岩时,锚固深度应取1/2桩长。本滑坡的上下排抗滑桩的纵面布置如图C-6所示。

4. 抗滑桩几何尺寸的选择

抗滑桩的截面几何尺寸大小取决于滑坡推力的大小及桩长,一般截面形状有圆形和矩形两种。当主滑坡推力方向不太明确时,采用圆形抗滑桩比较好一些;当主滑方向明确时,采用矩形抗滑桩最佳,同时矩形抗滑桩比圆形抗滑桩受力条件好,一般采用2m×3m和3m×4m的桩截面。因本滑坡推力过大,故采用3m×4m矩形抗滑桩。

四、结论

(1)不利的岩土结构和地形地貌、地震作用的影响、水的作用影响等是滑坡产生的条件,滑坡产生的主要原因是由自然地质作用产生的,而非人工施工引起的,属自然滑坡。

(2)通过滑坡地表调查、勘察钻孔揭露、不考虑地震作用影响与考虑地震作用影响滑坡稳定性安全系数 ($F_s = 0.982$、$F_s' = 0.396$,它们均小于1)综合得出,滑坡目前正处于滑动状态。

(3)通过研究分析对比得出:当滑坡处于极限平衡状态时,考虑地震作用影响时的滑坡推力 P_i' 比不考虑地震作用影响时的滑坡推力 P_i 小得多($P_i' < P_i$)。但在地震力影响下时,一旦滑体处于活动状态,地震作用下的滑坡推力 P_i' 比不在地震作用影响下的滑坡推力 P_i 增长得快。因此,处于相同的滑坡稳定系数下($F_s' = F_s$ 时),考虑地震作用影响的滑坡推力 P_i' 比不考虑地震作用影响的滑坡推力 P_i 大得多($P_i' > P_i$);当滑体稳定安全系数相等时,考虑地震作用影响时的滑坡推力均比不考虑地震作用影响时的滑坡推力大得多;滑坡稳定安全系数 F_s 或 F_s' 越大,滑坡推力 P_i 或 P_i' 也就越大。

(4)此大型滑坡主要采用抗滑桩进行治理,之中对抗滑桩的平面布置位置、桩间距、桩的锚固深度及几何尺寸进行了综合评价与选择。另外,结合地面排水、地下排水及环境保护进行综合处治,此处治后的大型滑坡在运营使用中获得了比较理想的效果。

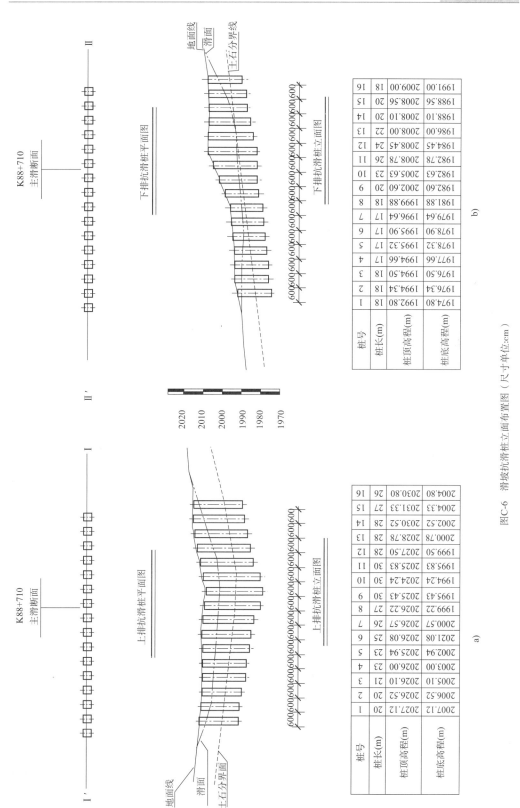

图C-6　滑坡抗滑桩立面布置图（尺寸单位:cm）

附录 D　矿物与岩石的认识实训

石绵	石墨	石盐	石英
水镁石	水锰矿	钛铁矿	钽铁矿
碳钡矿	铜蓝	钍石	文石
夕线石	锡石	细晶石	霞石
纤铁矿	榍石	雄黄叶	蜡石
伊利石	萤石	硬石膏	硬水铝石

铀矿　　　　　　　黝铜矿　　　　　　硫锡铅矿　　　　　　皂石

针铁矿　　　　　　蛭石　　　　　　　重晶石　　　　　　　自然铂

自然金　　　　　　自然铜　　　　　　硅铍石　　　　　　　条纹长石

晕长石　　　　　　杂卤石　　　　　　金云母　　　　　　　硫锑铜银矿

钠云母　　　　　　铅铁矾　　　　　　斜长石　　　　　　　硬锰矿

方钠石　　　　　　方钴矿　　　　　　绢云母　　　　　　　钙铁榴石

钛榴石　　　　　　透长石　　　　　　天蓝石　　　　　　　铁天蓝石

透明石膏	纤维石	烟晶	方黄铜矿
铬铅矿	镁电气石	镁铁闪石	砷铜矿
碳钠铝石	透辉石	方沸石	镍华
霓石	块铜矾	玛瑙	毛矾石
磷铝锂石	钠长石	三斜钡解石	砷锑矿
天河石	铁铝榴石	亚铁钠闪石	阳起石
叶蛇纹石	鱼眼石	直闪石	紫晶

方钍石	虎眼石	磷铝石	磷铁锂矿
磷石英	绿松石	锰黝帘石	钠硼解石
黄晶	绿玉髓	纤蛇纹石	空晶石
菱沸石	绿脆云母	毛赤铜矿	燧石
斜发沸石	硬硼钙石	硅硼钙石	羟钒铅锌石
硅锌矿	红锌矿	蓝铁矿	磷钇矿
纤锌矿	黝帘石	银星石	斜钙沸石

蓝闪石	黑锰矿	硫镉矿	水钙沸石
铁铝矾	斜碳钠钙石	脂铅铀	矿铝土矿
埃洛石	白榴石	白铅矿	白钨矿
白云石	斑铜矿	板钛矿	钡硬锰矿
磷钪矿	辰砂	赤铁矿	赤铜矿
电气石	毒砂	独居石	方解石
方铅矿	方柱石	沸石	高岭石

符山石　　钙钛矿　　锆石　　铬铁矿

光卤石　　硅灰石　　硅镁石　　海绿石

海泡石　　褐铁矿　　褐钇铌矿　　黑钨矿

黑稀金矿　　红砷镍矿　　红柱石　　琥珀

滑石　　黄钾铁矾　　黄铁矿　　黄铜矿

黄锡矿　　黄玉　　辉铋矿　　辉钼矿

辉砷钴矿	辉石	辉锑矿	辉铜矿
辉银矿	钾盐	尖晶石	金刚石
蓝铜矿	磷灰石	菱镁矿	菱锰矿
菱铁矿	菱锌矿	绿帘石	绿泥石
绿柱石	芒硝	蒙脱石	明矾石
钼铅矿	铌铁矿	镍黄铁矿	浓红银矿
硼镁石	硼镁铁矿	硼砂	坡缕石

铅矾	蔷薇辉石	软锰矿	锐钛矿
三水铝石	大隅石	闪锌矿	烧绿石
蛇纹石	十字石	石膏	石榴子石
绿铜锌矿	氯铜矿	泡铋矿	普通辉石
砂金石	血滴石	黑铜矿	红磷铁矿
辉碲铋矿	辉沸石	锂辉石	菱锶矿
硫铜银矿	锰铝榴石	锰橄榄石	砷灰石

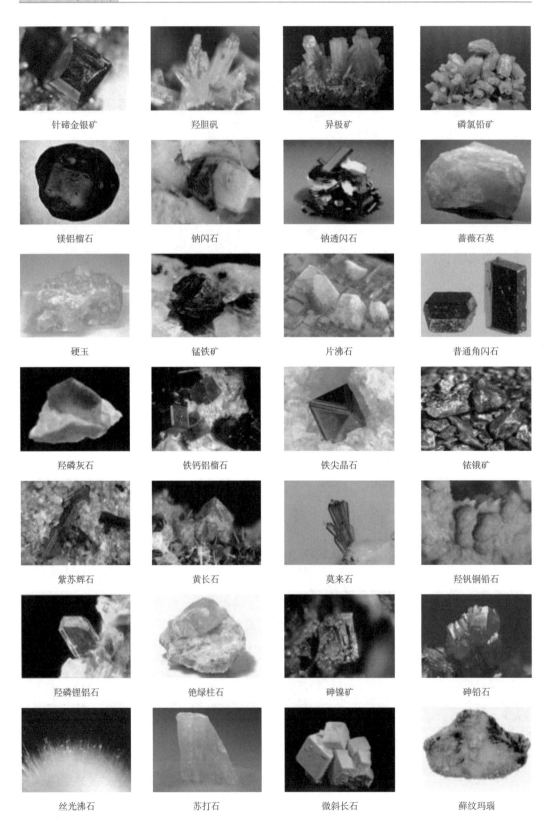

针碲金银矿	羟胆矾	异极矿	磷氯铅矿
镁铝榴石	钠闪石	钠透闪石	蔷薇石英
硬玉	锰铁矿	片沸石	普通角闪石
羟磷灰石	铁钙铝榴石	铁尖晶石	铱锇矿
紫苏辉石	黄长石	莫来石	羟钒铜铅石
羟磷锂铝石	铯绿柱石	砷镍矿	砷铅石
丝光沸石	苏打石	微斜长石	藓纹玛瑙

月长石	针镍矿	软玉	钠沸石
斜方辉石	黝方石	正长石	钾霞石
焦石英	拉长石	锰白云石	锰钙辉石
青金石	铁纹石	斜方碲金矿	浊沸石
角银矿	锂云母	磷锰锂矿	硫钴矿
镁铁矿	镁钠闪石	密陀僧	铅黄
臭葱石	砷铝石	斜方砷铁矿	方石英

硫砷铜矿	毛沸石	铁橄榄石	铁辉石
柱沸石	锌尖晶石	锰橄榄石	赤铜铁矿
珍珠石	钙镁橄榄石	黑辰砂	泻利盐
钙长石	硫银锗矿	钙沸石	黑电气石
钙铬榴石	红硒铜矿	钙铝黄长石	钙铝榴石
钙铁辉石	钙十字沸石	钙霞石	碲金矿
车轮矿	钙铀云母	白铁矿	脆银矿

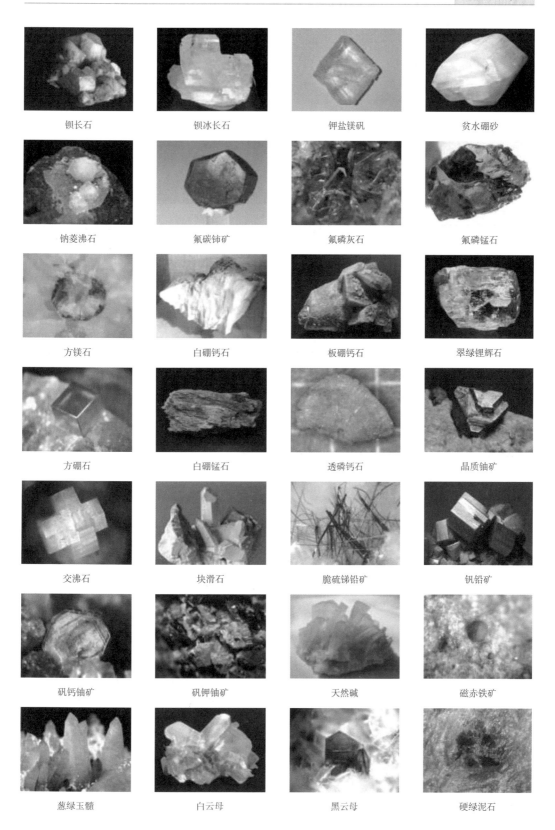

钡长石	钡冰长石	钾盐镁矾	贫水硼砂
钠菱沸石	氟碳铈矿	氟磷灰石	氟磷锰石
方镁石	白硼钙石	板硼钙石	翠绿锂辉石
方硼石	白硼锰石	透磷钙石	晶质铀矿
交沸石	块滑石	脆硫锑铅矿	钒铅矿
矾钙铀矿	矾钾铀矿	天然碱	磁赤铁矿
葱绿玉髓	白云母	黑云母	硬绿泥石

闪叶石 　　黄铅矿 　　三斜磷锌矿 　　羟硅硼钙石

三斜磷钙铁矿 　　绿铜锌矿 　　葡萄石 　　镧石

碧玉 　　水砷锌矿 　　冰长石 　　冰晶石

甘汞 　　杆沸石 　　斜锆石 　　翠榴石

水硅钒钙石 　　地开石 　　香花石 　　碳酸锶矿

氟钙铈矿 　　钴华 　　易解石 　　贝塔石

透视石 　　钒铅锌矿 　　铁钼华 　　钡毒铁石

羟硫硅铜锌石 　　绒铜矿 　　草酸硫铈矾 　　碱硅锰钛石

附录 E　地形地貌认识实训

高山地貌	中山地貌	低山地貌	平原
高原	盆地	丘陵	火山地貌
河流地貌	冰川地貌	风成地貌	岩溶地貌
重力地貌	黄土地貌	冻土地貌	

参 考 文 献

[1] 工程地质手册编委会. 工程地质手册[M]. 5版. 北京:中国建筑工业出版社,2018.

[2] 中华人民共和国行业标准. 公路工程地质勘察规范:JTG C20—2011[S]. 北京:人民交通出版社,2011.

[3] 中华人民共和国行业标准. 公路隧道设计细则:JTG/T D70—2010[S]. 北京:人民交通出版社,2010.

[4] 中华人民共和国行业标准. 公路路基设计规范:JTG D30—2015[S]. 北京:人民交通出版社股份有限公司,2015.

[5] 中华人民共和国行业标准. 公路工程岩石试验规程:JTG E41—2005[S]. 北京:人民交通出版社,2005.

[6] 中华人民共和国行业标准. 公路土工试验规程:JTG E40—2007[S]. 北京:人民交通出版社,2007.

[7] 中华人民共和国行业规范. 公路隧道设计规范 第一册 土建工程:JTG 3370.1—2018[S]. 北京:人民交通出版社股份有限公司,2018.

[8] 齐丽云,徐秀华. 工程地质[M]. 北京:人民交通出版社,2009.

[9] 刘世凯,陆永清,欧湘萍. 公路工程地质与勘察[M]. 北京:人民交通出版社,1999.

[10] 李瑾亮. 地质与土质[M]. 北京:人民交通出版社,1994.

[11] 盛海洋. 工程地质与桥涵水文[M]. 北京:机械工业出版社,2009.

[12] 高大钊,袁聚云. 土质学与土力学[M]. 3版. 北京:人民交通出版社,2006.

[13] 罗筠. 工程岩土[M]. 北京:高等教育出版社,2011.

[14] 孟祥波. 土质与土力学[M]. 2版. 北京:人民交通出版社,2006.

[15] 刘大鹏,尤晓晖. 土力学[M]. 北京:清华大学出版社,北京交通大学出版社,2005.

[16] 李广信. 岩土工程50讲[M]. 北京:人民交通出版社,2010.